바른 식생활을 위한

영양과 식품

오명숙 · 이미숙 · 천종희 · 황인경 공저

도서출판 효 일
www.hyoilbooks.com

머 리 말

 우리가 매일 섭취하는 식품이 건강을 좌우한다는 당연한 사실이 최근 새삼 강조되면서 식품, 영양, 식사요법, 식품첨가물, 환경오염에 의한 식품공해 등에 대한 관심이 고조되고 있으며, 이에 따라 식품 및 영양, 식생활과 건강 등에 관한 많은 책들이 나오고 있다. 그러나 식품과 영양의 전반에 걸친 여러 주제를 알기 쉽게 설명한 책이 많지 않음을 안타깝게 생각하던 차에, 함께 대학생활을 하고 식품과 영양의 각기 다른 전공 영역에서 활동하며 강의하던 네 명이 뜻을 모아 공동으로 책을 쓰게 된 때가 벌써 10년전이다. 그러므로 늦은 감이 있으나 이제 그동안 변경된 식품영양 관련 수치도 수정하고 내용도 일부 보강하여 개정판을 출간하게 되었다.

 이 책은 크게 영양과 식품의 두 분야로 나뉘어져 있다. 먼저 영양 분야에서는 영양의 기본원리와 신체에서의 영양소 작용 및 섭취현황, 영양권장량과 식단작성법을 간략하게 설명하였다. 다음, 물질적으로 풍요로운 현대에서 잘못된 식생활로 인해 야기되는 각종 만성적인 질환의 예방과 치료를 위한 올바른 식사요법을 제시하였다.

 식품 분야에서는 식품 재료를 음식으로 만들기 위한 여러 조리방법과 조리시 식품성분의 변화, 가공식품에 대한 이해를 돕기 위한 식품가공 방법, 그리고 건강에 직접적으로 영향을 끼치는 식중독에 대하여 설명하였다. 마지막으로 우리 식생활의 현황과 문제점을 파악하고, 식품가공 기술의 발달로 개발된 새로운 식품, 특히 생체조절 기능을 가지는 것으로 알려져 큰 관심을 끌고 있는 기능성 식품과 biotechnology 이용식품 등 새로운 개념의 식품 전반에 대하여 쉽게 설명하려고 노력하였다.

 본 저서는 영양학, 식품학 전공 저학년 학생의 기초 전공서적으로 의학, 간호학, 축산학 등 인접 분야 전공자들의 식품·영양지식을 위한 참고서로, 또는 식품과 영양에 관심이 많은 대학생 및 일반인의 교양서적으로 활용되었으면 하는 바람으로 집필하였다.

저자 씀

차 례

제1부 영 양

제2부 식 품

제 1 부

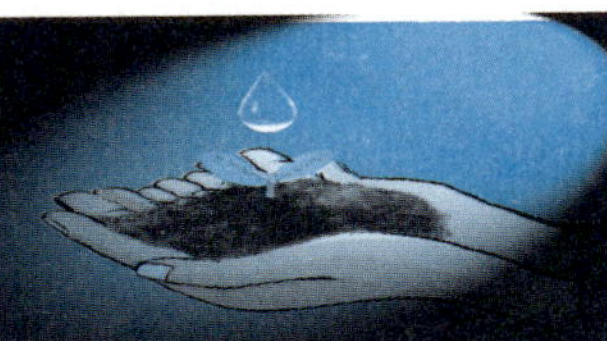

영 양

제1장 영양소의 기본 개념

    인간이 행복한 삶을 영위하기 위한 첫째 조건은 건강이며, 또한 양호한 건강을 유지하기 위해서는 올바른 식생활의 실천이 가장 중요하다고 볼 수 있다.

    영양(nutrition)이란 우리의 신체가 외부로부터 음식물을 섭취하여 그 속에 있는 영양소(nutrient)를 소화, 흡수한 후 생명유지나 근육활동에 필요한 열량을 공급하고 각 조직이나 기관의 성장발육 및 유지, 재생작용을 하는 등의 여러 가지 과정을 말한다.

    우리 몸에 필요한 영양소는 크게 나누어 탄수화물, 단백질, 지질, 비타민, 무기질, 그리고 물 등 여섯 가지가 있다. 이중에서 탄수화물과 단백질, 지질, 그리고 물은 매일 많은 양을 섭취하여야 하고, 비타민과 무기질은 그 필요량은 매우 적으나 중요한 기능을 하므로 반드시 충분한 양을 섭취해야 하는 영양소이다. 각 개인의 영양소 필요량은 각자의 활동 정도나 체격의 크기, 성별, 연령에 따라 각각 다르지만 건강하고 활력있는 신체를 갖기 위해서는 부족하거나 과잉됨이 없이 모든 필요영양소를 적절한 양만큼 섭취하는 것이 중요하다.

    과거에 경제여건이 좋지 않아 영양부족이 흔하고 위생시설이 미비했던 때에는 각종 전염병이 흔하였으나 근래에는 단순한 영양부족증 보다는 영양섭취의 불균형, 특히 특정영양소의 과잉섭취 등에 의한 대사성 질환이 많이 발생하고 있다. 이러한 대사성 질환은 중년기와 노년기에 걸쳐 흔히 일어나게 되는데, 최근에는 노령인구가 점차 증가하고 있으므로 성인병의 예방을 위한 올바른 식생활의 실천이 더욱 강조되고 있다. 올바른 식생활의 실천을 위한 기본지식을 배우기 위해 이 장에서는 각 영양소의 종류와 기능, 결핍 및 과잉증, 그리고 필요량 등에 대해 공부해 보기로 한다.

1. 탄수화물(Carbohydrates, 당질)

탄수화물은 탄소(C), 수소(H), 산소(O)로 이루어진 유기물질로, 수소와 산소가 물과 같이 2 : 1의 비율로 포함되어 있다. 탄수화물은 인간의 식생활에 있어 가장 기본적인 열량원으로, 우리가 필요로 하는 에너지의 가장 많은 부분을 공급한다. 즉 신체의 여러 활동에 필요한 열량을 공급하는 것은 탄수화물의 가장 중요한 기능이며, 1g의 탄수화물은 인체 내에서 4kcal의 열량을 발생하게 된다. 만일 탄수화물의 섭취가 부족하여 열량이 충분히 공급되지 못하면 신체의 조직 구성과 보수에 사용되어야 할 단백질의 많은 부분이 열량원으로 사용된다. 따라서 단백질이 고유의 작용을 할 수 있도록 하기 위해서는 탄수화물을 충분히 섭취하여야 한다. 그러므로 적당량의 탄수화물 섭취는 단백질을 절약하는 작용이 있다고 할 수 있다. 또한 탄수화물의 섭취가 극도로 적어지면 체단백 소모와 함께 지방연소가 과잉으로 일어난다. 즉 활동에 필요한 에너지를 얻기 위해 탄수화물에 비해 지방이 연소되는 비율이 높아지고 그 결과 케톤체의 생성이 증가된다. 혈액 중에 케톤체의 함량이 높아지면 체액은 산성으로 기울어 케토시스(ketosis)를 일으킬 수 있다. 이를 방지하기 위해서는 최소한 1일 50~100g 이상의 탄수화물이 어떠한 형태로든지 섭취되어야 한다.

탄수화물을 많이 가지고 있는 식품은 거의 식물성 식품으로 쌀, 보리, 밀 등의 곡류와 감자, 고구마 등 서류, 그리고 설탕, 캔디 등의 당분식품이 있고, 포도나 바나나 등의 과일에도 상당량 포함되어 있다. 곡류나 서류에 들어있는 탄수화물의 형태는 전분이며 설탕이나 꿀, 과일, 채소 등에는 단당류나 이당류의 형태로 들어 있다.

 단당류(Monosaccharides)

단당류란 한 분자의 당으로만 이루어진 탄수화물을 말하며, 구성하는 탄소의 수에 따라 3탄당, 4탄당, 5탄당, 6탄당, 7탄당 등으로 나뉜다. 자연식품 중에는 5탄당과 6탄당이 대부분이다.

5탄당은 유리된 상태보다는 주로 복합다당류의 한 성분으로 존재하며, 리보오즈(ribose), 아라비노즈(arabinose), 자일로즈(xylose) 등이 있다. 이중 리보오즈가 가장 중요한 기능을 가져 RNA나 DNA 등의 핵산과 여러 가지 조효소(coenzyme) 및 에너지 전달물질인 ATP의 구성성분이 된다.

6탄당에는 포도당(glucose), 과당(fructose), 갈락토즈(galactose), 만노오즈(mannose) 등이 있다.

포도당은 6탄당의 대표적인 당으로 과일이나 채소즙에 많이 존재하며 여러 이당류와 전분의 구성성분이 된다. 우리의 혈액에도 늘 일정한 농도로 포함되어 있어 혈당을 유지하고 있다.

과당도 포도당과 같이 과즙, 채소즙 등에 많으며, 특히 천연 당류 중 감미도가 가장 높은 것으로 알려져 있다.

갈락토즈는 유당의 구성성분으로 유즙에 많이 있으며, 한천 등 해조류에 중합체로 존재한다. 만노오즈는 당밀에 많이 있는 6탄당이다.

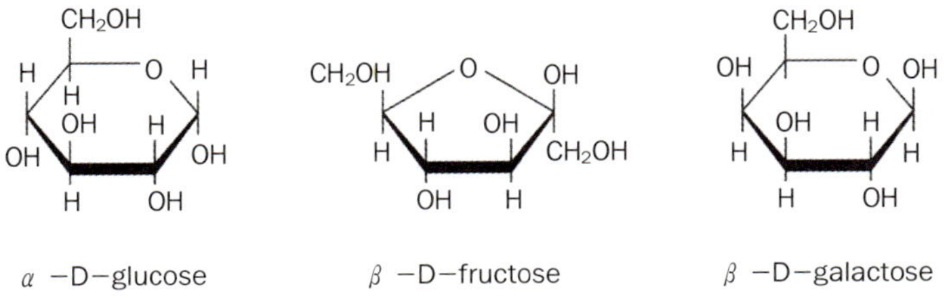

■ **그림 1-1** 포도당, 과당, 갈락토즈의 구조 ■

■ **표 1-1** 여러 가지 당의 상대적 감미도 (설탕=100) ■

Fructose	173
Invert sugar	130
Sucrose	100
Glucose	74
Xylose	40
Maltose	32
Galactose	32
Lactose	16
Sodium cyclamate	2,500~3,500
Aspartame	20,000~30,000
Saccharin	40,000~50,000
Acesulfame	20,000

 이당류(Disaccharides)

이당류는 단당류 두 분자가 결합된 당으로 맥아당(maltose), 자당(sucrose), 유당(lactose)이 있다.

맥아당은 포도당 두 분자가 결합된 것으로 보리가 싹이 나서 맥아를 형성할 때 보리 속의 전분이 효소에 의해 분해되어 생성되는 당이다. 우리나라 전통음료인 식혜는 쌀밥 속의 전분을 맥아 속의 효소를 이용하여 맥아당으로 변화시켜 만든 것으로써 식혜 고유의 단맛은 맥아당의 맛이다. 밥을 오래 씹으면 단맛이 나는 것은 밥 속의 전분이 타액 중의 아밀라제에 의해 맥아당으로 분해되기 때문이다.

자당은 포도당 한 분자와 과당 한 분자가 결합된 이당류로써 사탕수수나 사탕무, 과일 등에 존재한다. 사탕수수나 사탕무로부터 자당을 분리, 제조한 것이 설탕이다. 자당을 전화효소(invertase)로 가수분해시키면 동량의 포도당과 과당이 혼합되어 있는 전화당으로 변한다. 전화당은 벌꿀에 많이 들어있다. 당류 중 특히 자당의 섭취증가는 충치발생과 관련이 있다. 음식섭취 후 치아에 부착되어 있는 당은 구강 내의 박테리아에 의해 산으로 전환되며, 생성된 산이 치아의 에나멜층을 부식하면 충치가 발생한다. 따라서 식사 후 양치하는 습관을 갖는 것이 매우 중요하다.

　유당은 포도당 한 분자와 갈락토즈 한 분자가 결합된 이당류로 사람이나 동물의 유즙에만 존재한다. 따라서 유당은 신생아나 어린 동물의 중요한 탄수화물 급원이다. 우유는 양질의 단백질과 칼슘, 비타민 B_2 등의 좋은 급원으로써 우수한 식품이지만 가끔 우유를 마신 후 배가 아프고 배에 가스가 차는 등의 증상으로 불편을 경험하는 경우가 있게 된다. 이는 우유 속의 유당을 분해하는 효소인 락타제(lactase)가 인체 내에서 충분히 분비되지 못해 유당불내증(lactose intolerance)이 생기기 때문이다. 유당불내증의 발생은 인종 간에 차이를 보여 백인보다는 흑인, 동양인에게 더 많이 발생하며 유아기 이후 우유 마시기를 중단하는 것도 한 원인이 된다. 유당불내증이 있으면 우유보다는 요구르트, 치즈 등 발효유 제품을 섭취하는 것이 좋다.

 다당류(Polysaccharides)

　여러 분자의 단당류가 결합된 고분자 물질인 다당류는 단당류, 이당류와는 달리 단맛이 없으며 물에 잘 녹지 않는다. 다당류에는 식물성 식품 중의 전분(starch)과 동물 체내의 글리코겐(glycogen)이 있다. 전분은 밥이나 국수, 빵, 감자 등에 많으며 우리 식생활에서 섭취되는 탄수화물 중 가장 많은 양을 차지하고 있다.

　전분은 여러 분자의 포도당이 직쇄상으로 연결되어 있는 아밀로즈(amylose)와 아밀로즈의 군데군데에 가지를 쳐서, 다시 포도당이 연결된 구조인 아밀로펙틴(amylopectin)으로 이루어져 있다. 생전분은 아밀로즈와 아밀로펙틴이 방사상으로 촘촘히 배열되어 있어 물이 침투하기 어렵다. 일반적으로 멥쌀 등의 전분은 70~80%의 아밀로펙틴과 20~30%의 아밀로즈로 이루어져 있으며 찹쌀, 차조 등은 거의 아밀로펙틴만으로 되어 있다.

　전분이 식물 체내의 저장당질인데 비해, 글리코겐은 동물 체내에 저장되어 있는 당질이다. 글리코겐의 구조는 아밀로펙틴과 유사하나 아밀로펙틴보다 더 촘촘한 구조를 갖는다. 인체 내에는 간과 근육에 약 350g의 글리코겐이 저장되어 있다. 간의 글리코겐은 혈당이 감소되었을 때 포도당으로 빨리 분해되어 혈당을 증가시킬 수 있는 가장 중요한 급원이다.

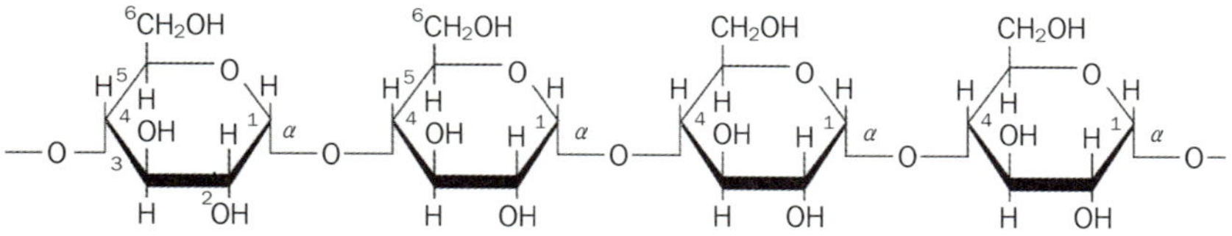

그림 1-2의 구조에 나타난 화학 구조 라벨:

아밀로스

α(1-6)
가지점

가지점

주사슬

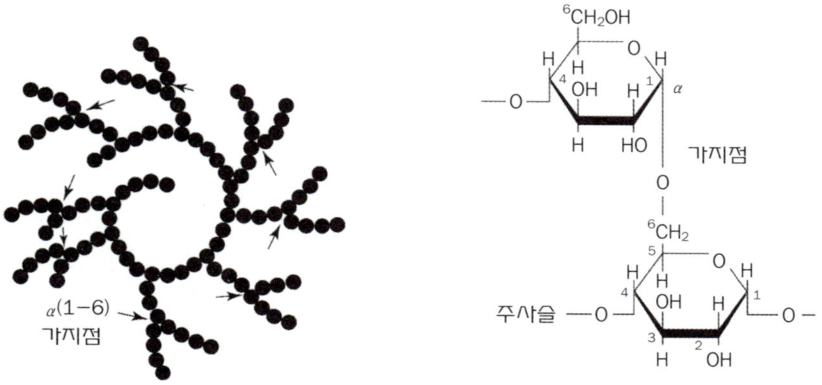

아밀로펙틴

■ 그림 1-2 아밀로스와 아밀로펙틴의 구조 ■

식이섬유소(Dietary Fiber)

최근 여러 대사성 질환의 예방 및 치료와 관련하여 식이섬유소 섭취의 중요성이 크게 인식되고 있다. 식이섬유소란 우리가 섭취하는 식품 중 인체의 소화효소에 의해 가수분해되지 않고 남는 물질을 통틀어 일컫는 말이다. 이는 주로 식물의 세포벽이나 기저물질 등을 이루는 난소화성 다당류와 리그닌(lignin)으로 구성되어 있다.

식이섬유소는 물에 대한 친화성에 따라 수용성과 불용성으로 나눌 수 있다. 수용성 식이섬유소는 과일에 많이 들어있는 펙틴질과 구아검, 해조다당류 등이며 불용성 식이섬유소는 셀룰로즈, 헤미셀룰로즈, 리그닌 등이 있다(기능성 식품 참조).

■ 표 1-2　식이섬유소의 종류와 특성 ■

종　류	급　원	화학적 성질	기　능
셀 룰 로 즈	전곡류 통 밀 Bran	불용성	분변량 증가 transit time 감소 결장내압 감소
헤미셀룰로즈	전곡류 몇 가지 채소와 과일 통 밀	불용성	분변량 증가 transit time 감소 결장내압 감소
리 그 닌	채 소	불용성	분변량 증가 콜레스테롤 흡수방해 발암인자 흡수방해
펙 틴	과일류	수용성	위를 비우는 속도저하 당 흡수감소 혈청콜레스테롤 감소
검	콩류, 귀리	수용성	위를 비우는 속도저하 당 흡수감소 혈청콜레스테롤 감소

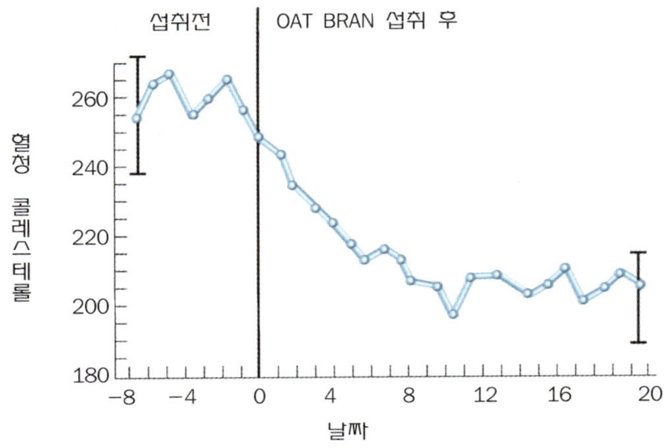

■ **그림 1-3**　식이섬유소 섭취에 따른 혈청 콜레스테롤 변화 ■

　식이섬유소는 영양소로써의 기능은 거의 없으나 생리적으로 중요한 기능을 갖는다. 예를 들면 식이섬유소는 수분을 보유하여 팽윤하는 성질이 있으므로 장 내용물의 부피를 크게 하여 장벽을 자극하고 장운동을 촉진시킨다. 따라서 장내용물의 장 통과시간(transit time)을 단축시켜 배변을 좋게 한다. 이러한 기능은 주로 불용성 섬유소의 작용에 의한 것이다. 또한 펙틴과 같은 수용성 섬유소는 물에 용해되어 끈적끈적해지고 점성이 증가하므로 함께 섭취된 포도당이나 지방성분 등의 소화흡수를 지연시킨다. 따라서 식후 혈당상승이나 혈중 콜레스테롤 상승을 억제시킬 수 있다. 그외에도 식이섬유소는 담즙산이나 유해물질을 흡착하여 배설시키므로 식이섬유소가 많은 식사를 할 경우 직장암이나 게실증, 비만, 동맥경화증의 발생빈도를 줄일 수 있고 당뇨병의 치료에도 도움을 준다. 그러나 다량의 식이섬유소 섭취는 철분이나 아연과 같은 미량원소의 흡수를 방해할 수도 있으므로 지나친 섭취는 삼가야 한다. 적절한 식이섬유소의 섭취량은 일일 20~30g 정도이다.

한국인의 탄수화물 섭취현황

우리나라 사람들은 쌀을 주식으로 하는 식습관을 가지고 있으므로, 총열량 섭취량 중에서 탄수화물이 차지하는 비율은 미국, 영국 등 서구지역에 비해서 훨씬 높은 편이다. 그러나 경제여건이 나쁘고 소득 수준이 낮았던 과거와 현재를 비교해 보면 탄수화물 섭취량이나 섭취형태가 상당히 변화된 것을 알 수 있다. 보건복지부에서 실시하는 국민영양조사에 따르면 탄수화물의 섭취량은 1970년 434g으로 매우 높았으나 점차 감소하는 경향을 보여 2001년 현재에는 우리나라 1인당 평균 탄수화물 섭취량은 315g으로 나타나고 있다.

또한 다양한 가공식품의 생산 및 인스턴트식품의 소비증가, 서구식 식문화의 도입 등 식생활 패턴이 달라짐에 따라 탄수화물 식품의 섭취양상도 많은 변화를 보이고 있다. 총탄수화물 섭취량 중 곡류나 감자류 등에서 얻는 다당류의 섭취는 감소하고 대신 과자나 케익, 사탕 등에서 얻는 단당류나 이당류의 섭취는 증가하고 있다. 곡류나 감자류 등을 섭취하면 전분이라는 탄수화물을 섭취하는 이외에도 여러 가지 비타민이나 무기질, 그리고 식이섬유소를 부수적으로 얻게 된다. 그러나 설탕과 같은 당류는 자당 이외의 영양소는 거의 없이 열량만 공급해 주는 empty calorie 식품이며, 또한 흡수가 빨라 혈당을 상승시키고 과잉섭취하기 쉬워 비만을 초래할 수도 있으므로 주의해야 한다.

■ 표 1-3 3대 영양소의 섭취량 추이 ■

영양소 \ 연도	'70	'75	'80	'85	'90	'95	'98	'01
에너지(kcal)	2,150	1,992	2,052	1,936	1,868	1,839	1,985	1,976
탄수화물(g)	434	399	396	342	316	295	325	315
지 방(g)	17.2	19.0	21.8	29.5	28.9	38.5	41.5	41.6
단백질(g)	64.6	63.6	67.2	74.5	78.9	73.3	74.2	71.6
동물성단백질비(%)	14.7	20.6	28.7	41.7	39.8	47.3	48.0	47.9

　　한국 영양학회에서는 현재 우리나라 사람들의 식생활 및 건강유지와의 관계에서 볼 때 총열량섭취량의 65% 정도를 탄수화물에서 섭취하는 것이 바람직하다고 권장하고 있다. 즉 하루에 2,000kcal를 섭취하는 사람은 1,300kcal, 즉 325g 정도의 탄수화물을 섭취하는 것이 적당하며, 이 범위 안에서 단순당과 복합당의 비율을 적절히 유지하여 섭취해야 할 것이다.

2. 지 질(Lipids)

　　지질이란 물에 녹지 않고 에테르, 아세톤, 벤젠, 클로로포름 등 비극성 유기용매에 용해되는 물질을 말한다.

　　지질도 탄수화물과 같이 탄소와 수소, 그리고 산소로 구성되어 있다. 그러나 지방은 탄수화물이나 단백질에 비해 탄소와 수소의 함량이 많고 산소의 함량이 적기 때문에 단위무게당 에너지 발생량이 탄수화물이나 단백질의 2배 이상이 되는 매우 효과적인 열량원이다. 즉 1g의 지방이 인체 내에서 연소될 때에 9kcal의 열량을 낼 수 있다. 지방은 또한 생체 내의 세포막을 포함한 여러 종류의 막을 구성하는 기본 물질이며, 뇌나 신경조직을 이루는 필수적인 구성성분이다. 한편 피하나 복강 속의 지방조직은 체온유지에 도움을 주고 외부의 충격에 대해 내장기관을 보호하는 작용도 하고 있다.

중성지방(Triglycerides)

중성지방은 3분자의 지방산과 1분자의 글리세롤이 에스테르 결합을 하고 있는 지질로써 체내에 저장되는 형태의 지방이다. 중성지방은 우리가 섭취하는 지질의 약 90%를 차지하며 체내에서 지방조직에 저장되었다가 열량원으로 사용된다.

중성지방은 그것을 구성하는 지방산의 종류에 따라 상온에서 고체상태인 fat(脂)와 상온에서 액체상태인 oil(油)로 나누어진다. 일반적으로 쇠기름이나 돼지기름 등의 동물성 지방은 고체상태이며 콩기름, 면실유 등의 식물성 지방은 액체상태이다.

지방산은 카르복실(COOH)기를 가지는 탄화수소로써 $CnH(2n-2x)\ O_2$(n=짝수의 탄소수, x=이중결합수)의 일반식으로 표현된다. 천연에 존재하는 지

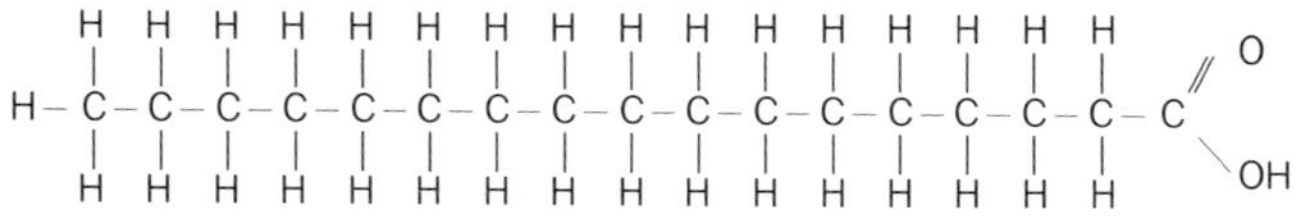

포화지방산, 스테아린산(stearic acid)

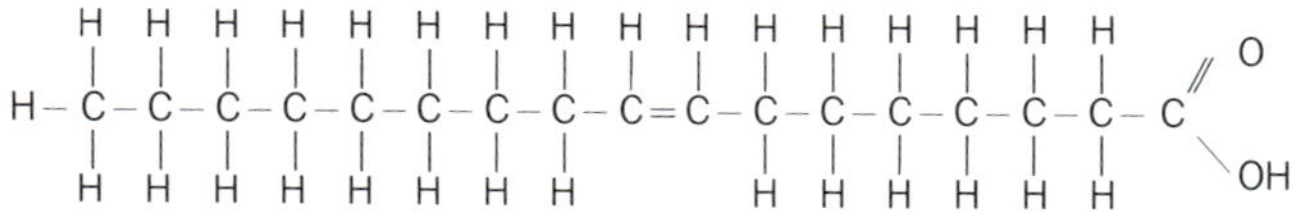

불포화지방산, 올레산(oleic acid)

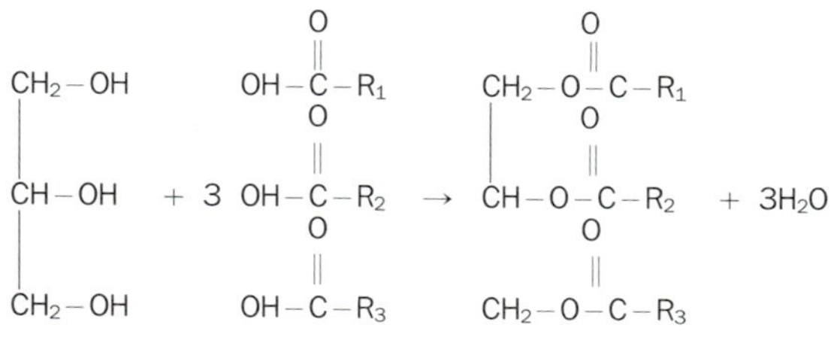

글리세롤   지방산   중성지방

■ 그림 1-4   지방산과 중성지방의 구조 ■

방산은 대부분 짝수의 탄소수를 가지며 탄소의 수에 따라 탄소 4~6개를 갖
는 저급지방산, 8~12개를 갖는 중급지방산, 그리고 탄소수 14~26개를 갖는
고급지방산으로 나뉜다.

■ 표 1-4 지방산의 종류 ■

탄소수	구　　　　　　　조	관 용 명
포화지방산		
4	$CH_3(CH_2)_2COOH$	Butyric acid
6	$CH_3(CH_2)_4COOH$	Caproic acid
8	$CH_3(CH_2)_6COOH$	Caprylic acid
10	$CH_3(CH_2)_8COOH$	Capric acid
12	$CH_3(CH_2)_{10}COOH$	Lauric acid
14	$CH_3(CH_2)_{12}COOH$	Myristic acid
16	$CH_3(CH_2)_{14}COOH$	Palmitic acid
18	$CH_3(CH_2)_{16}COOH$	Stearic acid
20	$CH_3(CH_2)_{18}COOH$	Arachidic acid
24	$CH_3(CH_2)_{22}COOH$	Lignoceric acid
불포화지방산		
16	$CH_3(CH_2)_5CH=CH(CH_2)7COOH$	Palmitoleic acid
18	$CH_3(CH_2)_7CH=CH(CH_2)7COOH$	Oleic acid
18	$CH_3(CH_2)_4CH=CHCH_2CH=CH(CH_2)_7COOH$	Linoleic acid
18	$CH_3CH_2CH=CHCH_2CH=CHCH_2CH=CH(CH_2)_7COOH$	Linolenic acid
20	$CH_3(CH_2)_4CH=CHCH_2CH=CHCH_2CH=CH(CH_2)_3COOH$	Arachidonic acid

　지방산을 구성하는 탄소가 모두 수소로 포화되어 있으면 포화지방산
(saturated fatty acid : SFA)이라 하고, 결합되는 수소가 적어 하나 이상의 이중
결합을 갖는 지방산은 불포화지방산이라 한다. 특히 두 개 이상의 이중결합
을 가져 불포화도가 높은 지방산을 다가불포화지방산(polyunsaturated fatty
acid : PUFA)이라 한다. 불포화지방산은 포화지방산보다 융점이 낮기 때문에
불포화지방산이 많은 식물성 지방은 상온에서 액체이고 포화지방산이 많은
동물성 지방은 고체이다. 또한 저급지방산은 고급지방산에 비해 융점이 낮으
므로 같은 동물성 지방 중에서도 저급지방산을 많이 가진 버터가 쇠기름보다
더 부드럽다.

 인지질(Phospholipids)

인지질은 중성지방에서 글리세롤과 결합되는 3개의 지방산 중 하나가 인산기로 치환되어 있는 복합지질이다. 체내에 중요한 인지질로는 레시틴(lecithin), 세팔린(cephalin) 등이 있다. 그 중 대표적인 레시틴은 인산기와 함께 콜린을 가지는 인지질로 뇌나 신경조직, 담즙 등에 많고 식품 중에는 난황에 특히 많다. 레시틴은 친수성이 큰 지질이므로 천연유화제로 많이 사용된다. 인지질은 한 분자 속에 친수기와 소수기를 모두 가진 양친매성 물질이기 때문에 세포막의 기본구조를 이루는 중요한 역할을 하고 있다. 글리세롤 대신 스핑고신을 갖는 인지질에는 스핑고 마이엘린(Sphingomyelin)이 있다.

 콜레스테롤(Cholesterol)

콜레스테롤은 지방산을 갖지 않는 유도지질인 스테롤의 일종으로 동물 체내의 모든 세포 속에 존재하는 필수물질이며 뇌나 신경조직에 특히 많이 함유되어 있다.

콜레스테롤은 식품에서 섭취된 것 이외에 간에서도 합성되며 에스트로젠(estrogen)이나 프로제스테론(progesterone), 테스토스테론(testosterone) 등의 성호르몬이나 부신피질호르몬의 전구체가 되는 중요한 물질이다. 또한 콜레스테롤은 담즙산염의 전구체가 되므로 정상적인 담즙의 생성에도 필요하다. 그러나 혈액 중 농도가 너무 높을 때 콜레스테롤이 혈관내벽에 침착되어 동맥경화를 일으키는 위험요인이 될 수도 있으므로 주의해야 한다. 식품 중의 콜레스테롤 함량은 표 1-5에 제시하였다.

콜레스테롤의 유도체인 7-디하이드로콜레스테롤(7-dehydrocholesterol)은 사람의 피부에 존재하는 스테롤로 자외선에 의해 비타민 D_3로 전환되며, 효모나 버섯 등 하등식물에 존재하는 에르고스테롤(ergosterol)은 자외선에 의해 비타민 D_2로 전환되는 비타민 D의 전구체들이다.

■ 표 1-5 상용식품 중 콜레스테롤 함량 (mg/100g) ■

식 품 명	Cholesterol	식 품 명	Cholesterol
쇠 고 기	70	생 선	70
쇠 골	2,000	어 란	300
콩 팥	375	큰 새 우	200
염 통	150	작 은 새 우	125
쇠 간	300	굴	200
돼 지 고 기	70	목 장 우 유	11
돼 지 간	467	전 지 분 유	85
닭 고 기	60	아 이 스 크 림	45
달 걀	550	치 즈	120
난 백	0	버 터	250
난 황	1,500	마 가 린 (混)	65
베 이 컨	128	마 가 린 (植)	0
마 요 네 즈	53	라 이 드	95
로 스 햄	67	요 구 르 트	11
뱀 장 어	240	탈 지 분 유	2.8~3.2
물 오 징 어	169	분 말 치 즈	108
문 어 다 리	112	버 터 쿠 키	115
전 복	101	Waffle	171
건 오 징 어	630		

 ## 필수지방산(Essential Fatty Acid : EFA)

　대부분의 지방산은 필요할 때 체내에서 합성이 가능하다. 그러나 체내에서 합성되지 않거나 합성되는 양이 적기 때문에 식사로 꼭 섭취해 주어야 하는 지방산이 있는데, 이들을 필수지방산이라 한다. 필수지방산으로는 리놀레산 (linoleic acid $C_{18}:2$, ω_6), 리놀렌산(linolenic acid $C_{18}:3$, ω_3), 아라키돈산 (arachidonic acid $C_{20}:4$, ω_6)이 있다. 리놀레산과 리놀렌산은 체내에서 합성되지 않으나 아라키돈산은 리놀레산으로부터 합성이 가능하다. 표 1-6에 상용하는 식용지방의 지방산 함량을 제시하였다. 리놀레산과 리놀렌산은 식물성 유로부터 많이 얻을 수 있다.

■ 표 1-6　식용지방의 지방산 함량 (g/100g) ■

식 품 종 류	전체지방량	포화지방산	불포화지방산	
			oleic acid	linoleic acid
코코넛기름	100	86	7	−
옥수수기름	100	10	28	53
메주콩기름	100	15	20	52
올리브기름	100	11	76	7
잇꽃(safflower)기름	100	8	15	72
땅콩기름	100	18	47	29
마요네즈	79.9	14	17	40
버터	81	46	27	2
베이컨 (구운것)	52	17	25	5
피이넛버터	50.6	9	25	14
크리임치즈	37.7	21	12	1
쇠고기 (갈비)	37.4	18	16	1
chedder 치즈	32.2	18	11	1
햄	23	4	5	1
닭고기 (날것)	17.1	5	6	3
아보카도	16.4	3	7	2
삶은 달걀	11.5	4	5	1
참치	8.2	3	2	2
우유	3.7	2	1	미 량

　필수지방산은 세포막을 이루는 인지질의 합성이나 뇌조직성분이 되는 여러 가지 다가불포화지방산의 합성에 필요하다. 뇌에는 탄소수가 18개 이상의 다가불포화지방산이 많으며 리놀렌산으로부터 유도되는 ω_3계 지방산인 DHA (docosahexaenoic acid, $C_{22}:6$) 등이 많이 있다. DHA는 어유 중에 많이 포함되어있다. 따라서 뇌의 발달이 왕성한 태아기나 영아기, 유아기에 필수지방산의 충분한 공급은 매우 중요하다.

　필수지방산은 또한 콜레스테롤의 배설을 도움으로써 혈중 콜레스테롤의 농도를 저하시키며 프로스타글란딘(prostaglandins)이나 트롬복산(thromboxane) 등으로 전환되어 혈관계 및 소화계, 신경계, 생식계 등 여러 기관의 대사조절에 관여한다(기능성 식품 참조). 그러나 불포화도가 높은 지방산은 쉽게 산화되는 성질이 있으므로 체내에 항산화제가 충분하지 않을 때는 쉽게 과산화물을 형성한다. 따라서 불포화지방산만을 과잉 섭취하는 것도 바람직하지 않으며, 포화지방산 : 단일불포화지방산 : 다가불포화지방산의 비율을 1 : 1 : 1로 균형을 이루어 섭취해야 할 것이다.

 ## 지단백(Lipoproteins)

　지질은 탄수화물이나 단백질과 달리 물에 잘 용해되지 않으므로 지질이 혈액을 통해 운반될 때는 지단백이라는 형체를 이루어 운반된다. 지단백은 중성지방, 인지질, 콜레스테롤, 유리지방산과 같은 지질과 단백질이 서로 결합하여 친수성의 성분은 바깥쪽에 소수성의 성분은 안쪽으로 배열하여 혈액과 잘 수화될 수 있도록 만들어진 형태이다. 지단백은 각 지질의 성분과 단백질의 함량에 따라 비중이 달라지며, 그 비중에 따라 카일로마이크론(chylomicron), VLDL(very low density lipoprotein ; 초저밀도 지단백), LDL(low density lipoprotein ; 저밀도 지단백), HDL(high density lipoprotein ; 고밀도 지단백) 등 4가지로 나뉜다.

　Chylomicron은 비중이 가장 낮은 지단백으로 중성지방의 함량이 가장 많고, 이것은 식사로 섭취한 중성지방을 운반한다. 다음으로 비중이 낮은 것은 VLDL로 주로 내인성 중성지방을 운반한다. LDL은 VLDL이 전환되어 만들어진 것으로 주로 간의 콜레스테롤을 말초조직으로 운반하는 역할을 한다. LDL의 증가는 동맥경화 발생과 관련이 높다. 비중이 가장 높은 지단백은 HDL이며 이것은 인지질과 단백질의 함량이 가장 높다. HDL은 말초조직에서 간으로 콜레스테롤을 운반한다. 따라서 HDL의 증가는 동맥경화의 위험을 낮추는 것을 의미한다. 정상인의 혈청 중성지방의 함량은 100~200mg/dℓ, 콜레스테롤 함량은 140~260mg/dℓ이나 연령에 따라 증가하는 경향이 있다.

■ **표 1-7** 연령별 혈청 중성지방과 콜레스테롤 함량 상한선 (mg/100mℓ) ■

연 령	Cholesterol	Triglyceride
1~19	230	150
20~29	240	200
30~39	270	200
40~49	310	200
50 이상	330	200

 한국인의 지질 섭취현황

지질의 급원으로는 외관상 기름이라고 판단할 수 있는 버터나 식용유, 쇠기름, 돼지기름 등과 지방을 많이 함유하고 있는 치즈나 크림, 잣, 호두, 땅콩 등의 견과류, 육류, 파이 등을 들 수 있다. 과일이나 곡류, 채소류에는 매우 적다. 대부분의 지방은 탄소 16개 이상의 고급지방산을 많이 갖으나 우유와 유제품은 상당량의 저급지방산을 가진다. 식물성 기름은 리놀레산, 리놀렌산, 올레산 등 불포화지방산을 많이 가지고 있으며, 연어, 고등어, 송어 등 기름기가 많은 생선은 ω_3계 불포화지방산을 많이 가진다.

지질의 필요량은 특정한 양이 정해져 있는 것은 아니나 총섭취열량의 20% 정도를 지방으로 섭취할 것을 권장한다. 또한 총에너지 섭취량의 약 2% (4~5g) 정도는 필수지방산으로 섭취해야 한다.

우리나라는 과거에는 탄수화물 의존도가 높고 지방섭취량은 매우 적은 편이었다. 그러나 최근 경제발전과 식생활양식의 변화 등으로 지방의 섭취량은 계속 증가하고 있다. 최근 30년간의 지방섭취 변화량을 보면 1970년 국민 1인당 1일 지방섭취량은 17.2g이던 것이 1980년에는 21.8g, 1990년에는 28.9g, 1995년에는 38.5g, 2001년에는 41.6g으로 30년 동안 약 2.4배 증가하였다. 우리나라 국민의 2001년 총열량에 대한 지방의 섭취비율은 19.5%로 한국영양학회의 권장 비율에 근접하고 있다. 그러나 대도시 일부 계층에서의 지방섭취 비율은 서구인 수준으로 매우 높은 것을 볼 수 있는데, 지방의 과잉섭취는 비만증을 쉽게 유발할 수 있고 고혈압이나 동맥경화증, 암, 심장병 등의 발생과도 관련이 많으므로 과잉섭취하지 않도록 한다.

3. 단백질 (Proteins)

단백질은 탄수화물이나 지방과 달리 구성원소 중에 탄소, 수소, 산소 이외에 질소를 가지고 있다. 즉 우리 몸에 필요한 질소 성분은 단백질을 통해서만 얻을 수 있다. 단백질은 물을 제외하고 우리 신체의 가장 많은 부분을 차지하는 영양소이다.

단백질의 가장 중요한 기능은 체조직의 구성성분이 되는 것이다. 따라서 새로운 세포의 형성이나 세포의 교체, 또는 보수작용을 위해 단백질의 공급은 필수적이다. 단백질은 이러한 체구성 성분으로써의 역할 뿐만 아니라 체내 생리작용의 조절기능도 담당하고 있다. 다른 영양소의 운반이나 혈액의 교질삼투압 유지에 관여하는 혈장 알부민, 면역기능을 하는 글로불린, 혈액응고에 관여하는 피브리노겐 등도 단백질이다. 또한 혈당을 조절하는 인슐린, 글루카곤과 등 많은 호르몬들도 단백질로 이루어졌으며, 생체 내에서 일어나는 모든 대사반응에 참여하는 효소도 단백질이다. 더욱이 단백질을 구성하고 있는 아미노산은 산, 또는 염기로 모두 작용할 수 있는 양성물질로써 체액의 중성유지에도 기여하고 있다. 또한 단백질은 1g당 4kcal의 열량을 내는 에너지원이다. 따라서 적당한 양의 단백질 섭취는 올바른 성장발달은 물론 건강과 생명유지에도 필수적이다.

 필수아미노산(Essential Amino Acid : EAA)

단백질을 구성하고 있는 아미노산은 20여 종이 있다. 이 20여 종의 아미노산은 각각의 단백질마다 독특한 아미노산의 조성 및 순서를 가지고 연결되어 이루어져 있다. 단백질 합성에 사용되는 아미노산 중 10여 종은 식사에서 섭취된 것이 사용되거나 필요할 때마다 체내에서 충분량이 합성되어 사용된다. 그러나 8종의 아미노산은 체내에서 전혀 합성되지 않거나 합성량이 매우 적어서 반드시 식사에서 필요량을 모두 섭취해야 한다. 이들을 필수아미노산이라고 하며 라이신(lysine), 루이신(leucine), 이소루이신(isoleucine), 발린(valine), 메티오닌(methionine), 페닐알라닌(phenylalanine), 트레오닌(threonine), 트립토판(tryptophane)이 여기에 속한다. 아동의 경우 히스티딘(histidine)도 필수아미노산에 속한다.

체내에 필요한 단백질의 정상적인 합성을 위해서는 식사를 통해 충분량의 필수아미노산을 섭취해야 함은 물론, 비필수아미노산도 식사에서 되도록 많이 공급해주는 것이 바람직하다.

■ 표 1-8 아미노산의 종류 ■

필 수 아 미 노 산	불 필 수 아 미 노 산
아이소루이신(Isoleucine)	알라닌(Alanine)
루이신(Leucine)	아스파라진(Asparagine)
라이신(Lysine)	아스파틱산(Aspartic acid)
메치오닌(Methionine)	시스테인(Cysteine)
페닐 알라닌(Phenylalanine)	글루타민산(Glutamic acid)
트레오닌(Threonine)	글루타민(Glutamine)
트립토판(Tryptophane)	글라이신(Glycine)
발린(Valine)	프롤린(Proline)
히스티딘(Histidine) : 아동	세린(Serine)
	타이로신(Tyrosine)
	알지닌(Arginine)

단백질의 영양가

　단백질의 영양가는 그 단백질을 구성하는 아미노산의 종류와 양에 따라 달라진다. 우유 속의 카제인(casein)이나 락트알부민(lactalbumin), 난황 속의 오브알부민(ovalbumin), 기타 육류단백질 등 대부분의 동물성 단백질과 대두 속의 글라이시닌(glycinine) 등은 모든 필수아미노산을 비교적 풍부하게 가지고 있는 질이 좋은 단백질이다. 그러나 쌀 속의 오리제닌(oryzenin), 밀의 글리아딘(gliadine), 보리 속의 호르데인(hordein) 등 대부분의 식물성 단백질은 필수아미노산을 모두 함유하고 있으나 한 두 가지의 필수아미노산 함량이 부족한 단백질이다. 이때 부족되는 아미노산을 그 단백질의 제한아미노산(limiting amino acid)이라고 한다. 또한 하나 이상의 필수아미노산을 전혀 가지고 있지 않은 질이 좋지 않은 단백질도 있다.

　단백질의 질을 숫자적으로 표시하는 방법으로는 생물가(biological value ; BV)와 아미노산가(amino acid score)가 가장 많이 쓰인다.

　일반적으로 생물가가 70 이상이면 양질의 단백질로 평가된다. 다음의 표 1-9에 몇 가지 식품의 생물가를 제시하였다.

■ 표 1-9 식품의 생물가 ■

식 품 명	생 물 가	식 품 명	생 물 가
달 걀	94	밀	67
난 황	96	쌀	75
난 백	83	콩	75
우 유	90	호 콩	56
치 즈	73	감 자	67
쇠고기	76	고구마	72
연 어	72		

 ## 아미노산 상호보강 효과

　식품 속의 단백질은 구성아미노산의 조성이 모두 다르다. 만일 제한아미노산의 종류가 서로 다른 두 종류 이상의 단백질을 같이 섭취하게 되면, 각각의 단백질에서는 부족되었던 제한아미노산이 상호보충되어 단백질의 질이 높아질 수 있다. 이를 아미노산의 상호보강효과라 한다. 따라서 아미노산가나 생물가가 낮은 단백질이라도 동일 종류의 단백질만 섭취하는 것보다는 여러 종류의 단백질을 같이 섭취하는 것이 훨씬 바람직하다. 예를 들면 쌀이나 보리, 밀 등의 곡류에는 주로 라이신과 트레오닌이 부족하며 두류나 육류, 그리고 우유에는 메티오닌이 적고, 옥수수는 트립토판과 라이신이 부족한 편이다. 따라서 쌀과 보리의 혼식보다는 쌀과 콩의 배합이 아미노산의 보강효과가 크다. 이와 같은 보강효과는 시간차이를 두고 섭취하는 것보다 동시에 두 단백질을 섭취할 때 더 큰 효과를 볼 수 있다.

 ## 한국인의 단백질 섭취현황

　단백질은 여러 가지 식품 중에 매우 다양하게 포함되어 있다. 식품의 단백질 함량을 보면, 육류나 가금류, 생선류에는 약 20% 정도의 단백질이 포함되어 있고, 난류에는 12~13%, 두류에는 20% 이상, 곡류에는 약 10% 정도 포함되어 있다.

■ 표 1-10 연령별 단백질 권장량 **■**

구　분	연　령(세)	체중[1](kg)	권장량(g)
영　아	0~4(개월)	5.6	15
	5~11(개월)	9.3	20
소　아	1~3	14	25
	4~6	19	30
	7~9	27	40
남　자	10~12	38	55
	13~15	54	70
	16~19	64	75
	20~29	67	70
	30~49	68	70
	50~64	68	70
	65~74	64	65
	75 이상	60	60
여　자	10~12	38	55
	13~15	51	65
	16~19	54	60
	20~29	54	55
	30~49	55	55
	50~64	57	55
	65~74	54	55
	75 이상	52	55
임신전반기			+15
임신후반기			+15
수 유 기			+20

1) 기간 중 평균체중임
　(한국인의 영양권장량, 제 7차 개정, 한국 영양학회, 2000)

　지난 30년간 우리나라 사람들의 단백질 섭취량은 경제발전과 함께 현저히 증가하였다. 국민영양조사 보고에 의하면 1일 1인당 섭취량은 1970년에 64.6g이던 것이, 1980년에는 67.2g, 1990년에는 78.9g, 2001년에는 71.6g으로 증가하였고, 전체 단백질 섭취량 중에서 동물성 단백질이 차지하는 비율도 1970년 14.7%에서 2001년에는 47.9%로 3.3배에 가까운 많은 증가를 보였다. 이는 육류나 어패류, 난류, 우유류의 섭취증가에 기인한 것이라고 볼 수 있다.

즉 단백질 섭취는 과거에 비해 양적인 증가는 물론 질적으로도 우수해진 것이다.

2000년에 개정된 제 7차 한국인 영양권장량에서는 표 1-10에서 보듯이 성인남자는 70g, 성인여자는 55g의 단백질 섭취를 권장하고 있다. 따라서 현재 우리나라 사람들의 단백질 섭취량은 양호한 편이라고 볼 수 있다. 또한 우리나라 사람들은 서구인에 비해 콩과 두부 등의 두류, 그리고 생선류의 섭취량이 높은 편이다. 이들은 양질의 단백질을 공급할 뿐만 아니라 다가불포화지방산의 함량이 높아 고혈압이나 심장병, 동맥경화증 등 현대인에게 흔한 대사성 질환의 예방이나 치료에 좋은 식품이므로 꾸준히 섭취하는 것이 좋다.

4. 소화흡수 및 대사
(Digestion, Absorption and Metabolism)

음식물 속에 들어있는 탄수화물, 단백질, 지질 등의 영양소는 비교적 분자량이 큰 고분자 물질이다. 따라서 반드시 단순한 저분자 물질로 나누어져야만 체내에 흡수될 수 있다. 소화란 고분자 물질인 식품 속의 영양소를 물리적, 화학적 소화작용에 의해 저분자의 물질로 분해하는 과정을 말한다.

물리적인 소화작용에는 치아로 음식을 씹어서 잘게 나누는 작용, 혀로 음식물을 잘 섞는 작용과 장의 연동운동, 분절운동 등이 있다. 연동운동은 장근육이 차례대로 수축 이완되어 음식물을 아래로 이동시키는 운동이며 분절운동이란 음식물을 서로 섞어 작은 덩어리로 쪼개고 소화액과 잘 섞이도록 하는 작용이다.

화학적인 소화작용은 소화효소에 의해 일어난다. 소화효소는 타액, 위액, 소장액 및 췌장액 등에 섞여 분비된다. 소화효소는 기질특이성이 있어서 반드시 그 효소가 작용할 수 있는 기질이 정해져 있으며, 작용하는 데에 적절한 pH 범위를 가지고 있으므로 그 조건이 맞을 때에만 분해 작용을 할 수 있다. 표 1-11에 여러가지 소화효소의 종류와 작용하는 물질 및 생성물을 표시하였다.

■ **표 1-11**　소화효소의 종류와 작용 ■

효소명 및 소화액	작용하는 물질	생 성 물
Salivary amylase(타액)	전　분	dextrin과 맥아당
Pancreatic amylase(췌장액)	전분과 dextrin	맥아당
Maltase(소장액)	맥아당	포도당
Sucrase(소장액)	자당	포도당과 과당
Lactase(소장액)	유당	포도당과 galactose
Pepsin(위액)	단백질의 phenylalanine과 tyrosine의 amino group	proteose와 peptone
Trypsin(췌장액)	단백질, proteose, peptone의 arginine이나 lysine의carboxyl group	peptone과 peptide
Chymotrysin(췌장액)	단백질, proteose, peptone의 tyrosine, phenylalanine tryptophan의 carboxyl group	아미노산
Carboxypeptidase(췌장액)	polypeptide 사슬의 carboxy 말단의 아미노산	아미노산
Aminopeptidase (소장액)	polypeptide 사슬의 amino 말단의 아미노산	아미노산
Prolinase(소장세포)	Proline이 결합되어 있는 peptide bond	아미노산인 proline
Pancreatic lipase(췌장액)	유화지방	지방산과 glycerol

탄수화물의 소화

　　우리가 섭취하는 탄수화물은 주로 전분이지만 그외에 자당, 유당, 맥아당, 포도당, 과당과 같은 당류도 같이 섭취한다.

　　탄수화물의 소화는 구강에서부터 시작된다. 구강에서 음식물은 저작 과정을 통한 물리적 소화와 타액 아밀라제(amylase)를 통한 화학적 소화과정을 거친다. 여기에서 전분은 덱스트린이나 맥아당까지 분해된다. 음식을 오래 씹으면 단맛이 나는 이유가 여기에 있다. 위에선 탄수화물의 소화가 많이 일어나지 않는다. 소화효소인 아밀라제가 산성에서 불활성 상태가 되기 때문이다. 음식물과 같이 들어온 타액 아밀라제는 위에서 얼마동안 작용을 계속 하다가 산성인 위액과 섞이면 곧 작용을 멈춘다.

　　소장에서는 탄수화물의 소화가 완성되고 흡수가 일어난다. 소장으로 분비되는 췌장액 중에는 췌장 아밀라제가 있다. 이 효소는 소장으로 들어온 전분이나 덱스트린을 맥아당까지 모두 분해시킨다. 다음으로 전분의 분해산물로 생긴 맥아당이나 본래 음식 속에 있던 서당, 유당 등의 이당류들은 소장액 중의 이당류 분해효소에 의해 다음과 같이 각각 단당류로 분해되어 흡수된다.
탄수화물의 소화흡수율은 평균 98%로 매우 높다.

$$\text{맥아당} \xrightarrow{\text{maltase}} \text{포도당 + 포도당}$$

$$\text{자당} \xrightarrow{\text{sucrase}} \text{포도당 + 과당}$$

$$\text{유당} \xrightarrow{\text{lactase}} \text{포도당 + 갈락토즈}$$

지질의 소화

우리가 섭취하는 지질 중의 대부분은 중성지방이며, 그외 소량의 인지질과
콜레스테롤이 있다. 지방은 구강과 위에서는 거의 소화되지 못하며, 지방의 소
화는 주로 소장에서 이루어진다. 위에서 십이지장으로 넘어온 지방은 우선 담
즙에 의해 유화된 후 효소작용을 받는다. 담즙은 간에서 생산되어 담낭에 저
장되어 있다가 필요에 따라 십이지장으로 분비되는 약알칼리성의 액체이다.

담즙에 의해 유화된 지방은 췌장액 중 리파제(lipase)의 작용을 받는다. 췌장
의 리파제는 중성지방에 있는 고급지방산을 분리하며 인지질의 지방산은 포
스포리파제(phospholipase)에 의해 분리된다. 유리형 콜레스테롤은 그냥 그 자
체로 흡수되지만 에스테르형은 콜레스테롤 에스터라제(cholesterol esterase)에
의해 지방산과 분리된다. 이리하여 생긴 지방소화의 최종산물은 지방산과 글
리세롤, 모노글리세라이드(monoglycerides), 콜레스테롤, 인지질 등이다.

저급이나 중급지방산, 글리세롤 등은 소장점막으로 직접 흡수되어 문맥을
통해 간으로 운반된다. 그러나 그 이외의 분해산물은 담즙산염과 함께 미셀
(micelle)이라는 작은 입자를 형성하여 소장점막으로 들어간다. 그리고 장점막
내에서 다시 중성지방으로 재합성 된 후 소량의 단백질과 함께 카일로마이크
론(chylomicron)이라고 하는 지단백을 형성하여 소장융모의 림프관을 통해 흉
관을 거쳐 혈류로 합쳐진 다음 간으로 운반된다. 섭취된 지질은 평균 95% 정
도가 흡수된다.

단백질의 소화

식품 중의 단백질은 어느 것이나 아미노산이 결합되어 생긴 것이므로 단백질의 최종 소화산물은 아미노산이다.

단백질의 소화는 위에서부터 시작된다. 위액 중의 염산은 단백질을 약간 변성시켜 효소의 작용을 받기 쉽게 한다. 위벽세포에서 분비되는 펩시노겐(pepsinogen)은 염산에 의해 펩신(pepsin)으로 활성화되어 단백질의 펩타이드 결합을 분해하며, 이로써 단백질을 분자량이 작은 펩톤까지 분해한다.

음식물이 위에서 십이지장으로 넘어오면 알칼리성인 담즙과 췌장액이 분비되어 음식물의 pH가 상승되므로 산성에서 작용하는 펩신의 작용은 억제된다. 소장 내에서는 췌장액과 소장액 중의 여러 단백질 분해효소의 작용에 의해 단백질 소화가 활발히 일어난다. 췌장액 중의 트립신(trypsin)과 카이모트립신(chymotrypsin)은 처음에는 불활성인 상태로 분비된 후 장내에서 활성화되어 단백질의 폴리펩타이드(polypeptide) 사슬의 중간부분을 끊는 효소이다. 카르복시펩티다제(carboxypeptidase)는 폴리펩타이드 사슬의 카르복시 말단의 아미노산만을 분리해내는 효소이다. 소장액 중에는 단백질의 폴리펩타이드 사슬의 아미노 말단 아미노산만 분리해내는 아미노펩티다제(aminopeptidase)와 두 개의 아미노산이 연결된 펩타이드에만 작용하여 분해하는 디펩티다제(dipeptidase) 등이 있어 단백질의 소화를 완성한다.

이와 같은 효소들의 작용으로 대부분의 단백질은 모두 아미노산으로 분해되어 흡수된 후 문맥을 통해 간으로 들어간다. 동물성 단백질은 약 97% 정도 흡수되고, 식물성 단백질은 78~85% 정도 소화흡수되므로 평균적으로 단백질 소화흡수율은 약 92%이다. 그러나 생후 1개월까지의 영아는 모유 속의 감마글로불린(γ-globulin)과 같은 면역단백질을 직접 흡수할 수도 있다.

탄수화물, 지질, 단백질의 대사

장에서 흡수되어 간으로 들어온 포도당은 혈액을 통해 근육 및 기타조직에 운반되며, 그곳에서 산화되어 이산화탄소와 물로 분해되면서 에너지를 발생한다.

한편 에너지의 여분이 많이 있을 때는 간과 근육에서 포도당은 글리코겐으로 합성되어 저장된다. 그러나 글리코겐의 저장량에는 한계가 있으므로 여분의 포도당은 중성지방으로 전환되어 지방조직에 저장된다. 식사를 걸렀거나 탄수화물 섭취가 부족하여 혈당이 떨어졌을 때는, 우선 간의 글리코겐이 분해되어 혈당을 높이고 다음으로 아미노산 등 당질 이외의 다른 물질로부터 포도당이 합성되어 혈당상승에 도움을 준다.

포도당의 산화는 혐기성 조건 하에서 일어나는 해당과정과 호기성 조건하에서 일어나는 TCA(tricarboxylic acid)회로 및 전자전달과정으로 나누어 볼 수 있다. 해당과정은 세포질에서 일어나며 TCA회로와 전자전달과정은 미토콘드리아 내에서 일어난다.

해당과정(glycolysis)은 육탄당인 포도당이 탄소를 3개 가진 피루빈산(pyruvic acid) 두 분자로 전환되는 과정이다. 생성된 피루빈산은 미토콘드리아 내에서 산화적 탈탄산 반응을 통해 이산화탄소 1분자를 방출하면서 탄소를 2개 가지는 아세틸코에이(acetyl CoA)로 전환된다. 이 acetyl CoA는 포도당 뿐만 아니라 아미노산, 지방산의 분해에 의해서도 생성되는 3대 영양소의 공통적인 중간대사 생성물이다. 다음 acetyl CoA는 4개의 탄소를 가진 옥살로아세테이트(oxaloacetate)와 결합하여 구연산이 되면서 TCA 회로를 돌게 된다.

해당과정이나 피루빈산의 탈탄산과정, 또 TCA회로를 거치는 동안 생성된 수소는 미토콘드리아 내의 전자전달효소계를 통해 수소이온이 된 후, 마지막 단계에서 분자 상의 산소와 결합하여 물로 전환된다. 수소가 전자전달계를 통하는 과정에서 생성되는 에너지는 고열량 인산결합인 ATP(adenosine triphosphate)에 저장되어 있다가 필요한 곳에 쓰이게 된다.

지방의 산화는 주로 간과 지방조직에서 일어난다. 지방조직에 저장되었던 중성지방은 지방산과 글리세롤로 분해된다. 글리세롤은 피루빈산으로 전환된 후 acetyl CoA로 전환되며, 분리되어 나온 고급지방산들은 β-산화(β-oxidation) 과정을 통해 2개의 탄소 단위로 나누어져 여러 분자의 acetyl CoA로 분해된다. 따라서 탄소가 16개인 팔미트산에서는 8분자의 acetyl CoA가 생성된다. 생성된 acetyl CoA는 포도당대사에서와 마찬가지로 TCA 회로와 전자전달계를 돌면서 분해되어 에너지를 발생한다. 기아상태의 사람이나 당뇨병 환자의 경우 체내 주요열량원으로써 포도당보다 지방산이 많이 연소하게 된다. 이때 지방산으로부터 생성되는 acetyl CoA가 너무 많을 경우 일부 acetyl CoA는 간에서 케톤체로 전환되는 확률이 높아진다.

단백질은 탄수화물이나 지방과는 달리 질소성분을 가진다. 따라서 아미노산이 분해될 때에는 질소를 갖는 아미노기가 분리되어 암모니아와 나머지 탄소골격으로 나뉜다. 아미노산에서 유리된 암모니아는 체내 농도가 높아지면

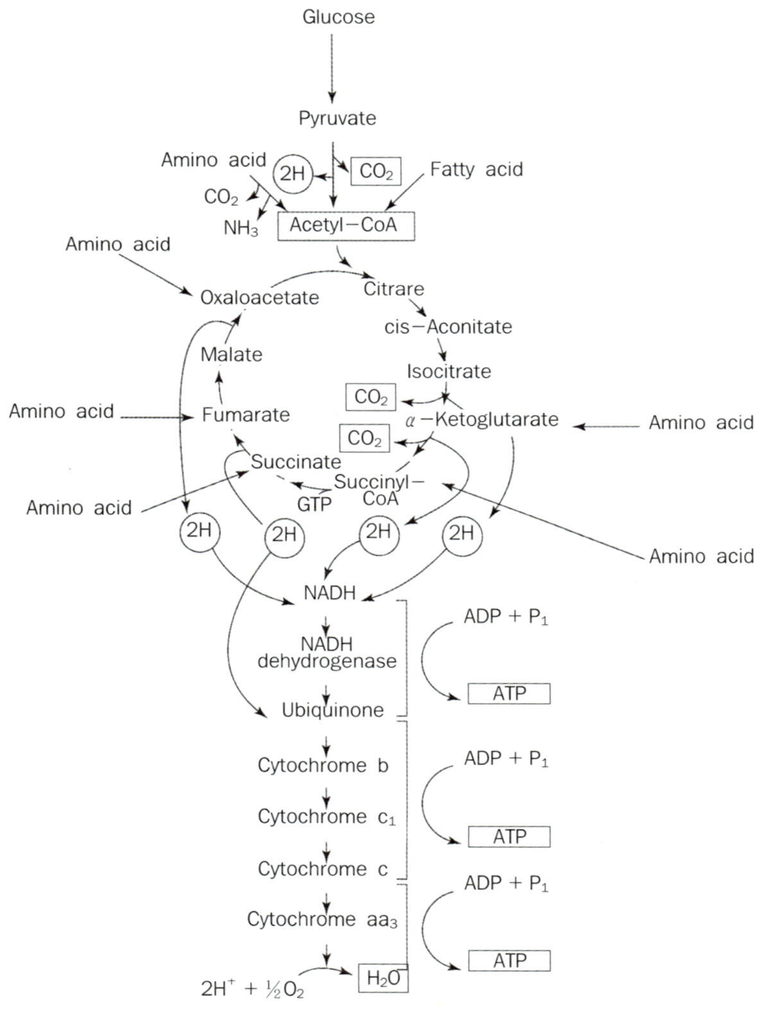

■ 그림 1-5 3대 영양소의 산화과정 ■

매우 해롭다. 따라서 우리 몸은 간에서 암모니아를 요소로 전환시켜 독성이 적은 상태로 바꾸어 배설하고 있다.

아미노산에서 아미노기가 제거된 나머지 탄소골격은 분해되어 이산화탄소와 물이 되면서 에너지를 발생한다. 20여 가지 종류의 아미노산은 모두 같은 분해경로를 거치는 것이 아니며 다섯 가지 다른 경로가 있다. 즉 피루빈산으로 전환되거나 acetyl CoA로 직접 전환되는 것, 또 TCA회로의 중간생성물들로 직접 전환되는 것 등이다. 이들은 모두 TCA회로를 거치고 전자전달계를 거치면서 분해되어 에너지를 발생한다.

5. 비타민 (Vitamins)

비타민이란 체내의 대사기능에 반드시 필요한 유기물질로서 몇 가지를 제외하고는 체내에서 합성되지 않으므로 음식물로 꼭 섭취해야만 한다. 각각의 비타민은 각기 독특한 대사기능이 있으므로 섭취량이 부족하면 결핍증이 생기고 다시 보충해주면 그 결핍증이 치료된다.

비타민은 용해성에 따라 지용성 비타민과 수용성 비타민으로 구분된다. 지용성 비타민은 물에 녹지 않고 기름에 녹으며, 많은 양을 섭취하면 체내에 상당량이 저장될 수 있으므로 섭취량이 부족해도 결핍증은 서서히 나타난다. 반면 지나치게 많은 양을 장기간 섭취하게 되면 과잉증이 나타날 수 있다. 수용성 비타민은 많은 양을 섭취해도 체내에 저장되지 않고 배설되어 버린다. 따라서 매일 필요한 양을 공급하지 않으면 결핍증이 쉽게 발생한다.

대부분의 식품은 양의 차이는 있으나 탄수화물이나 지방, 그리고 단백질은 어느정도 다 가지고 있다. 그러나 모든 비타민을 다 가지고 있는 식품은 없다. 따라서 모든 비타민을 잘 섭취하기 위해서는 다양한 식품을 골고루 먹어야 한다. 비타민의 결핍증은 단순히 그 비타민의 섭취부족 때문이거나, 또는 충분량을 섭취한다 하더라도 흡수가 불량하거나 다른 질병 때문에 일어날 수 있다.

 지용성 비타민

❶ 비타민 A(retinol)

체내에서 비타민 A의 기능을 갖는 물질은, 식품 중에 포함되어 있는 비타민 A와 카로티노이드(carotenoids)계 색소 중의 일부인 비타민 A 전구체(provitamin A)가 있다. 비타민 A에는 레티놀(retinol), 레티날(retinal), 레티노익애시드(retinoic acid) 등 세 가지가 있다. 카로티노이드 색소는 녹황색 식물 속에 있는 황색색소이며 이중에서 비타민 A의 전구체로 가장 효력이 큰 것은 β-카로틴(β-carotene)이다. β-카로틴은 비타민 A 두 분자가 대칭으로 연결된 구조를 가지고 있으며 흡수된 후 소장벽에서 비타민 A로 전환된다. α-카로틴(α-carotene)과 γ-카로틴(γ-carotene)도 비타민 A 전구체이나 β-카로틴의 1/2의 효과를 갖는다. 카로틴은 비타민 A에 비해서 흡수율이 낮은 편이다. 중량으로 보았을 때 β-카로틴은 비타민 A의 1/6의 효력을 갖는 것으로 간주된다.

비타민 A의 여러 기능 중에서 가장 잘 알려진 것은 암적응(dark adaptation)을 위한 시자홍의 유지이다. 우리는 밝은 곳에서 어두운 곳으로 들어가면 처음에는 아무것도 보이지 않다가 시간이 지나면 차차 보이기 시작하는 것을 경험한다. 이와 같이 어두운 곳에서 물체를 볼 수 있기 위해서는 로돕신(rhodopsin), 또는 시자홍이라고 부르는 물질이 있어야 한다. 로돕신은 비타민 A와 단백질이 결합되어 있는 물질이다. 비타민 A는 또한 피부나 소화계, 호흡계, 생식계 등 내장기관의 모든 상피세포의 건강에 필수적이다. 상피조직에서는 점액질이 분비되어 표면을 매끄럽게 하고 조직을 건강히 유지하여 박테리아 등의 세균침입을 막고 있다. 그외에도 비타민 A는 골격과 치아의 정상

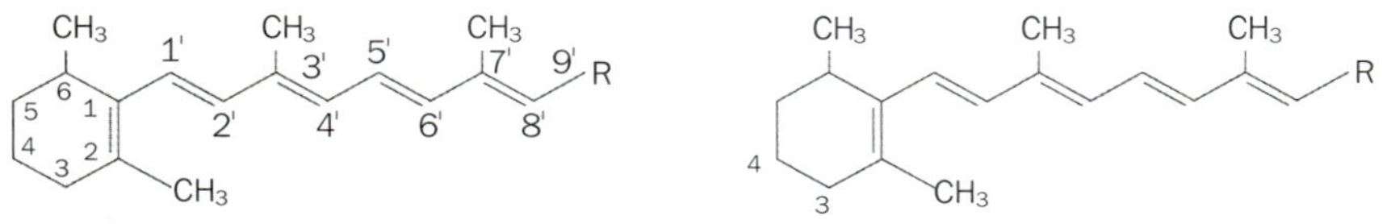

(a) retinol   (b) dehydroretinol

■ 그림 1-6 비타민 A의 구조 ■

적인 성장, 정상적인 생식기능 등에 필요한 것으로 알려져 있다. 특히 β-카로틴은 흡연자에 있어서 폐암의 발생을 줄이는데 효과가 있다.

비타민 A의 섭취량을 계산할 때에는 비타민 A와 provitamin A의 양을 모두 고려해야 하므로 주의한다. 한국 성인남녀의 비타민 A 권장량은 700RE (1RE＝1μg retinol)이다.

비타민 A 함량이 많은 동물성 식품은 간이나 버터, 난황이며 식물성 식품은 녹황색 채소로 붉은 고추, 당근, 가을호박, 시금치, 무청, 미나리, 아욱, 쑥갓, 상치 등이다.

비타민 A의 결핍증으로는 야맹증, 안구 건조증, 각막 연화증 등 눈에 관련된 것이 많다. 또한 피부의 각질화가 일어나 모공각화증이 생기고 영양소의 흡수불량, 병에 대한 저항력 감소 등을 들 수 있다.

❷ 비타민 D(Cholecalciferol)

비타민 D는 유도지질인 스테롤에 속하는 지용성 물질로 인체 내에서 비타민 D의 효력을 갖는 것은 비타민 D_2와 D_3이다.

동물의 피부에 존재하는 콜레스테롤 유도체인 7-dehydrocholesterol이 자외선을 받으면 비타민 D_3로 전환되며, 효모나 버섯 등 하등식물에 있는 ergosterol이 자외선을 받으면 비타민 D_2로 전환된다. 즉 7-dehydrocholesterol이나 ergosterol은 비타민 D의 전구체이다.

음식물에서 섭취했거나 피부에서 합성된 비타민 D가 활성을 갖기 위해서는 간과 신장에 있는 효소의 작용을 받아 1,25-dihydroxy vit D_3로 전환되어야 한다. 활성형 비타민 D는 장에서 칼슘과 인의 흡수가 잘 되도록 도와주어 뼈의 무기질화가 잘 일어나도록 한다. 한편 비타민 D는 혈중 칼슘의 농도가 아주 낮을 때 뼈에 저장되어 있는 칼슘이 혈액 내로 잘 유출되도록 하고, 신장에서의 칼슘과 인의 재흡수율을 높여 혈중의 칼슘농도를 일정하게 유지하는 데에도 기여한다.

비타민 D의 권장량은 19세까지는 남녀 모두 10μg, 20세에서 49세까지의 성인은 5μg이다. 비타민 D는 식사로 많이 섭취하지 않아도 햇볕을 많이 쐬는 생활을 하면 크게 부족되지 않는다. 그러나 실내에서 또는 지하실에서 대부분의 시간을 보내는 직업을 가진 사람들이나 비타민 D 섭취가 아주 불량한 경우 결핍증이 발생할 수도 있다. 아동기에 비타민 D가 결핍되면 구루병 (rickets)이 된다. 구루병에 걸리면 근육발달에 비해 골격발달이 약하기 때문에 체중을 견디지 못하고, 다리가 구부러지고 앞가슴이 튀어나오는 등 기형이 된다. 성인이 된 후 비타민 D 결핍이 되면 골연화증(osteomalacia)이 되어 뼈에 무기질 침착이 잘 되지 않으므로 뼈가 약해지고 골절이 되기 쉽다. 비타민 D 는 간이나 어간유, 난황, 버터 등 동물성 식품과 버섯 등에 포함되어 있다.

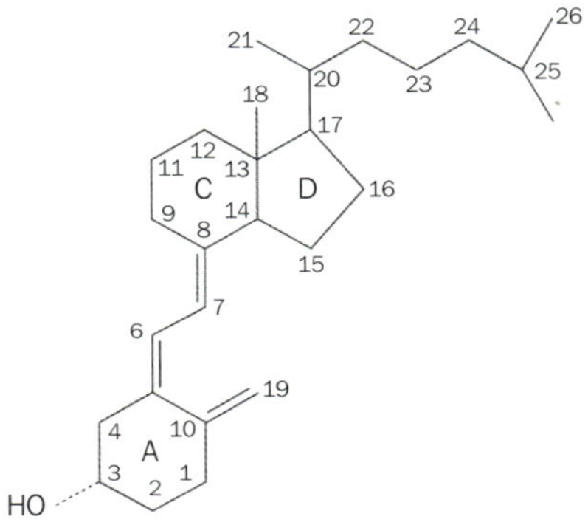

■ **그림 1-7** 비타민 D의 구조(Cholecalciferol) ■

❸ 비타민 E(Tocopherol)

비타민 E의 기능을 갖는 물질로는 토코페롤(tocopherol)과 토코트리에놀 (tocotrienol)의 두 계열이 있다. 또 각각에는 α, β, γ, δ 화합물이 있다. 이 중에서 비타민 E의 효력이 가장 큰 것은 α-tocopherol이다. 비타민 E는 공기 중에 노출되면 매우 쉽게 산화되는 성질이 있고, 다른 물질과 함께 있을 때 다른 물질보다 자기가 먼저 산화하므로 그 물질의 산화를 방지한다. 따라서 항산화제로 사용된다.

비타민 E는 인체 내에서도 항산화 기능을 한다. 특히 세포막을 이루는 인지질 중의 다가불포화지방산의 산화를 방지하여 세포막과 세포를 보호하는 작용을 한다. 따라서 식사 중의 다가불포화지방산의 함량이 많으면 체내에 비타민 E의 필요량도 증가하게 된다. 비타민 E를 많이 가지고 있는 식품은 식물성유나 곡류의 배아 등이다. 식물성유는 다가불포화지방산도 많지만 이들의 산화를 방지해 주는 비타민 E의 함량도 많다. 일반적으로 동물성 식품이나 과일, 채소류는 비타민 E의 좋은 급원은 아니다.

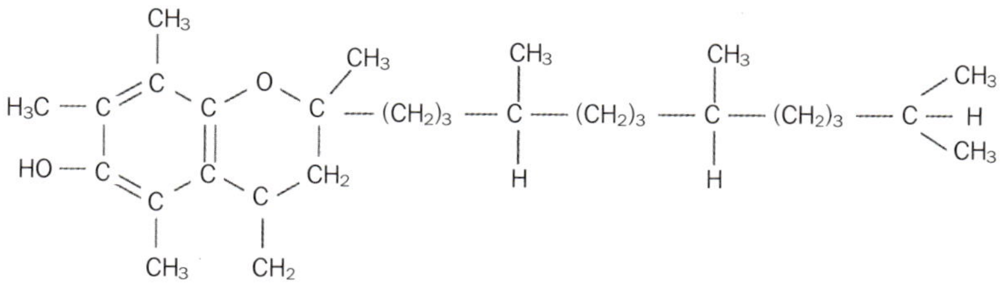

■ **그림 1-8** 비타민 E의 구조(α-tocopherol) ■

비타민 E의 뚜렷한 결핍증상을 사람에게서 찾기란 어렵다. 정상식사를 하는 경우 비타민 E의 결핍은 잘 일어나지 않으나 장기간 극도로 비타민 E가 결핍된 식사를 한 경우, 적혈구의 수명이 짧아졌다고 하며 인큐베이터에 있는 미숙아의 경우 항산화제의 필요량이 증가하며 종종 용혈성 빈혈을 나타내기도 한다.

4 비타민 K(Menaquinone)

비타민 K의 효력이 있는 물질은 K_1, K_2, K_3, 세 종류가 있다. 비타민 K_1(phylloquinone)은 클로로필로부터 합성되며 식물성 식품에 존재한다. 비타민 K_2(menaquinone)는 세균에 의해 합성되는 형태의 비타민 K이다. 사람의 대장 내에 존재하는 박테리아도 비타민 K_2를 합성한다. 사람의 장에서 합성되는 비타민 K_2는 상당량이 흡수되어 이용될 수 있다. 비타민 K_2는 K_1의 75% 정도의 활성을 갖는다. 비타민 K_3(menadione)는 화학적으로 합성된 형태의 비타민이다.

비타민 K의 가장 중요한 기능은 혈액응고 인자들의 합성에 관여하는 것이다. 비타민 K가 부족하면, 혈액응고 인자의 합성이 잘 일어나지 않으므로 자연히 혈액응고가 지연된다. 즉 프로트롬빈타임(prothrombin time)이 길어진다. 또한 비타민 K는 뼈의 칼슘 침착에 관여하는 오스테오칼신(osteocalcin)이라는 단백질 합성시에도 필요한 것으로 알려졌다.

　비타민 K의 가장 좋은 급원은 상추, 양배추, 시금치, 케일 등 녹색채소이므로 우리나라 사람들은 별로 결핍되지 않는다. 그러나 신생아의 경우 장내 세균총의 형성도 안되고 모체로부터 공급받은 비타민 K의 양도 적기 때문에 비타민 K의 수준이 낮은 편이다.

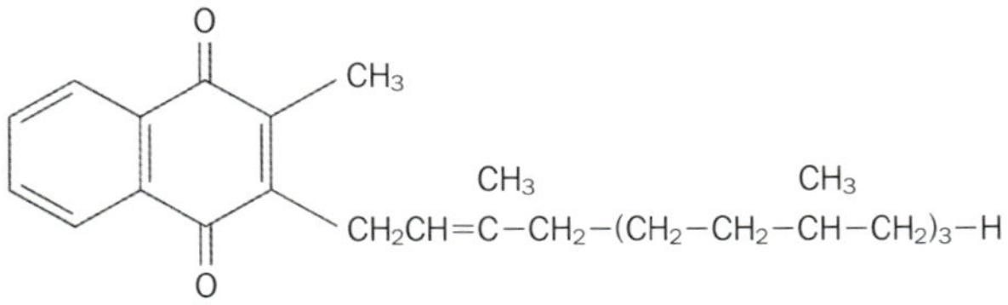

Phylloquinone(Vitamin K_1, Phytonadione, Mephyton)

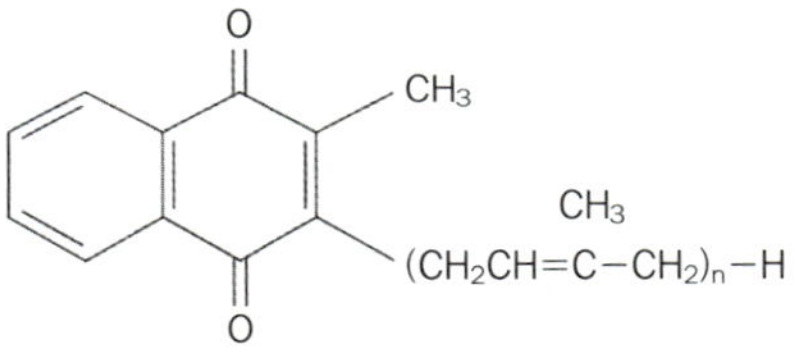

Menaquinone-n(Vitamin K_2 ; n=6,7 or 9)

■ 그림 1-9　비타민 K의 구조 ■

수용성 비타민

　수용성 비타민은 크게 나누어 비타민 B 복합체와 비타민 C로 나누어 볼 수 있다. 수용성 비타민은 지용성 비타민에 비해 비교적 여러 가지 식품군에 다양하게 포함되어 있다. 그리고 대부분의 수용성 비타민은 효소의 기능을 보완하는 조효소의 기능을 가진다.

1 비타민 B 복합체

　비타민 B 복합체에는 비타민 B_1(thiamin), 비타민 B_2(riboflavin), 나이아신(niacin), 비타민 B_6(pyridoxine), 비오틴(biotin), 판토텐산(pantothenic acid), 엽산(folic acid), 그리고 비타민 B_{12}(cyanocobalamin)의 8가지가 있다.

이들 비타민은 모두 흡수된 후 장점막이나 간에서 각각 조효소의 형태로 전환되어 각기 독특한 반응에 참여하고 있다.

비타민 B_1은 조효소 TPP(thiamin pyrophosphate)가 되어 에너지 대사과정에 참여한다. 특히 트란스케톨라제(transketolase)의 조효소로 작용하여 탄수화물 대사에 많이 관여하고 있다. 따라서 탄수화물 섭취가 많을 때에는 비타민 B_1의 필요량도 증가하게 된다. 비타민 B_1을 많이 갖는 식품은 돼지고기, 굴, 난황과 콩, 팥, 깨 등 종자식품이며 잎을 먹는 채소에는 적은 편이다.

비타민 B_1의 결핍증으로는 식욕감퇴, 무력감, 체중감소 등이 있고, 심하게 결핍될 경우는 각기병(beriberi)이 된다. 각기병은 심장혈관계와 신경계 등이 손상을 받는 질환이다.

비타민 B_2로부터 합성되는 조효소로는 FMN(flavin mononucleotide), FAD(flavin adenine dinuleotide)가 있으며 이들은 산화·환원반응에 관여하고 있다. 이들 조효소는 영양소가 산화되어 에너지를 발생하는 과정이나 적혈구 및 부신피 질호르몬 합성 등에 참여한다.

비타민 B_2의 좋은 급원으로는 간이나 굴, 우유 및 유제품, 시금치, 완두, 버섯 등이 있으나 이들 식품에 포함되어 있는 양은 많지 않다. 따라서 한번에 먹을 수 있는 양을 고려해 볼 때 비타민 B_2의 급원으로 가장 좋은 것은 우유이다.

■ 표 1-12 식품의 비타민 B1 함유량 (㎎/100g) ■

식품명	함 량	식품명	함 량	식품명	함 량	식품명	함 량
밀 가 루	0.28	버 터	0.01	광 어	0.21	우 유	0.04
보 리 쌀	0.40	식 물 유	0	굴	0.51	배 추	0.06
백 미	0.10	두 부	0.03	쇠 간	0.30	시 금 치	0.12
7분 도미	0.19	밤 콩	0.70	닭 고 기	0.09	양 배 추	0.12
밤	0.45	흰 콩	0.60	쇠 고 기	0.06	오 이	0.06
참 깨	0.50	콩 나 물	0.16	돼지고기	0.95	딸 기	0.07
감 자	0.16	고 등 어	0.08	달 걀	0.10	배	0.04
고 구 마	0.13	꽁 치	0.25	난 황	0.23	사 과	0.25

■ **표 1-13**　식품의 비타민 B_2 함유량 (㎎/100g) ■

식품명	함 량	식품명	함 량	식품명	함 량
쌀	0.05	굴	0.40	시 금 치	0.38
감 자	0.03	오 징 어	0.10	오 이	0.05
버 터	0.03	우 유	0.15	느 타 리	0.80
식물성유	0	달 걀	0.30	표 고	1.23
완 두	0.44	당 근	0.09	김	1.50
검 정 콩	0.23	배 추	0.09	사 과	0.04
고 등 어	0.20	무 청	0.30	포 도	0.02
광 어	0.28	상 추	0.28	배	0.03

　비타민 B_2의 결핍증으로는 설염, 구순구각염, 피부염 등을 볼 수 있다. 특히 구순 구각염은 비타민의 요구량이 증가하는 성장기 어린이에게 흔히 나타난다.

　나이아신의 조효소로는 NAD(nicotinamide adenine dinucleotide)와 NADP (nicotinamide adenine dinucleotide phosphate)의 2가지가 있다. 생체 내에서 NAD나 NADP를 조효소로 하는 효소반응은 영양소가 산화하여 에너지를 내는 과정이나 지방산의 합성과정 등 매우 많이 있다.

　나이아신은 필수아미노산인 트립토판의 정상적인 대사산물 중의 하나이다. 60mg의 트립토판이 대사될 때 약 1mg의 나이아신이 생성된다. 따라서 단백질이 풍부한 식품을 먹으면 나이아신은 별로 결핍되지 않는다. 나이아신을 많이 가진 식품으로는 간, 육류, 가금류 등의 동물성 식품과 두류, 곡류 등이며 과일과 채소에는 적은 편이다.

■ **표 1-14**　식품의 나이아신 함량 (㎎/100g) ■

식품명	함 량	식품명	함 량
돼 지 간	14.9	땅 콩	17.8
쇠 간	12.0	잣	7.0
쇠 고 기	16.3	대 두	3.2
돼지고기	5.0	팥	0.8
닭 고 기	5.0	커 피	11.5
현 미	5.1	아 몬 드	4.6

비타민 B$_6$의 기능을 갖는 물질은 피리독신(pyridoxine), 피리독살(pyridoxal), 그리고 피리독사민(pyridoxamine)의 3가지가 있다. 조효소의 형태는 PLP(pyridoxal phosphate)와 PNP(pyridoxamine phosphate)이다. 이들은 에너지대사 보다는 단백질대사에 주로 관여하는 조효소이다. 또한 적혈구 생성에 필요한 heme의 합성, 항체합성시에도 필요하다.

비타민 B$_6$가 결핍되면 빈혈, 근육쇠약, 신경염, 피부염, 구강질환 등이 일어난다. 특히 isoniazid 성분의 결핵약을 복용하는 환자의 경우 다량의 비타민 B$_6$를 공급하지 않으면 결핍증이 쉽게 나타난다.

비오틴은 생달걀의 흰자를 많이 섭취했을 때 생기는 증상 등을 치료할 수 있는 인자로서 발견된 비타민이다. 비오틴의 조효소는 효소단백질의 아미노산인 라이신(lysine)과 단단히 결합된 biotinyl lysine이다. 이들은 체내에서 CO$_2$기를 전달하는 과정에 참여한다. 비오틴은 정상적인 식사를 하는 경우 잘 결핍되지 않는다. 비오틴이 많은 식품으로는 내장고기, 닭고기, 계란, 우유, 채소, 과일, 두류 등이다. 로얄제리의 비오틴 함량은 매우 높다.

판토텐산은 매우 다양한 기능을 가진 Coenzyme A(코엔자임 에이)의 구성성분이다. Coenzyme A는 영양소의 산화과정 뿐만 아니라 지방산, 콜레스테롤, 스테로이드 등의 지질합성, 신경전달 물질의 합성 등 여러 반응에 참여하고 있다. 판토텐산은 한편 ACP(acyl carrier protein)의 성분이 되어 지방산의 생합성 과정에도 관여한다. 판토텐산은 동식물성 식품에 널리 분포되어 있는 비타민으로 간, 계란, 닭고기, 효모, 곡류배아, 두류, 버섯 등에 많고 따라서 결핍증은 거의 발생하지 않는다.

엽산의 화학명은 PGA(pteroyl glutamic acid)로 엽산은 pteridine ring을 갖는 노란색 물질이다. 엽산의 조효소 형태는 FH$_4$(tetrahydrofolate)이며, 이는 탄소를 하나만 갖는 기능기를 운반하는 역할을 한다. 즉 메틸기($-CH_3$), 메틸렌기($-CH_2-$), 메테닐기($-CH=$), 포름이미노기($-CH=NH$) 등을 전달하는 반응에 조효소로써 작용하는 것이다. FH$_4$는 핵산 중 퓨린핵의 합성이나 피리미딘 염기인 thymine의 합성 등에 관여하므로 엽산이 부족되면 DNA나 RNA 등 핵산 합성이 방해를 받게 된다. 따라서 엽산의 결핍증은 핵산 합성의 필요성이 많은 임산부에게 흔히 일어나며 적혈구의 미성숙으로 인한 거대 적혈구성 빈혈(macrocytic anemia)이나 장점막 세포의 기능저하에 따른 흡수불량증 등이다. 엽산의 좋은 급원으로는 녹색엽채, 바나나, 계란 등이 있다.

■ **표 1-15** 식품의 엽산 함량 (㎎/100g) ■

식품명	함 량	식품명	함 량	식품명	함 량
사 과	2.0	당 근	3.0	우 유	8.5
바 나 나	27.0	치 즈	6.0	오 렌 지	45.0
긴 콩	6.0	흰살닭고기	7.0	완 두	8.0
쇠 고 기	3.0	검 은 살	7.0	파인애플	2.0
빵	17.0	계 란	30.0		
햄	3.0	시 금 치	29.0		

비타민 B_{12}는 악성빈혈을 치료할 수 있는 인자로써 발견되었고, 분자 내에 코발트(Co)라는 무기질을 갖는 것이 특징이다.

비타민 B_{12}의 정상적인 흡수를 위해서는 위에서 분비되는 내적인자(intrinsic factor)라고 하는 당단백질이 필요하다. 위절제수술 환자나 무산증 환자의 경우는 내적인자의 부족으로 비타민 B_{12}의 흡수가 저하된다.

비타민 B_{12}는 엽산과 마찬가지로 핵산합성에 관여하므로 부족되면 거대적 혈구성 빈혈을 일으킨다. 또한 비타민 B_{12}는 신경세포의 정상적인 형성과 유지에도 필요하므로 악성빈혈증 환자는 빈혈과 함께 신경장애도 나타난다.

❷ 비타민 C(Ascorbic acid)

비타민 C는 포도당과 유사한 구조를 가진 물질로써 환원형과 산화형, 두 가지의 형태가 있다. 비타민 C는 건조상태나 산성용액에서는 비교적 안정하나 수용액에서는 열, 알칼리 등에 의해 쉽게 파괴된다.

비타민 C의 가장 중요한 기능은 체내에서 콜라겐(collagen) 합성과정에 관여하는 것이다. 콜라겐은 골격의 유기질이나 결합조직 등을 구성하는 단백질로 체단백의 1/3을 차지하고 있다. 비타민 C는 콜라겐의 합성시에 필요한 효소인 hydroxylase를 활성화시키는 작용을 한다. 따라서 비타민 C가 결핍되면 콜라겐의 합성이 방해되므로 잇몸이 허는 등의 괴혈병이 생긴다. 또한 모세혈관이 약해져서 멍이 쉽게 들고 골격의 형성도 방해되어 성장이 지연된다. 콜라겐 합성 이외에도 비타민 C는 철분의 흡수를 증진시키며 엽산의 조효소작용을 돕고 부신피질 호르몬인 norepinephrine(노아에피네프린) 합성에도 관여하고 있다. 그외에도 비타민 C는 체내에서 아질산염(nitrite)이 발암물질인 니트로소아민(nitrosamine)으로 전환되는 것을 방지한다.

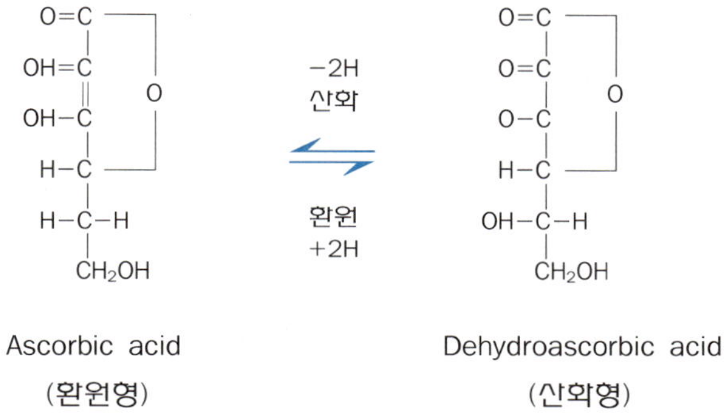

$$
\begin{array}{ccc}
\text{O=C} & & \text{O=C} \\
\text{OH=C} & & \text{O=C} \\
\text{OH=C} \quad \text{O} & \xrightarrow[+2H]{-2H} & \text{O=C} \quad \text{O} \\
\text{H=C} & \text{산화 / 환원} & \text{H=C} \\
\text{H=C=H} & & \text{OH=C=H} \\
\text{CH}_2\text{OH} & & \text{CH}_2\text{OH}
\end{array}
$$

Ascorbic acid (환원형)   　　　　Dehydroascorbic acid (산화형)

■ 그림 1-10 비타민 C의 구조 ■

■ 표 1-16 식품의 비타민 C 함유량 (mg/100g) ■

식품명	함 량	식품명	함 량	식품명	함 량
쌀	0	무 청	50	딸 기	52
감 자	15	배 추	28	사 과	6
고 구 마	20	부 추	40	앵 두	19
대 두	0	시 금 치	65	연 시	30
콩 나 물	16	상 치	4	참 외	10
식물성유	0	양 배 추	27	토 마 토	12
당 근	12	오 이	30	포 도	5
무	44	풋 고 추	92	배	2
쑥 갓	18	호 박	8	귤	40

　비타민 C의 가장 좋은 급원은 채소와 과일이다. 특히 비타민 C의 함량이 높은 채소는 풋고추, 시금치, 무청, 무, 배추 등이며 과일로는 감귤류, 딸기, 연시 등에 많다.

6. 무기질(Minerals)

우리 신체는 약 96%의 유기질과 4% 정도의 무기질로 이루어져 있다. 유기질을 구성하는 원소는 체내에서 산화되어 버리지만 무기질은 유기질의 산화 후에도 계속 회분(ash)으로 남는다.

무기질은 다른 영양소로부터 합성되거나 전환될 수는 없으므로, 반드시 식사로 섭취해야만 한다. 한편 무기질의 체내필요량은 매우 적은 편이므로 조금만 과량으로 섭취하여도 잘 배설되지 않아 쉽게 독성을 나타내는 특성이 있다.

무기질의 일반적 기능은 크게 세 가지로 나누어 볼 수 있다.

첫째, 신체의 구성성분이 된다. 골격이나 치아 등 경조직에는 칼슘, 인, 마그네슘 등이 많고 연조직에는 인이나 유황이 많이 존재한다. 또한 헤모글로빈에는 철분이, 갑상선호르몬에는 요오드가 포함되어 있다.

둘째, 무기질은 신체의 항상성을 유지하는데 기여한다. 즉 체액의 산, 염기의 평형유지 및 완충작용, 삼투압 유지에 여러 무기질이 관여한다.

셋째, 효소의 보조인자(cofactor)로 작용하여 효소의 기능을 활성화시킨다.

생체 내에 영양소로 기능을 하는 무기질은 칼슘, 인, 마그네슘, 나트륨, 칼륨, 염소, 유황 등 7가지 다량원소와 철분, 아연, 구리, 망간, 셀레늄, 요오드, 크롬, 불소, 코발트, 몰리브덴 등의 미량원소가 있다.

🔘 칼슘, 인, 마그네슘

칼슘(calcium, Ca)은 무기질 중 가장 많은 양을 차지하는 것으로 체중의 1.5~2%를 차지한다. 체내 칼슘의 약 99%는 경조직인 골격과 치아에 존재하고, 나머지는 연조직과 혈액 등에 있다. 경조직에 존재하는 칼슘과 인은 하이드록시아파타이트(hydroxyapatite, $Ca_{10}(PO_4)_6(OH)_2$) 형태를 이루고 있다.

뼈는 골간과 골단으로 나뉘는데 골단 부위는 둥그렇게 팽창되는 섬유주

(trabeculae)의 형태를 이루고 있다. 골간은 비교적 치밀한 조직이나, 골단인 섬유주는 다공성 조직으로 칼슘의 저장장소이다. 칼슘섭취가 충분하면 여분의 칼슘은 섬유주에 저장되었다가 필요할 때 사용된다.

뼈는 일단 형성된 후 불변하는 것처럼 보이나 다른 세포에서와 마찬가지로 항상 합성과 분해를 하며 동적평형상태를 이루고 있다. 아동이나 청소년은 뼈의 합성량이 분해량보다 크기 때문에 뼈의 성장이 일어나 키가 자라게 되며, 성장이 끝난 성인은 합성량과 분해량이 같다. 그러나 중년 이후에는 뼈의 합성보다 분해량이 커지므로 뼈의 절대량이 작아져, 매년 총골격의 0.7% 정도의 뼈손실(bone loss)이 일어난다. 따라서 노인은 자기가 젊었을 때보다 키가 작아지는 것을 경험한다. 여성의 경우 이러한 뼈손실이 오는 시기가 남성보다 빠르며 폐경 이후 에스트로젠 분비가 적어짐에 따라 심해진다. 이는 골다공증의 발생과 관련이 있다.

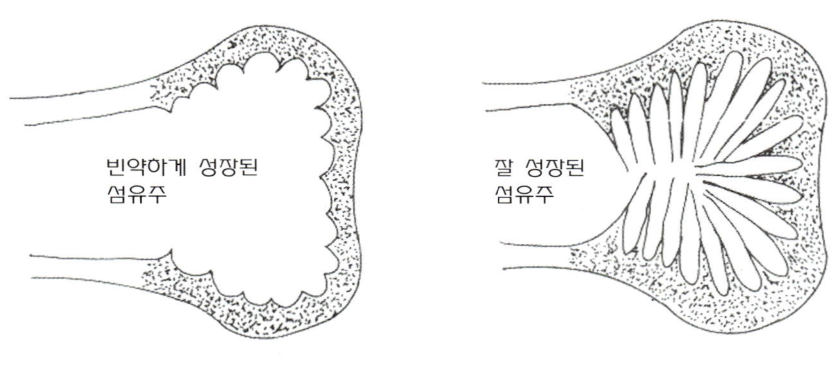

■ 그림 1-11 뼈의 섬유주 구조 ■

연조직에 존재하는 칼슘은 극히 적은 양이지만 매우 중요한 작용을 한다. 즉 칼슘은 신경자극의 전달과 근육수축을 원활하게 하고, 또한 혈액응고 과정에도 필수적이다. 이러한 작용이 활발하게 일어날 수 있기 위해서 혈액 내의 칼슘 농도는 약 10mg/dl로 항상 일정하게 유지되어야 한다.

혈중 칼슘농도 유지에 관여하는 물질로는 부갑상선호르몬(PTH), 활성형 비타민 D, 그리고 갑상선에서 분비되는 칼시토닌이 있다.

　칼슘의 가장 좋은 급원은 우유, 치즈, 요구르트 등 우유 및 유제품이다. 이들은 칼슘함량이 높을 뿐만 아니라 유당을 가지고 있어 칼슘흡수를 용이하게 한다. 또한 한 번에 먹을 수 있는 양도 많기 때문에 매우 좋은 칼슘의 급원이다. 멸치, 뱅어포 등 뼈째먹는 생선은 칼슘함량이 매우 높으나, 이들 식품은 한 번에 먹을 수 있는 분량이 적은 편이다. 시금치와 같은 녹색엽채도 칼슘을 많이 가지고 있으나 칼슘흡수를 방해하는 수산의 함량도 높기 때문에 흡수율이 떨어진다. 육류나 곡류, 과일 등은 칼슘함량이 낮다.

■ **표 1-17**　식품의 칼슘함량 (㎎/100g) ■

식품명	함 량	식품명	함 량
우　　유	186	마른멸치	1,860
조 제 분 유	617	생 멸 치	523
치　　즈	750	미꾸라지	1,167
버　　터	71	고 춧 잎	364
아이스크림	123	무　　청	229
달　　걀	67	쑥　　갓	74
뱅 어 포	1,056	시 금 치	36

　한국 성인남녀의 칼슘권장량은 현재 700mg으로 책정되어 있다. 임신부는 1,000mg, 수유부는 1,100mg의 칼슘이 권장된다. 성장이 빠른 청소년기에는 800~900mg의 칼슘이 필요하다. 그러나 중년 이후에도 골다공증의 예방을 위해서 칼슘섭취는 충분히 해야 할 것이다. 만일 칼슘이 결핍되면 아동의 경우 뼈의 성장 장애를 보이며, 성인의 경우 뼈에 무기질화가 잘 일어나지 않아 골연화증이 되어 골절이 되기 쉽다.

　인(phosphorus, P)은 칼슘 다음으로 풍부한 무기질로 체내에 있는 양의 85%가 경조직에, 나머지 15% 정도가 연조직에 존재한다. 경조직에서는 칼슘과 결합하여 Hydroxyapatite를 형성하고 있으며, 뼈에서의 칼슘과 인의 비율은 약 2 : 1이다. 경조직의 구성분으로서의 기능 이외에 인은 여러 가지 조효소나 핵산, ATP 등의 중요한 성분이 되며 세포막을 이루는 인지질의 성분이 된다. 또한 인산은 여러 대사물질들과 결합하여 그 물질을 활성화시키고, 세포 내액에서 체액의 산, 염기 평형조절에도 기여하고 있다.

우유나 유제품, 육류, 곡류 등 인을 함유하고 있는 식품은 매우 많기 때문에 인의 결핍은 흔하지 않다. 더욱이 현대에는 여러 가공식품이나 탄산음료의 이용이 늘어남에 따라 인의 섭취량은 증가하는 추세이다. 인은 체내에서 칼슘대사와 밀접하게 관련되어 있으므로 칼슘과 인의 섭취비율을 고려해야 한다. 현재 우리나라 사람들의 식생활에서 칼슘과 인의 섭취비율은 1 : 1.5 정도이나 적어도 1 : 1 정도가 되도록 칼슘의 섭취량을 더 늘리는 것이 바람직하다.

마그네슘(magnesium, Mg)은 체내에 있는 양의 반 이상이 뼈에 존재한다. 나머지는 근육조직 등에 많이 존재한다. 마그네슘은 칼슘과는 반대로 신경을 안정시키고 근육이완 작용을 하며 체내에 여러 효소의 보조인자로 작용하여 효소기능을 활성화시킨다.

마그네슘을 많이 가지고 있는 식품으로는 코코아, 견과류, 두류, 녹색엽채 등이 있다. 전곡류에는 많이 있으나 곡류 외피에 있는 피틴산(phytic acid)이 마그네슘과 불용성의 염을 형성하므로 흡수율이 낮은 편이다.

나트륨, 칼륨, 염소

나트륨(sodium, Na)과 칼륨(potassium, K)과 염소(chlorine, Cl)는 체내에 존재하는 중요한 전해질들이다. 나트륨은 세포 외액에, 칼륨은 세포 내액에서 가장 풍부한 양이온이다. 염소이온은 주로 세포 외액에 존재하는 음이온이다.

이들은 세포 내외의 삼투압 유지에 크게 기여하고 있다. 또한 체액의 산도나 알칼리도를 유지하여 체액의 중성유지에 관여한다. 그외에도 칼륨은 몇가지 효소의 보조인자로 작용하여 글리코겐의 합성이나 분해과정에 관여하며, 특히 심장근육의 정상적인 활동에 필요하다. 또한 나트륨도 포도당이나 아미노산과 같은 영양소의 세포막을 통한 능동적인 운반 등에 관여하며 염소는 특히 혈액의 산도유지에 중요한 역할을 한다. 염소는 위액 중의 염산의 성분이 되어 음식들의 소화에도 관여하고 있다.

칼륨이 일상 식생활에서 결핍되는 일은 드물지만 심한 설사나 구토, 또는 이뇨제를 오래 사용하는 경우 결핍증이 나타날 수도 있다. 이때는 심장근육의 활동이 저하되고 심장 고동수가 빨라지게 된다.

나트륨은 결핍보다는 과잉섭취의 기회가 많아 큰 문제를 야기한다. 나트륨의 섭취는 우리나라에서는 된장, 고추장 등을 이용하는 전통적인 식습관과 더불어 가공식품의 이용으로 더욱 증가하고 있다. 나트륨의 과잉섭취는 부종을 야기하고 본태성 고혈압의 원인이 될 수 있다. 중년 이후 많이 발생하는 고혈압 환자에게 나트륨의 공급을 제한하면 혈압이 저하된다. 그러나 모든 고혈압 환자가 나트륨의 과잉섭취에 의해 발생되는 것은 아니며 유전이나 비만, 스트레스 등과도 관련된다.

나트륨은 주로 소금($NaCl$)의 형태로 많이 섭취하게 되나 나트륨 자체로도 식품 중에 포함되어 있다. 식품 자체에 함량이 높은 것으로는 육류, 우유 등 단백질 급원식품이다. 채소나 과일에는 나트륨 함량이 매우 낮다. 가공식품에는 식품첨가물로서 나트륨을 포함한 물질들이 많이 첨가되므로 함량이 높으며 화학조미료로 사용되는 MSG(monosodium glutamate)도 나트륨 성분을 갖는다.

한편 칼륨은 주로 채소나 과일에 많고 육류나 치즈 등에는 적은 편이다. 칼륨은 나트륨에 반하여 고혈압을 방지하는 효과가 있으므로 고혈압 환자는 특히 많이 섭취하도록 한다. 표 1-18에 식품 중의 칼륨과 나트륨의 함량을 제시하였다.

■ **표 1-18** 식품 중의 나트륨과 칼륨 함량 (㎎/100g) ■

식품명	Na	K	식품명	Na	K
쇠 고 기	61	360	우　　유	50	143
돼지고기	68	386	양 배 추	21	234
닭 고 기	76	386	샐 러 리	124	351
참　　치	38	283	양 상 추	9	175
조　　개	120	179	시 금 치	51	332
굴	68	82	당　　근	46	343
달　　걀	124	140	토마토주스	207	226

 철분, 구리

체내의 총철분의 양은 3~5g 정도이며, 이중 70~80%가 신체대사활동에 참여하는 활성형 철분이고 20~30%는 저장형 철분이다. 철분이 운반될 때는 혈장 중의 트란스페린(transferrin)과 결합되어 운반되며 저장될 때는 훼리틴(ferritin)과 결합되어 간에 저장된다.

활성형 철분의 85% 가량은 적혈구의 헤모글로빈에 함유되어 폐로부터 말초 조직세포로 산소를 전달하는 기능을 하고 있다. 또한 활성형 철분의 5% 가량은 근육색소인 미오글로빈(myoglobin)에 존재하여 산소를 일시적으로 저장하는 기능을 하고 나머지 10% 가량은 사이토크롬(cytochromes) 등 철분을 함유하는 효소의 기능에 필요하다. 사이토크롬(cytochrome) 효소들은 에너지 산화의 마지막 단계인 전자전달을 담당하는 효소들이다.

■ **표 1-19** 식품의 철분 함량 (㎎/100g) ■

식품명	함 량	식품명	함 량
쇠 간	10.1	시 금 치	4.2
쇠 고 기	4.8	무 청	5.8
돼 지 간	16.4	쑥	10.9
돼지고기	3.0	쑥 갓	4.2
굴	6.1	복 숭 아	3.0
대 두	6.0	사 과	1.2
팥	5.2	김	29.0

철분의 결핍은 생활수준이 낮은 저개발국에서는 물론 선진국에서도 종종 발생된다. 철분결핍이 일어나기 쉬운 연령층은 성장기 아동과 청소년, 영아, 그리고 가임 기간의 여성 및 임신한 여성이다. 철분이 부족되면 헤모글로빈 형성이 잘되지 않기 때문에 적혈구의 크기도 작아지고 헤모글로빈 함량이 적어 색깔이 연해진다. 이러한 빈혈을 저색소성 소적혈구성 빈혈(hypochromic microcytic anemia)이라고 한다. 빈혈이 되면 적혈구의 산소운반 능력이 감소

되므로 영양소의 산화율이 떨어져 피로하며 안색이 창백해지고 작업능률도 떨어진다.

철분결핍성 빈혈을 치료하기 위해서는 간이나 살코기 등의 육류섭취를 증가시키며, 또한 비타민 C가 많이 함유된 식품을 같이 섭취하면 철분흡수를 증진시킬 수 있기 때문에 매우 좋다.

철분을 많이 가지고 있는 식품으로는 간, 육류, 가금류, 생선류, 두류 등이 있으며 녹색채소에도 상당량 존재한다. 육류 등 동물성 식품 중의 철분은 많은 양이 헴철분(heme Fe) 상태이기 때문에 흡수가 잘되며, 또한 이러한 육류에는 비헴철분(nonheme Fe)의 흡수도 증진시키는 인자가 있어 철분흡수에 매우 좋다. 그러나 동물성 식품이라고 해도 달걀이나 치즈 속의 철분은 흡수가 좋은 편은 아니다. 식물성 식품 중의 철분은 탄닌산이나 피틴산 등에 의해 흡수에 방해를 받는다.

구리(copper, Cu)는 철분의 체내 이용에 관여하는 효소인 세룰로플라즈민(ceruloplasmin)의 성분이 되어 철분대사에 관여한다. 즉 구리는 체내 철분이용율을 높여 조혈작용을 돕는다. 따라서 구리가 부족되면 철분 결핍성 빈혈이 발생될 수 있다. 그외에도 구리는 멜라닌 색소형성에 관여하는 효소, 콜라겐 형성에 관여하는 효소, 전자전달에 관여하는 효소들의 보조인자로 작용하고 있다.

구리를 많이 가진 식품으로는 굴을 포함한 어패류, 간 등이 있으며 밀의 배아, 코코아 등에도 상당량 포함되어 있다.

아 연

아연(zinc, Zn)은 최근 생리적인 중요성이 많이 밝혀지고 있는 원소로 인체 내에는 피부, 모발, 안구, 남성의 성선, 췌장, 골격 등에 많은 편이다.

아연은 여러 가지 금속효소(metalloenzyme)의 성분이 되어 작용한다. 예를 들면 DNA의 합성에 관여하는 효소와 단백질 분해효소인 카르복시펩티다제(carboxipeptidase), 알코올 분해효소 등을 활성화시키며, 간에 저장된 비타민 A의 이용률을 높인다. 또한 혈당조절에 관계하는 인슐린의 생리적 기능을 증

진시킨다. 따라서 아연이 결핍되면 성장장애는 물론 남성에 있어서는 성적발
달부진(hypogonadism), 피부병, 저항력 감소 등이 일어난다. 또한 상처의 회복
도 지연된다.

　아연함량이 높은 식품은 굴과 같은 해산물, 살코기, 간, 난황 등이다. 아연
은 곡류에도 있으나 흡수율이 낮으며 채소나 과일, 난백에는 거의 없다.

기타 미량원소

　앞에서 설명한 미량원소 이외에 인체 내에 확실한 기능을 가지고 있는 미량원소
로는 요오드(iodine, I), 불소(fluorine, F), 셀레늄(selenium, Se), 크롬(chromium,
Cr), 망간(manganese, Mn), 몰리브덴(molybdenum, Mo), 코발트(cobalt, Co) 등이
있다.

　요드는 미역, 김 등 해조류나 해산물 등에 많이 포함된 원소로 인체 내에서
는 갑상선호르몬의 성분이 된다. 갑상선호르몬은 체내의 신진대사를 왕성하
게 함으로써 정상적인 성장 및 건강유지, 지능발달이 되도록 한다. 요오드가
부족하면 갑상선호르몬 생산이 감소되어 갑상선은 조금이라도 호르몬을 더
많이 생산하기 위해 과도한 일을 하게 되고, 그 결과 갑상선 조직의 세포의 수
와 크기가 증대되어 갑상선이 비대해진다. 이를 단순갑상선종(simple goiter)이라
한다. 단순갑상선종은 히말라야나 남미산간지방 등 바다와 멀리 떨어진 지역
에 사는 주민들에게 흔하였다. 초기에 크기가 작을 때 요오드를 보충하면 완
치되나 일단 심하게 비대해진 갑산선종은 정상이 되지 않는다.

　불소의 체내기능은 골격과 치아조직에 경직성을 주어 충치발생이나 골다공
증에 대해 보호작용을 하는 것이다. 불소는 치아의 법랑질을 단단하게 유지
하므로 구강 내의 박테리아에 의해 생성된 산에 의해 법랑질이 부식되는 것
을 줄여서 충치발생을 감소시키는 것이다. 음료수에 불소를 1ppm 정도 첨가
시켜주면 충치발생률은 50% 이상 감소된다고 한다. 불소는 또한 뼈에 경직성
을 주어 뼈의 무기질이 혈액 내로 빠져나가는 것을 방지하기 때문에 골다공
증발생을 감소시킨다. 그러나 불소가 과잉으로 포함된 식수를 마시고 사는
지역에서는 불소과잉이 문제가 될 수 있다. 이러한 지역 주민들의 치아표면

에는 갈색의 반점이 생기며 심하면 뼈의 기형이나 관절염 증상이 나타날 수 있다. 불소의 좋은 급원은 불소가 첨가된 식수이며, 그외 해조류나 생선류, 녹차 등이다.

셀레늄의 중요기능은 글루타치온 퍼옥시다제(glutathione peroxidase)의 성분이 되어 항산화제의 역할을 하는 것이다. 즉 비타민 E와 비슷한 기능이 있다. 그외에도 셀레늄은 정자의 운동성 유지, 면역기능, 췌장의 정상기능에 필요하며 항암 효과도 있다. 셀레늄을 많이 갖는 식품으로는 육류, 내장고기, 해산물, 난황, 우유 등이 있고 식물성 식품으로는 버섯, 아스파라거스 등에 포함되어 있다. 그외의 채소나 과일에는 적은 편이다.

크롬은 포도당 내응인자(glucose tolerance factor, GTF)의 성분으로써 체내에서 인슐린의 생리적인 활성을 높이는 기능을 한다. 따라서 크롬이 부족되었을 때 포도당 내응력(glucose tolerance)이 감소된다. 즉 포도당을 주었을 때 상승되는 혈당을 감소시켜 정상 혈당치로 내릴 수 있는 신체의 능력이 감소되는 것이다. 당뇨환자나 포도당 내응력에 이상을 보이는 환자에게 크롬을 보충시키면 포도당 내응력이 좋아진다. 그러나 크롬의 결핍이 당뇨병의 원인이 되는 것은 아니다. 식품 내에서는 무기 크롬 보다 GTF 상태의 크롬이 흡수가 잘 된다. 크롬은 설탕이나 밀가루처럼 고도로 정제된 식품에는 매우 적으며 간이나 육류, 전곡류, 밀의 배아, 치즈 등에 많다.

망간은 탄수화물이나 지방대사에 관여하는 효소, 또는 요소합성에 관여하는 효소들의 보조인자로써 작용한다. 사람에 있어서 망간의 결핍증은 거의 일어나지 않는다. 망간은 여러 가지 식품 중에 들어 있으나 가장 좋은 급원은 전곡류와 녹차이고 견과류, 채소, 과일 등에도 있다. 그러나 육류나 해산물, 우유 등에는 거의 없다.

몰리브덴은 핵산의 성분인 퓨린의 대사과정에 관여하는 효소를 활성화시킨다. 즉 퓨린이 요산으로 전환되는 과정에 필요하다. 그러나 몰리브덴이 결핍되어도 이 효소의 활성만 다소 감소되며 다른 결핍증상은 거의 없다. 몰리브덴은 내장고기나 두류, 전곡류에 많다.

코발트의 인체내 기능은 비타민 B_{12}의 성분이 되는 것이다. 비타민 B_{12}는 인체 내에서 합성될 수 없으므로 음식물로 섭취해야 하며, 이때 코발트도 비타민 B_{12}의 성분으로 같이 섭취된다. 코발트 자체로는 식품 중에 육류나 우유, 곡류, 채소류 등에 많으나 반드시 비타민 B_{12}의 성분으로 섭취되어야 생리적으로 활성이 있다.

제2장 영양권장량 및 식사계획

올바른 신체의 성장발달, 질병없는 좋은 건강상태의 유지는 균형잡힌 식사를 통해 이루어진다. 균형잡힌 식사란 하루에 필요한 각종 영양소들을 골고루 공급할 수 있는 다양한 식품을 적절한 양만큼 섭취하는 것을 말한다. 하루에 필요한 영양소의 양은 연령별, 성별, 활동 정도등에 따라 달라지게 된다. 따라서 건강과 성장발달을 유지하기 위해 필요한 영양소의 양과 식품의 종류 및 섭취량의 기준이 필요하게 되었으며, 이러한 연유로 영양섭취기준과 식사구성안 그리고 식품군의 개념이 생기게 되었다. 또한 환자 및 건강한 사람의 식단작성의 간편화를 위해 식품교환법도 많이 이용되고 있다. 이 장에서는 한국인 영양섭취기준과 식사구성안 그리고 식품교환표를 이용한 식단작성에 대해 공부해 보기로 한다.

1. 한국인 영양섭취기준

한국인 영양섭취기준(Dietary Reference Intakes for Koreans : DRI)은 한국인의 건강을 최적상태로 유지하는 것에 목표를 두고 2005년에 처음 설정되었다. 영양섭취부족의 문제가 컸던 과거에는 영양소의 결핍을 예방하는데 주요 목표를 두고 영양권장량을 기준으로 사용하였으나, 현대 사회에서는 영양결핍의 문제는 줄어드는 반면 식생활과 관련성이 많은 만성질환이나 영양섭취

과잉으로 인한 비만 등의 문제가 증가하고 있으며 또한 건강과 노화방지에 대한 관심의 증가로 영양보충제와 건강보조 식품의 섭취가 높아지는 등, 다양한 영양문제에 처하게 되어, 영양섭취 부족뿐만 아니라 무분별한 과잉섭취까지도 고려한 개념인 영양섭취기준이 필요하게 되었다.

영양섭취기준은 적절한 영양소 섭취를 위한 기준과 과잉섭취를 제한하는 기준 등 4가지 기준으로 구성되어 있다.

◼1 평균 필요량

평균필요량(Estimated Average Requirement : EAR)은 대상 집단을 구성하는 건강한 사람들의 영양소 필요량의 중앙값이다. 에너지와 단백질, 대부분의 수용성 비타민과 비타민A, 칼슘, 인, 마그네슘, 철, 아연, 구리, 요오드, 셀레늄 등의 영양소에 설정되어 있다.

◼2 권장섭취량

권장섭취량(Recommended Intake : RI)은 평균필요량에 표준 편차의 2배를 더하여 정한 값으로, 대상 집단의 97~98%에 해당하는 사람의 필요량을 충족시키는 양에 해당한다.

◼3 충분섭취량

충분섭취량(Adequate Intake : AI)은 평균필요량 산정에 대한 정보가 부족한 영양소에 대해 대상집단내의 건강한 사람들의 영양섭취량을 토대로 설정한 값이다. 비타민 D, E, K, 판토텐산, 비오틴, 나트륨, 염소, 칼륨, 불소, 망간 등의 영양소에 설정되어 있다.

◼4 상한 섭취량

상한 섭취량(Tolerable Upper Intake Level : UL)은 인체건강에 유해영양이 나타나지 않는 최대영양소 섭취기준이다. 영양소 과잉섭취로 인한 위험을 예방하기 위해 유해영향이 확인된 영양소인 비타민 A, C, B_6, 니아신, 엽산, 칼슘, 인, 마그네슘, 철, 아연, 구리, 불소, 망간, 요오드, 셀레늄, 몰리브덴 등에 설정되었다. 표 2-1에는 에너지와 탄수화물, 단백질, 지방, 식이섬유 및 수분의 영양섭취 기준이 제시되어 있다.

■ **표 2-1** 다량영양소의 영양섭취기준(한국인 영양섭취기준, 한국영양학회) ■

성별	연령	에너지 (kcal/일)	탄수화물 (g/일)	단백질 (g/일)	지방 (g/일)	n-6 불포화지방산 (g/일)	n-3 불포화지방산 (g/일)	단백질 (g/일)			식이섬유 (g/일)	수분 (mL/일)
		필요추정량	AMDR[1]	AMDR	AMDR	AMDR	AMDR	평균필요량	권장섭취량	충분섭취량	충분섭취량	충분섭취량
영아	0~5(개월)	600	55[2]		25[2]	2.0[2]	0.3[2]			9.5		700
	6~11	730	90[2]		25[2]	4.5[2]	0.8[2]	10	13.5			800
유아	1~2(세)	1,000	50~70	7~20	20~35	4~8	0.5~1	12	15		12	1,100
	3~5	1,400	55~70	7~20	15~30	4~8	0.5~1	15	20		17	1,400
남자	6~8(세)	1,600	55~70	7~20	15~30	4~8	0.5~1	20	25		19	1,700
	9~11	1,900	55~70	7~20	15~30	4~8	0.5~1	30	35		23	2,000
	12~14	2,400	55~70	7~20	15~30	4~8	0.5~1	40	50		29	2,400
	15~19	2,700	55~70	7~20	15~30	4~8	0.5~1	45	60		32	2,700
	20~29	2,600	55~70	7~20	15~25	4~8	0.5~1	45	55		31	2,700
	30~49	2,400	55~70	7~20	15~25	4~8	0.5~1	45	55		29	2,500
	50~64	2,200	55~70	7~20	15~25	4~8	0.5~1	40	50		26	2,300
	65~74	2,000	55~70	7~20	15~25	4~8	0.5~1	40	50		26	2,100
	75 이상	2,000	55~70	7~20	15~25	4~8	0.5~1	40	50		26	2,100
여자	6~8(세)	1,500	55~70	7~20	15~30	4~8	0.5~1	20	25		18	1,600
	9~11	1,700	55~70	7~20	15~30	4~8	0.5~1	25	35		20	1,800
	12~14	2,000	55~70	7~20	15~30	4~8	0.5~1	35	45		24	2,000
	15~19	2,000	55~70	7~20	15~30	4~8	0.5~1	35	45		24	2,100
	20~29	2,100	55~70	7~20	15~25	4~8	0.5~1	35	45		25	2,100
	30~49	1,900	55~70	7~20	15~25	4~8	0.5~1	35	45		23	2,000
	50~64	1,800	55~70	7~20	15~25	4~8	0.5~1	35	45		22	1,800
	65~74	1,600	55~70	7~20	15~25	4~8	0.5~1	35	45		22	1,700
	75 이상	1,600	55~70	7~20	15~25	4~8	0.5~1	35	45		22	1,700
임신부		+0/340/450*				9	2.1	+19	+25		+5	+200
수유부		+320				10	2.4	+20	+25		+4	+700

[1] 탄수화물, 단백질, 지방의 경우 에너지 적정비율(Acceptable Macronutrient Distribution Ranges, AMDR %)로 제시
[2] 영아의 경우 충분섭취량(g)
* 임신 3분기별 영양섭취기준

2. 식사구성안

한국인 영양섭취기준에서는 사람들이 식사구성에 식품을 쉽게 이용할 수 있도록 하기 위해서 식품을 종류에 따라 여섯 가지 식품군으로 나누고, 각 식품군에 속하는 식품 중 한국사람들이 많이 섭취하는 식품의 1인 1회 분량을 설정하였다. 여섯 가지 식품군은 표 2-2와 같으며 섭취량과 식생활에서의 중요성에 따라 탑 모양으로 구성한 것이 그림 2-1의 식품구성탑이다.

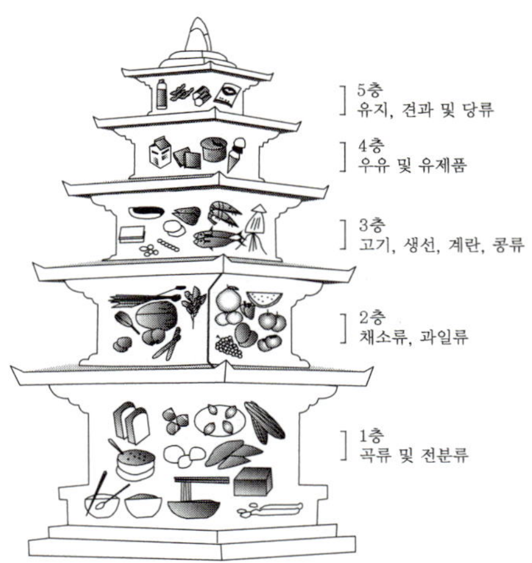

■ **그림 2-1** 식품구성탑(한국인 영양섭취기준, 한국영양학회) ■

■ **표 2-2** 여섯 가지 기초 식품군 ■

식품군	식품분류군		
곡류 및 전분류 I	• 곡류 • 떡류(떡국용)	• 면류(국수류) • 빵류	
곡류 및 전분류 II	• 씨리얼류 • 묵류	• 감자류 • 견과류(밤)	• 면류(당면) • 떡류(일반떡)
고기, 생선, 계란, 콩류	• 육류 • 난류	• 어패류 • 콩류	
채소류	• 채소류	• 해조류	• 버섯류
과일류	• 과일류	• 주스류	
우유 및 유제품	• 우유	• 유제품	
유지, 견과 및 당류	• 유지류	• 견과류(밤제외)	• 당류

다음으로 각 식품군에 속하는 대표식품에 대해 우리나라 사람들이 일반적으로 섭취하고 있다고 생각되는 양을 중심으로 하여 1인 1회 분량을 산출하였으며 대표적인 몇 가지 예를 들면 그림 2-2와 같다.

이상에서 각 식품군과 식품군에 속하는 식품의 1인 1회 분량을 알아보았는데, 다음으로 이를 이용하여 각 개인의 하루에 필요한 영양소와 에너지를 공급하기 위해서는 어느 식품군의 식품을 얼마나 섭취해야 하는지를 결정해야 한다. 이 양은 개인의 성별, 연령, 활동량 등에 따라 각각 다르겠지만 대표적으로 1,000~2,800kcal 식단의 권장식사패턴을 보면 표 2-3과 같다.

이때 같은 식품군에 속하는 식품이라 할지라도 그 종류에 따라 실제 영양소 함량이 차이가 있으므로 동일한 식품을 선택하는 것보다는 서로 다른 식품을 선택함으로써 식단의 다양성을 꾀하여야 한다.

식품군	1인 1회 분량					
	（Ⅰ）			（Ⅱ）		
곡류 및 전분류	밥 1공기 (210g)	국수 1대접 (건면 90g)	식빵 2쪽 (100g)	떡 2편 절편(50g)	밤(대) 3개 (60g)	씨리얼 1접시 (30g)
고기, 생선, 계란, 콩류	육류 1접시 (생 60g)	닭고기 1조각 (생 60g)	생선 1토막 (생 50g)	콩 (20g)	두부 2조각 (80g)	달걀 1개 (50g)
채소류	콩나물 1접시 (생 70g)	시금치나물 1접시 (생 70g)	배추김치 1접시 (생 40g)	오이소박이 1접시 (생 60g)	버섯 1접시 (생 30g)	물미역 1접시 (생 30g)
과일류	사과(중) 1/2개 (100g)	귤(중) 1개 (100g)	참외(중) 1/2개 (200g)	포도 1/3송이 (100g)	오렌지주스 1컵 (100g)	
우유 및 유제품류	우유 1컵 (200g)	치즈 1장 (20g)	호상요구르트 1/2컵 (110g)	액상요구르트 3/4컵 (1500g)	아이스크림 (100g)	
유지, 견과 및 당류	식용유 1작은술 (5g)	버터 1작은술 (5g)	마요네즈 1작은술 (5g)	땅콩 (10g)	설탕 1큰술 (5g)	

■ 그림 2-2 식품군별 대표식품의 1인 1회 분량(한국인 영양섭취기준, 한국영양학회) ■

■ 표 2-3　권장식사패턴(한국인 영양섭취기준, 한국영양학회) ■

	식사패턴(kcal)[3]	1,000	1,200	1,400	1,600	1,800	2,000	2,200	2,400	2,600	2,800
패턴 A[1] (우유 2컵) (소아·청소년)	곡류 및 전분류 I[4]	1	1.5	2	2.5	3	3	3.5	4	4.5	4.5
	곡류 및 전분류 II[5]	1	1				1				1
	고기, 생선, 계란, 콩류[6]	2	2	3	3	3	4	5	5	6	6
	채소류[7]	2	3	4	4	5	5	6	6	6	7
	과일류[8]	1	1	1	2	2	2	2	2	2	3
	우유 및 유제품[9]	2	2	2	2	2	2	2	2	2	2
	유지, 견과 및 당류[10]	2	2	3	3	3	4	5	5	5	6
패턴 B[2] (우유 1컵) (성인)	곡류 및 전분류 I[4]	1.5	2	2	2.5	3	3	3.5	4	4.5	5
	곡류 및 전분류 II[5]			1			1	1	1		
	고기, 생선, 계란, 콩류[6]	2	2	3	4	4	5	5	5	6	6
	채소류[7]	4	5	6	6	7	7	7	7	7	8
	과일류[8]	1	1	1	2	2	2	2	3	3	3
	우유 및 유제품[9]	1	1	1	1	1	1	1	1	1	1
	유지, 견과 및 당류[10]	2	3	3	3	4	4	5	5	6	6

[1] 패턴 A : 소아·청소년의 권장식사패턴으로 우유 2컵을 기준으로 식품군 횟수를 배분하였으며, 일상적인 소아·청소년의 식사양상을 반영.

[2] 패턴 B : 성인의 권장식사패턴으로 우유 1컵을 기준으로 식품군 횟수를 배분하였으며, 일상적인 성인의 식사양상을 반영.

[3] 식사패턴(열량, kcal) : 칼로리별 1일 식사구성의 예는 적용연령의 영양섭취기준을 만족하도록 구성되었으나, 1000~1400kcal(음영부분)의 경우는 적용연령 기준이 없으며, 일부 영양소의 부족가능성이 있으므로 주의가 필요함. 개인의 기호도를 고려해 식품군의 배분 횟수 조정 가능함. 각 열량에는 양념(조미료와 양념류) 사용량이 포함된 것으로, 패턴 A의 경우 40~60kcal, 패턴 B의 경우 70~90kcal 정도의 양념량이 사용된 것으로 계산됨.

[4] 곡류 및 전분류 I : 식이섬유 섭취를 늘리기 위해서는 잡곡류의 사용을 권장함.

[5] 곡류 및 전분류 II : 부식 또는 간식으로 이용할 수 있으며, 주식(예, 밥 종류)으로 사용할 경우에는 곡류 및 전분류 I 0.333단위로 적용가능

[6] 고기류, 생선, 계란, 콩류 : 고기의 경우 살코기 기준이며, 지방함량이 높은 식품을 이용할 경우에는 유지류를 추가 사용한 것으로 간주해야 함.

[7] 채소류 : 염분의 목표섭취량(소금 5g 이하)을 맞추기 위해 가능한 한 싱겁게 조리하도록 하며, 국, 찌개류의 경우 건더기 위주로 섭취하도록 함.

[8] 과일류 : 주스 등의 가공제품보다는 생과일의 섭취를 권장함.

[9] 우유 및 유제품 : 단순당질이 적게 함유된 제품을 권장함.

[10] 유지, 견과류 및 당류 : 조리 시 사용되는 유지 및 당류의 경우에는 식품군(유 및 당류) 단위수 범위 내에서 사용하도록 함.

3. 식품교환법과 식단작성

 ## 식품교환법

　식품교환법(food exchange system)이란 본래 당뇨병 환자의 식단작성에 편리
하게 이용하고자 고안된 것이다. 현재 한국 영양사협회에서는 식품을 곡류군,
어육류군, 채소군, 지방군, 우유군 및 과일군의 6군으로 나눈 식품교환군을
제정하여 사용하고 있다. 각 식품군에는 그 식품군에 속하는 식품 1교환단위
를 섭취했을 때 공급되는 탄수화물과 단백질, 그리고 지질의 양과 열량이 일
정하게 정해져 있다. 따라서 같은 군에 속하는 식품 1교환 단위는 서로 대치
하거나 교환하여 섭취하여도 영양소 공급량에는 큰 차이가 없다.

■ **표 2-5**　각 식품군의 1교환 단위당 영양성분 ■

식품교환군	교환단위	단백질(g)	지방(g)	당질(g)	열량(kcal)
곡 류 군	1	2	-	23	100
어육류군　저지방	1	8	2	-	50
중지방	1	8	5	-	75
고지방	1	8	8	-	100
채 소 군	1	2	-	3	20
지 방 군	1	-	5	-	45
우 유 군	1	6	6	11	125
과 일 군	1	-	-	12	50

❶ 곡류군

　곡류군 1교환 단위는 당질 23g, 단백질 2g, 열량 100kcal를 공급한다. 곡류
군에 포함되는 식품의 종류와 1교환 단위당 중량은 표 2-6과 같다.

■ **표 2-6** 곡류 교환단위 ■

식 품 명	1단위 증량(g)	어 림 치
백미, 찹쌀, 현미, 조, 보리, 수수, 오트밀, 율무, 팥,	30	3 큰술
쌀밥, 30% 보리밥	70	⅓ 공기
밀가루, 녹말가루	30	5 큰술
보리 미숫가루	30	7 큰술
당면	30	
국수(건)	30	
국수(삶은것)	90	½ 공기
식빵	35	1 쪽
카스테라	30	
인절미, 시루떡, 흰떡	50	
옥수수	50	중 ½개
밤	60	중 6개
고구마	70	중 ½개
감자	150	대 1개
토란	130	1컵
도토리묵	200	½모

❷ 어육류군

　어육류군은 지방의 함량에 따라 저지방어 육류군, 중지방어 육류군, 고지방 어육류군으로 나뉜다. 모두 1교환 단위당 단백질은 8g씩 가지고 있으나 지방 함량은 저지방이 2g, 중지방이 5g, 고지방이 8g을 가지므로 열량도 50kcal, 75kcal, 100kcal로 각기 다르다. 표 2-7에 어육류군 1교환 단위의 중량을 제시 하였다.

■ **표 2-7-1** 어육류군 교환단위(저지방) ■

저 지 방　어 육 류 군		
식 품 명	1단위 증량(g)	어 림 치
쇠 고 기	40	로스용 1장(12x10x0.3㎝)
돼 지 고 기	40	3.5x3.5x3.5㎝
닭 고 기	40	소 1 토막
쇠 간, 닭 간	40	

토끼고기, 개고기	40	
굴 비	15	½ 토막
뱅 어 포	15	1 장
잔 멸 치	15	¼ 컵
건오징어, 건조개살, 건맛살	15	
양미리, 북어, 노가리, 쥐치포	15	
동 태, 도 미	50	소 1 토막
조 기, 참 치	50	소 1 토막
가 자 미	50	소 1 토막
고 등 어	50	소 1 토막
도 루 묵	50	소 1 토막
전 갱 이	50	소 1 토막
복 어	50	소 1 토막
광 어	50	소 1 토막
새 우	50	깐새우 ¼컵, 중새우 4마리
조 개(재치)	50	3/5 컵
전 복	50	1 개(8.5x6㎝)
깐 홍 합	50	¼ 컵
꽃 게	50	중 ½ 마리
물 오 징 어	50	중 1 토막
생굴, 낙지, 조개살	80	⅓ 컵

■ **표 2-7-2** 어육류군 교환단위(중지방) ■

중지방 어육류군		
식 품 명	1단위 중량(g)	어 림 치
달 걀	50	대 1개
메 추 리 알	50	중 5개
햄	40	1쪽(8x6x0.8㎝)
검정콩, 밤콩	20	2 큰술(불려서 ¼ 컵)
두 부	80	1/5 모
순 두 부	200	1 컵
꽁치, 민어	50	소 1 토막
임연수, 연어	50	소 1 토막
장어, 준치	50	소 1 토막
청어, 갈치	50	소 1 토막
쇠 곱 창	40	
칠면조고기	40	
돼 지 족	0	

■ 표 2-7-3　어육류군 교환단위(고지방) ■

고지방　어육류군		
식 품 명	1단위 중량(g)	어 림 치
치　즈	30	1.5 장
런천미트	40	5.5x4x1.8㎝
프랑크소시지	40	1개(지름 1.9x길이 13㎝)
쇠 갈 비	30	1 토막
쇠꼬리, 우설	40	
참치통조림	40	⅓ 컵
꽁치통조림	50	⅓ 컵
고등어통조림	50	⅓ 컵
뱀 장 어	50	
유　부	20	긴유부 5장(주머니 유부 10장)

❸ 채소군

채소군은 1교환 단위중 당질 3g, 단백질 2g, 열량 20kcal를 공급한다. 채소군에 속하는 채소의 교환단위당 중량은 표 2-8과 같다.

■ 표 2-8　채소군 교환단위 ■

식　품　명	1단위 중량(g)	어 림 치
무말랭이	10	불린것 ⅓컵
고추잎(생), 더덕, 우엉	25	
케일, 깻잎, 냉이, 도라지(생), 두릅, 무청, 표고(생), 아욱, 양파	50	
가지, 고구마순, 고비(삶은것), 고사리(삶은것), 근대, 깍두기, 콩나물, 단무지, 달래, 무, 당근, 물미역, 미나리, 부추, 상추, 숙주, 시금치, 느타리버섯, 싸리버섯, 쑥갓, 양배추, 양상추, 양송이, 연근, 열무, 오이, 애호박, 포기김치, 풋고추, 피망, 취나물	70	생것 ⅔컵 익힌것 ⅓컵

4 지방군

지방군 1교환 단위는 지방 5g만을 공급하며 열량은 45kcal이다. 지방군에 속하는 식품의 종류는 표 2-9와 같다.

■ 표 2-9 지방군 교환단위 ■

식 품 명	1단위 중량(g)	어 림 치
들기름, 참기름, 콩기름, 채종유, 돼지기름, 우지, 쇼트닝	5	1 작은술
버터, 마가린	6	1.5 작은술
마요네즈	6	
땅콩버터	7	
베이컨	7	1 조각
참깨, 잣	8	1 큰술
땅콩	10	1 큰술
호도	8	대 1 개

5 우유군

우유군 1교환 단위는 당질 11g, 단백질 6g, 지방 6g, 열량 125kcal를 갖는다. 우유군에 속하는 식품의 종류와 중량은 표 2-10에 제시하였다.

■ 표 2-10 우유군 교환단위 ■

식 품 명	1단위 중량(g)	어림치	비 고
목장우유	200	1 컵	
두 유	200	1 컵	
탈지우유	200	1 컵	+ 1유지교환
무당연유	100	½ 컵	
전지분유	25	5 큰술	
탈지분유	25	5 큰술	+ 1유지교환

❻ 과일군

과일군 1교환 단위는 당질만 12g을 공급하며 열량은 50kcal이다. 각종 과일과 주스가 포함되며 그 종류와 중량은 표 2-11에 제시하였다.

■ **표 2-11　과일군 교환단위** ■

식 품 명	1단위 중량(g)	어림치	식 품 명	1단위 중량(g)	어림치
딸　기	200	중 12알	사　과	100	중 ½개
살　구	150	4~5개	감(단감)	80	중 ½개
토 마 토	250	1개	귤	100	중 1개
앵　두	120	1개	오 렌 지	100	½개
참　외	120	중 ½개	배	100	중 ⅓개
멜　론	120	중 ¼개	건 대 추	20	중 8~9알
자　몽	120	½개	생 대 추	30	중 8~9알
수　박	250	대 1쪽	건 포 도	20	1.5 큰술
자　두	80	중 2개	파인애플	100	1 쪽
복숭아(황도)	150	소 1개	오렌지주스(무가당)	100	⅓컵
포　도	80	15알	파인애플 주스	100	⅓컵
바 나 나	60	중 ½개	토마토 주스	200	1 컵

3. 식단작성법

식품교환표를 이용한 식단을 작성할 때는 먼저 하루에 필요한 총칼로리양과 탄수화물, 단백질, 지방의 양을 결정해야 한다. 예를 들어 1,800kcal를 섭취하는 당뇨병환자의 식이구성을 한다고 가정할 때 당뇨환자의 경우 탄수화물 : 단백질 : 지방의 열량비를 보통 60 : 20 : 20으로 배분하므로 3대 영양소의 양은 다음과 같이 배분된다.

$$\text{탄수화물} \quad 1,800\text{kcal} \times 0.6 = 1,080\text{kcal} \ (1,080 \div 4 = 270\text{g})$$

$$\text{단 백 질} \quad 1,800\text{kcal} \times 0.2 = 360\text{kcal} \ (360 \div 4 = 90\text{g})$$

$$\text{지　방} \quad 1,800\text{kcal} \times 0.2 = 360\text{kcal} \ (360 \div 9 = 40\text{g})$$

다음으로 이상과 같은 양의 영양소를 공급하기 위해 각 식품군의 교환 단위수를 결정해야 한다. 교환 단위수를 결정하기 위해서는 다음과 같은 순서로 행한다.

① 각종 비타민과 무기질을 충분히 공급할 수 있도록 하기 위해서 우유, 과일, 채소군의 단위수를 먼저 결정한다. 보통 우유는 1~2단위, 채소는 4~5단위, 과일은 2단위 정도 사용한다.

여기에서는 우유 2단위, 채소 5단위, 과일 2단위를 사용하였다고 가정한다.

② 곡류 단위를 결정하기 위해 총탄수화물 필요량에서 우유, 채소, 과일군 중에 있는 탄수화물의 양을 빼고 이를 곡류교환 단위 속의 탄수화물량인 23g으로 나눈다.

$$270g - (\underset{\text{우유}}{2 \times 11} + \underset{\text{채소}}{5 \times 3} + \underset{\text{과일}}{2 \times 12}) = 209g$$

$$209g \div 23g = 약\ 9단위$$

③ 어육류의 교환단위를 결정하기 위해 총단백질량에서 우유, 채소, 곡류군 중의 단백질량을 빼고 이를 어육류 1교환단위의 단백질량인 8g으로 나눈다.

$$90g - (\underset{\text{우유}}{2 \times 6} + \underset{\text{채소}}{5 \times 2} + \underset{\text{곡류}}{9 \times 2}) = 50g$$

$$50g \div 8g = 약\ 6\ 단위$$

6단위의 어육류군에서 저지방 어육류군을 4단위 중지방 어육류군을 2단위 사용하는 것으로 가정한다.

④ 지방 교환 단위를 결정하기 위해 총지방필요량에서 우유, 어육류군의 지방량을 뺀 후 지방군 1교환 단위의 지방량인 5g으로 나눈다.

$$40g - (\underset{\text{우유}}{2 \times 6} + \underset{\text{저지방어육류}}{4 \times 2} + \underset{\text{중지방어육류}}{2 \times 5}) = 10g$$

$$10g \div 5g = 2단위$$

다음으로 위에서 계산한 바와 같이 1,800kcal를 섭취하는 당뇨환자의 경우 곡류 9단위, 어육류 6단위(저지방 4단위, 중지방 2단위), 채소 5단위, 지방 2단위, 우유 2단위, 과일 2단위를 각 끼니별로 적절하게 배분한다.

■ **표 2-12**　교환단위의 끼니별 분배 ■

끼니＼군별	곡류군	어육류군		채소군	지방군	우유군	과일군
		저지방	중지방				
아 침	2		2	2	1	1	
점 심	3	2		1	1		1
간 식	1						
저 녁	3	2		2	1		1
간 식						1	
계	9	4	2	5	3	2	2

■ **표 2-13**　1,800kcal 식단의 예 ■

끼니	음식명	재료명	분량(g)	끼니	음식명	재료명	분량(g)
아 침	보 리 밥	쌀	40	간 식	찐 감 자	감 자	150
		보 리	20	저 녁	율 무 밥	쌀	70
	냉이된장국	냉 이	10			율 무	10
		된 장	약간		조 개 탕	모시조개	30
	달걀김말이	달 걀	75		낙지볶음	낙 지	80
		김	1			당 근	10
		기 름	4			양 파	25
	도 라 지	도라지	40			고추장	약간
		기 름	1			설 탕	4
	열무배추김치	열 무	25			기 름	3
		얼갈이	10		오이초선	오 이	45
	우 유	우 유	200			쇠고기	16
점 심	쌀 밥	쌀	90			설 탕	3
	호박젓국찌개	호 박	65			기 름	2
		기 름	1		깍 뚜 기	무	50
		새우젓	약간	간 식	우 유	우 유	200
	가자미 구이	가자미	75				
		기 름	2				
	잔멸치 풋고추	잔멸치	8				
	볶 음	풋고추	5				
		기 름	2				
	토 마 토	토마토	250				

　　다음 각 끼니별로 배분된 교환단위를 사용하여 이를 실제 음식으로 환산하여 식단을 작성한다. 식단을 작성할 때는 가급적 다양한 계절식품을 이용하고 섭취하는 사람의 기호를 살려 위생적이고 맛있는 음식이 되도록 조리하여야 한다. 만일 환자식이라면 환자의 상태에 따라 피하여야 할 식품 등도 고려하여 질병치료에 도움을 줄 수 있는 음식의 선택이 중요하다.

　　참고로 한국영양학회에서 우리나라 국민의 바른 식생활을 위해 제시한 한국인의 식사지침을 소개한다.

1. 다양한 식품을 골고루 먹자.

　　인체가 생명을 유지하고 건강하게 생활을 영위해 나가는 데 필요한 영양소는 약 40여종에 달한다. 이들 영양소의 체내 역할은 다양하며, 또 영양소 상호간에 유기적인 관계가 있어 한 영양소라도 과다, 혹은 부족되면 영양상 균형이 깨지게 된다. 영양상 균형이 잡힌 식사를 하려면 위의 모든 영양소를 각 개인의 필요량에 만족되도록 섭취하여야 하는데, 실제로 우리가 섭취하는 식품은 매우 다양하고 또 각 식품마다 영양소의 종류와 함량이 달라 섭취량을 매일 계산하기는 어렵다. 그러므로 영양소의 비슷한 식품들을 식품군으로 묶어, 이 식품군을 골고루 섭취하는 대로 필요한 영양소를 얻을 수 있도록 하였다. 더욱이 미량 영양소인 비타민과 무기질은 같은 식품군에 속하는 식품이라도 그 종류와 함량이 매우 다르다. 그러므로 다양하게 식품을 선택함으로써 영양소의 상호보완 효과를 얻어, 부족되는 영양소가 없도록 하는 것이 바람직하다.

2. 정상 체중을 유지하자.

　　한국은 서구 여러 나라의 경우에 비하면 과다체중에서 오는 건강문제는 아직 비교가 안된다. 그러나 경제 수준의 향상과 더불어 생활양식이 서구화되어 가는 경향이 있고, 체중과 신장이 점차 증가되어 가면서 성인병의 발병률과 사망률도 증가 추세에 있다. 체중은 건강과 밀접한 관계가 있어, 섭취한 열량과 소비된 열량이 서로 균형이 맞았을 때에는 그대로 유지될 것이다. 그러나 만일 열량섭취가 소비된 열량보다 더 높을 때는 여분의 열량은 체내에 지방으로 저장되어 체중이 증가된다. 그러므로 체중을 줄이고 싶을 때에는 열량만 높은 설탕, 탄산음료 등의 단 음식이나 튀김 같은 고열량 음식을 적게 섭취하여 우선 열량섭취를 감소시켜야 하고, 또 생활에서 활동량을 늘려 열량을 더 소비하여 에너지대사의 균형을 유지해야 한다. 그러나 정상체중 이하로 체중을 줄이는 것은 건강을 해칠 우려가 있으므로 조심하여야 한다.

3. 단백질을 충분히 섭취하자.

　　단백질은 성장기 어린이나 성인에게 새로운 조직의 발달을 도와주며, 동시에 낡은 조직을 대치하여 정상적인 성장과 건강을 유지시켜 준다. 따라서 단백질의 결핍은 체조직의 손실을 일으켜 성장부진과 체력의 약화를 초래한다.

　　단백질은 여러 식품에 상당량이 함유되어 있으면서도 일상생활에서 부족되기 쉬운 영양소이다.

　　단백질의 섭취는 곧 아미노산을 공급하기 위한 것이기 때문에 필수아미노산의 균형된 식사를 하는 것이 중요하다. 아미노산 조성에서 식물성 식품은 인체의 요구량에 비해 한 두 가지 아미노산이 부족되는 경향이 있다. 반면에 육류, 어류 및 계란, 우유 등 동물성 식품은 아미노산의 균형이 매우 우수하며, 또한 식물성 식품에 부족한 아미노산의 보완기능이 높다. 따라서 질이 좋은 단백질의 섭취량을 늘리고, 여러 가지 식품들을 골고루 섭취하며 매일 필요한 양의 단백질을 섭취하는 것이 중요하다.

4. 지방질은 총열량 20% 정도를 섭취하자.

　　한국인의 지방질 섭취량은 아직 부족한 실정이다. 발전도상기에 있는 우리나라의 경우 지역이나 생활양식 등에 따라 지방질 섭취량에는 큰 차이가 있다. 국민영양조사(보건사회부, 1984) 결과에 의하면 대도시에서는 총열량 섭취의 약 15%를 차지하고 있으며 농촌의 경우는 총열량 섭취의 약 9%를 점하고 있다.

　　서구 여러 나라에서는 너무 높은 지방섭취(총열량섭취의 40% 이상)로 인해 초래되는 여러 가지 성인병의 예방책으로 지방섭취를 우선 30%까지 줄이려는 노력을 하고 있다.

한국인의 경우는 영양권장량에서 추천한 바와 같이 총열량섭취는 20% 정도를 지방질로 섭취할 것을 권장한다. 특히 식물성과 동물성 유지섭취의 균형을 지키도록 강조하며, 생선과 콩의 섭취도 권장한다. 즉 질적인 면에서의 필수지방산 섭취의 균형을 유지하도록 한다.

식물성 기름은 체내외에서 산패되기 쉬우므로 보관시 공기 및 금속과의 접촉과 높은 온도를 피하고 신선하게 보관하며, 여러번 튀기는 것을 삼가하고 구입시 제조일을 확인하도록 한다.

5. 우유를 매일 마시자

우유는 칼슘과 리보플라빈의 함량이 특히 높은 식품이다. 이 두 영양소는 우리나라 식사에서 특히 부족한데, 우유 한 컵(200㎖)에는 칼슘 250㎎, 리보플라빈이 0.36㎎ 정도로 함유되어 있어, 매일 우유를 한 컵씩 마신다면 이들 영양소의 섭취 수준을 크게 향상시킬 수 있다. 또한 우유의 단백질은 양적으로는 많지 않으나 필수아미노산의 함량이 높아, 한국인이 섭취하는 영양소 중 단백질의 질을 높일 수 있다. 그러나 우유는 철분의 함량이 낮고, 비타민 D, 비타민 C, 비타민 B_1 등의 함량도 낮으므로 이들 영양소들의 공급은 크게 기대할 수 없다.

또한 우유는 위궤양, 위염, 골다공증, 간장질환, 당뇨병 등의 치료 및 예방을 위해서도 권장되는 식품이다.

이러한 우유의 영양학적 효과는 우유 뿐만 아니라 요구르트, 치즈 등의 유제품을 섭취함으로써 얻을 수 있다.

6. 짜게 먹지 말자

식염의 성분이 되는 나트륨(Na)은 체내대사에 꼭 필요한 무기질이다. 그러나 나트륨 섭취가 높은 사람들 중에서 고혈압 발생빈도가 높아 과잉의 나트륨 섭취가 건강상의 문제로 대두되고 있다. 고혈압은 다른 여러 가지 합병증을 유발시킬 수도 있으므로 고혈압을 예방하는 것은 매우 중요한 일이다. 최근 우리나라에서도 고혈압의 합병증으로 인한 사망률이 점차 증가 추세에 있다.

한국인은 곡류의 과잉 섭취로 인하여 매우 짜게 먹는 식습관을 형성해 왔다. 우리나라 사람의 1일 평균 식염섭취량은 20g이 넘어 서구 여러 나라보다 높은 편에 속한다. 그러므로 우리는 짜게 먹는 식습관을 고쳐 나트륨의 섭취를 줄이도록 노력해야 할 것이다.

나트륨의 섭취를 줄이려면 간장, 된장, 고추장 등의 사용량을 줄이고 동시에 식염을 이용한 가공식품의 사용을 제한하여야 할 것이며, 화학조미료의 무절제한 사용을 금해야 할 것이다.

7. 치아건강을 유지하자.

설탕을 많이 함유한 식품을 먹을 때 일어나는 가장 큰 건강문제는 충치의 유발이다. 충치문제는 유아기 및 학령기 어린이에게서 심각하며, 우리나라 사람의 약 90% 이상이 충치를 가지고 있다. 설탕에 의한 충치발생은 설탕의 총섭취량 보다 섭취빈도에 더 영향을 받으며, 특히 간식을 통한 섭취와 가장 밀접한 관련이 있다. 사탕, 과자류, 아이스크림, 과일가공식품 등 대부분 간식은 설탕 함량도 높을 뿐 아니라 부착성이 높아 충치의 발생을 조장하며, 청량음료의 잦은 섭취도 충치를 유발시킨다. 이에 반하여 신선한 과일이나 야채는 구강 내에서 청정작용을 극대화한다. 따라서 설탕이 많은 식품을 줄이고 신선한 과일을 섭취하도록 권장한다.

8. 술, 담배, 카페인 음료 등을 절제하자.

알코올 음료는 열량을 제공하지만, 다른 영양소가 거의 없고 식욕을 감퇴시키며, 몇 가지 필수영양소의 흡수를 방해하기 때문에 비타민·무기질 등의 부족을 일으키기 쉽다. 또한 만성적인 과음자는 간경변이나 지방간 등 간장질환의 발생 위험이 크며, 임신 중 알코올의 섭취는 기형아를 낳을 확률도 높다.

흡연은 폐포대식세포에 과산화수소의 발생을 증가시켜 폐기종을 유발하기 쉬우며, 항단백질분해효소의 부족을 가져와 폐를 상하게 함은 물론, 혈중의 HDL의 수준을 떨어뜨리고 혈청의 중성지방을 상승시켜 심장병과 말초혈관계의 질병을 높이는 경향이 있다. 카페인은 주로 커피나 홍차에 많고 요즈음 많이 마시는 콜라에도 많은데 이는 중추신경을 자극하며, 이뇨촉진의 효과 외에도 혈압을 상승시키고, 철분흡수를 방해하며, 불면증을 유발시킨다. 그러므로 과량 섭취하면 부작용이 많다. 커피중독이 되면 커피를 마시지 않을 경우 두통, 무기력, 초조, 불안 등의 증세를 보인다.

9. 식생활 및 일상생활의 균형을 이루자.

한 사람의 하루 일과는 쉬고, 먹고, 활동하는 것의 세 부분으로 나누어 볼 수 있다. 식생활은 하루 생활의 중요한 부분으로 인식되어지며, 일상생활과 식생활의 관계는 다음과 같이 관련되어 질 수 있다.

첫째, 섭취하는 열량과 활동으로 소비하는 열량 사이에 균형을 맞추기 위하여 열량이나 한 두 가지의 영양소가 편중되어 있는 음식물의 다량섭취를 지양해야 할 것이다.

둘째, 개인의 식사량과 질은 그날의 일과량과 현재까지의 건강상태에 의해서 결정된다. 따라서 식사의 질과 량, 활동량과 운동량을 조절함으로써 건강을 유지하도록 해야 할 것이다.

셋째, 규칙적으로 식사하고 배설을 하며 수면을 취함으로써 일상생활과 식생활에 있어 항상성의 관계를 유지해야 할 것이다.

넷째, 원만한 식생활은 일상생활의 성취감에 중요한 영향을 미친다. 따라서 규칙적인 식사, 균형된 식사 및 유쾌한 식사를 하도록 노력해야 할 것이다.

10. 식사는 즐겁게 하자

가족들이 한자리에 모여 정성껏 만든 음식을 섭취할 때 가족들의 즐거움은 한층 더 증가될 수 있다. 즐겁고 바람직한 식사시간을 위해서 몇가지 사항을 고려할 필요가 있다. 즉 영양소가 골고루 섭취될 수 있도록 여러 가지 식품을 선택하며, 적합한 조리방법으로 영양소의 손실을 막는다. 식품의 특성과 조리시의 변화를 잘 이해하여 식품의 소화율을 증가시키고 가족들의 기호를 만족시킬 수 있는 방법으로 조리한다. 또한 식품에 들어 있는 미생물이나 기생충이 파괴될 수 있도록 식품에 맞는 조리온도를 선택한다. 이와 더불어 가정 내에 사랑과 존경이 넘칠 때 식사시간은 하루 생활을 즐겁게 만들 수 있는 원동력이 될 수 있고, 더 나아가 밝은 사회의 기초가 될 것이다.

제3장 영양과 질병

　인간의 가장 기본적인 욕구 중의 하나는 건강하게 오래 사는 것이다. 많은 사람들은 약물복용, 운동, 음식물을 통한 영양섭취 등으로 이 욕구를 달성시키고자 하며, 이 중에서도 음식물을 통한 영양섭취가 건강에 어떠한 영향을 주는가 하는 것이 모든 계층 사람들의 가장 중요한 관심사이다. 즉 건강을 유지하기 위해서는 어떤 음식물을 먹어야 하며 어떤 음식물을 먹지 말아야 하는가에 대해, 또는 질병을 치료하기 위해서는 어떤 식품을 어떻게 섭취해야 하는가, 어떤 식품이 노화를 막아주고 장수하는 데 도움을 주는가 등의 많은 문제들을 음식물을 통한 영양섭취에서 해결하고자 한다.

　우리나라의 사망원인 통계를 보면 1960년대까지는 전염병이 사망의 주원인이었으나, 1970년대부터 현재까지는 심장순환계 질환과 악성신생물, 즉 만성질병이 사망원인의 1, 2위를 차지하고 있다. 이러한 만성질병의 발생은 잘못된 식습관으로 인한 비만, 고혈압과 고콜레스테롤혈증, 흡연, 음주, 운동 부족 등 그릇된 생활양식에서 기인하므로, 우리가 주의를 기울이기만 하면 대부분은 예방할 수 있는 질병들이다.

　따라서 이 장에서는 식생활과 밀접한 관련이 있는 만성질병들의 원인을 알아보고, 이러한 질병들을 치료하는 데 도움이 되는 식이섭취방법에 대해 알아보고자 한다. 그러나 건강을 유지하기 위해서는 이러한 만성질병에 걸리기 전에 자신의 잘못된 식습관과 생활양식을 고치는 것이 무엇보다도 중요하다는 것을 깨닫고 실천하여야 할 것이다.

1. 체중조절

  현재 우리나라는 급속한 경제 발전과 함께 소득이 증가하면서 각 가정에서의 식품 소비뿐만 아니라 외식에 의한 식품 소비가 넘쳐나고 있는 실정이다. 많은 사람들은 이제 배고픔을 해결하기 위해 먹는 것이 아니고, 건강을 유지하거나 사회적 지위를 나타내거나 아름다움을 유지하기 위해서 등의 이유로 음식을 먹고 있다. 그러나 이러한 식품의 풍요로움이 우리 국민의 건강을 지켜주지는 못하고 있다. 과거에는 영양부족으로 인하여 결핵, 장티푸스 등 전염병에 쉽게 감염되었지만, 최근 이러한 음식의 풍요로움은 영양과잉을 가져오게 되어 비만, 고혈압, 심장질환, 당뇨병, 암 등의 만성질병을 유발하고 있다. 더욱이 이렇게 식품의 양과 종류의 선택이 자유로워지면서 우리는 영양과잉뿐만 아니라 일부 여성과 청소년층에서의 영양부족이라는 양극의 영양문제를 안게 된다.

  건강을 유지하기 위해서는 정상 체중을 유지해야 한다. 지나친 체중 감소나 체중 과다는 모두 비정상적인 체성분의 변화를 가져와 질병에 걸리기 쉽다. 정상체중은 자신의 소비 에너지의 양에 맞게 에너지를 섭취, 즉 음식을 섭취해야 유지된다. 에너지 섭취량이 에너지 소비량보다 많으면 비만이 되고, 그 반대이면 수척해진다. 이미 비만은 만성질병 유발과 밀접한 관계가 있음이 잘 알려졌고, 이에 따라 세계보건기구는 비만을 '치료가 필요한 질병'으로 규정하였다. 이러한 필요에 의해 비만 치료 방법의 하나인 다이어트 프로그램이 개발되면서 오늘날 안전성과 효과가 검증되지 않은 많은 다이어트법이 난무하고 있다. 여기에 더하여 매스컴에 의해 '빼빼하게 마른 것이 아름다운 것'처럼 왜곡된 아름다움의 기준 때문에 많은 여성과 청소년들이 건강을 해치는 다이어트를 실행하고 있다. 이제부터 비만과 저체중의 원인과 치료 방법을 알아보고, 아울러 시중 다이어트법의 허실도 살펴보기로 하자.

■ **그림 3-1**　정상, 비만, 수척인 사람 ■

비 만

　한 개인의 에너지 섭취량이 그 사람의 에너지 소비량보다 많으면, 남는 에너지는 체지방으로 전환되어 체내에 축적되게 된다. 이러한 지방조직은 에너지 저장원으로서 뿐만 아니라 외부 충격에 대한 완충작용 및 단열작용 등의 기능이 있다. 그러나 신체의 기능에 필요한 양보다 훨씬 많은 지방조직이 축적되면 체중이 증가되어 비만이 된다.

　비만을 판정하기 위해서는 실제로 체지방을 측정해야 하지만 시간과 경비가 많이 들기 때문에 임상조사에서는 비만지수(Obesity rate), 표준체중표, 체질량지수(BMI, Body Mass Index), 피하지방두께 측정법 및 체밀도 측정법 등을 사용하며, 이중에서 가장 많이 사용하는 것은 비만지수와 체질량지수이다.

　성인의 표준체중 계산법으로는 다음의 Broca변법이 가장 흔히 사용되고 있다.

- 표준체중(kg)＝[신장(㎝)－100]×0.9

비만지수와 체질량지수를 구하는 방법과 이를 이용한 비만도 판정 기준은
다음과 같다.

- 비만지수(%) $= \dfrac{\text{실제체중} - \text{표준체중}}{\text{표준체중}} \times 100$

- 체질량지수(BMI) $= \dfrac{\text{체중(kg)}}{\text{신장(m)}^2}$

비만지수(%)	구분	BMI[1](kg/㎡)	BMI[2](kg/㎡)	구분
−20 <	매우 마름, 수척	18.5~24.9	18.5 ~ 22.9	정상
−20 ~ < −10	마름, 체중부족	25.0~29.9	23.0 ~ 24.9	과체중
−10 ~ < +10	정상	30.0~34.9	25.0 ~ 29.9	경도 비만
+10 ~ < +20	과체중	35.0~39.9	30.0 ~ 34.9	중등도 비만
≥ +20	비만	≥ 40.0	≥ 35.0	고도 비만

1) WHO   2) 대한비만학회, 2000

비만이란 그 자체가 질병은 아니지만 일단 비만해지면 다음과 같이 많은
건강상의 문제가 야기되므로 현대의 가장 중요한 건강문제 중의 하나로 주목
되고 있다. 즉 비만에 의하여,

① 혈압의 상승
② 혈중 콜레스테롤 상승
③ 당뇨병의 증가
④ 심장병의 증가
⑤ 암의 증가
⑥ 심리적인 부담 등이 오게 되므로 일찍 죽게 된다.

비만증의 원인

비만의 원인은 크게 유전적인 영향, 식사요인 및 에너지 소비의 불균형으
로 구분할 수 있다.

❶ 유전적인 영향

1965년 Dr. Mayer가 발표했던 부모 모두가 정상인 집에서 태어난 아이들 중 14% 만 비만인 반면, 부모 모두가 비만인 집의 아이들은 80%가 비만이었다는 보고는 이미 잘 알려진 사실이다. 쌍둥이를 대상으로 한 최근의 여러 연구들에서도 비만이 유전적인 요인과 밀접한 관계가 있음을 보여주고 있다.

유전적인 영향과 관계가 있는 또 다른 요인은 어떤 사람이 가지고 있는 지방 세포의 수이다. 즉 fat-cell theory에 의하면 어렸을 때 너무 많은 에너지를 섭취한 사람은 지방 세포수가 정상보다 2~3배 증가하고, 일단 증가된 지방 세포수는 일생을 통하여 줄어들지 않기 때문에 비만이 되기 쉽다고 한다. 이러한 시기는 지방세포가 분열하는 영아기가 가장 문제되므로 영아기의 과잉영양은 주의할 필요가 있다. 과잉영양으로 일단 늘어난 지방 세포수는 줄어들지 않기 때문에 영아기의 비만은 유아기, 청년기 및 성인기로까지 이어지게 된다. 어떤 이론에 의하면 모유영양에 의한 어린이가 인공영양에 의한 어린이 보다 비만에 걸릴 위험이 적다고 하나, 현재까지의 여러 연구결과들에 의하면 인공영양이건 모유영양이건 간에 영아나 어린이가 비만이 되는 것을 예방하는 것이 성인 비만을 줄이는 중요한 인자라고 한다.

❷ 식사요인

비만인 사람은 정상인보다 대체적으로 많이 먹고, 지방이나 탄수화물의 섭취가 많아서 자신이 소모하는 열량보다 많은 열량을 섭취하게 된다. 또한 탄수화물의 섭취가 많으면 인슐린 분비가 촉진되고 이에 따라 지방의 합성과 저장이 증가된다. 동일한 열량을 가진 식이라면, 지방이 많은 식이가 탄수화물이 많은 식이보다 체지방으로의 전환율이 높아 비만이 되기 쉽다. 이것은 식이지방이 식이 탄수화물보다 체지방으로 전환될 때 필요한 칼로리 소모가 적기 때문이다. 즉 100 kcal 여분의 식이지방이 체지방으로 전환되는데 소요되는 에너지는 3kcal인데 비하여, 여분의 100kcal 식이 탄수화물이 체지방으로 전환되는데 소요되는 에너지는 23kcal이기 때문이다. 따라서 고지방-저탄수화물 – 저섬유 식사가 저지방 – 고탄수화물 – 고섬유 식사보다 비만을 야기시킬 확률이 높다.

❸ 에너지 소비의 불균형

성인의 하루 에너지 필요량은, 생명을 유지하고 정상적인 체기능을 유지하는데 필요한 기초대사량과, 활동에 필요한 에너지 및 식품을 소화하고 대사하는 데 필요한 특이동적 작용량으로 결정된다. 이중 가장 많은 열량을 소모하는 것은 기초대사량으로 하루 에너지 소비의 60~75%를 차지하고 있다. 따라서 활동, 또는 운동으로 소모되는 에너지는 의외로 적다. 그러나 여러 연구 결과를 보면 비만인 사람은 정상 체중을 가진 사람보다 활동량이 훨씬 적기 때문에 결과적으로 에너지 소모량이 적다. 따라서 비만인 사람은 정상인보다 대체적으로 많이 먹고 활동을 적게하기 때문에 여분의 에너지가 축적될 수밖에 없다. 또한 음식을 먹었을 때, 소화하고 흡수하고 대사하는데 필요한 특이동적 작용량은 섭취한 총열량의 7~10%를 차지하며 식사량이 많으면 증가하지만, 비만인 사람의 특이동적 작용량은 정상인보다 약간 적은 경향이 있다. 아직 분명히 밝혀지지는 않았지만 걷기 같은 운동을 식사 전후에 하면 특이동적 작용량이 증가하므로 어떤 연구자들은 활동량이 많은 아침과 점심에 많이 먹고 저녁을 적게 먹는 것과 고열량식이를 한 전후에 걷는 것이 체중 증가를 막을 수 있다고 제안한다.

비만의 치료

비만의 치료에는 약물요법, 수술, 생활환경과 식습관의 변화, 운동 및 식사요법 등이 있으나 비만자의 상태에 따라서 적절한 조치를 취해야 한다. 특별한 경우를 제외하고는 운동과 식사요법이 가장 흔히 권장되는 방법이나 비만한 자 굳은 의지 없이는 불가능하다. 비만자는 고도 비만, 중등도 비만 및 경도 비만으로 나눌 수 있으며 이들의 치료법은 각기 다르다.

고도 비만은 표준체중의 2배, 즉 비만지수가 +100% 이상인 사람을 말하며 이들은 의료진의 도움을 받아 수술 등을 시행해야 한다. 중등도의 비만은 비만지수가 +41~100%인 사람으로, 의료진의 도움을 받아 식행동의 수정과 함께 극심한 열량제한식 및 단식을 시행하면 비만을 치료할 수 있다. 경도의 비만은 +20~40% 정도의 비만지수를 나타내는 사람으로서 전체 비만자의 90% 이상을 차지하고 있으므로 우리가 흔히 이야기하는 체중조절법은 이러한 비만자를 대상으로 하는 것이다.

1 식사요법

저열량식, 또는 열량제한식은 축적된 여분의 지방을 감소시키면서 체중을 줄이는 데 목적이 있으므로 체단백질의 손실, 또는 어떤 영양상의 문제가 야기되지 않도록 주의를 기울여야 한다. 저열량식은 일반적으로 다음과 같이 단계적으로 시행하는 것이 바람직하다. 즉 비만자의 신장과 체중으로 표준체중을 구한 다음 활동도(표 2-2 참조)에 따라 필요열량을 계산한다. 이렇게 계산한 필요열량에서 20%를 감한 저열량식을 실시한다. 그러나 비만자는 지금까지 필요열량보다 많은 열량을 섭취했기 때문에 표준체중시 필요열량에서 20%를 감한 저열량식에 적응하기가 어렵다. 따라서 처음에는 현재의 섭취열량에서 20%를 감하고 단계적으로 감량식을 실시하여 저열량식을 행하는 것이 바람직하다. 체중은 일주일에 0.5~1kg 정도씩 줄이는 것이 좋고, 1,200kcal 이하의 저열량식을 행하는 것은 피한다. 극심한 저열량식은 비타민이나 무기질 등이 부족하게 되므로 체중감소 뿐만 아니라 전반적인 영양상태까지도 나쁘게 할 수 있기 때문이다. 또한 식사를 계획할 때, 단백질의 양은 정상으로 보충하여야 하며 지방의 양을 줄이고 단순당보다는 전분이나 전곡류 등 복합탄수화물을 이용한다. 그러나 가장 중요한 것은 본인의 인내와 의지력이다.

2 운동요법

비만인 사람은 정상인보다 움직이기를 싫어하는 경향이 있다. 체중을 줄이기 위하여 식사요법을 행하면서 운동을 병행하면 체중감소 뿐만 아니라 여러 성인병의 발병률도 저하되고 정신적인 만족감도 얻을 수 있다. 비만자가 극심한 저열량식을 행할 때에도 걷기 같은 가벼운 운동을 하는 것이 체지방의 감소비율은 많게 하고, lean body mass(LBM : 체지방을 제외한 나머지 부분)의 손실은 적게 한다고 보고되고 있다. 또한 활동적인 사람은 비활동적인 사람보다 많이 먹지만 날씬하다. 다시 말하면 지속적인 운동은 열량 섭취량을 증가시키지만 체지방은 감소시킨다. 반대로 한 번의 과격한 운동은 운동 직후의 식욕은 떨어뜨리나 휴식시 식욕을 증가시키므로 지속적인 운동이 식욕을 조절하는 데 유리하다. 심장혈 관계를 튼튼하게 할 수 있으면서 체중을 줄이는데 도움이 되는 여러 운동의 예는 표 3-1과 같다.

■ **표 3-1** 심장혈관계를 강화할 수 있는 운동들 ■

운　　동	kcal/hr*
배드민턴	480
농구	360~660
자전거타기	
10mph	420
11mph	480
12mph	600
13mph	660
에어로빅	600
핸드볼	660
노젓기 기구 운동	840
달리기	
5mph	600
7mph	870
9mph	1,130
10mph	1,285
스케이트 타기	700
수영(20~50yds/min)	360~750
걷기	
평지에서 걷기(4mph)	420
계단오르기	600~1,080
언덕오르기(3.5mph)	480~ 900
정원손질, 땅파기	500
풀베기	450
삽질하기	660
장작패기	560

*150 lb.(약 68kg)의 사람을 기준함.

(Nieman et al., Nutrition 2nd ed,m WCB, 1992)

❸ 행동 수정요법

비만인 사람은 식행동, 물건사기, 보상, 손님 초대 및 외식 등의 여러 가지 행동을 끊임없이 점검하여 고치도록 노력하여야만 체중 감소가 빠르고, 일단 체중이 감소된 후에도 수정된 행동에 의하여 다시 체중이 증가되는 것을 막을 수 있다.

비만 치료를 위한 행동 수정은 크게 자기 감시, 충동 조절과 보상으로 나눌 수 있다. 행동 수정은 충동 조절을 통해 이루어지는 것이지만 충동 조절이라는 과정이 매우 어려우므로 이를 위해 자기 감시와 보상을 적절히 병행해야 한다. 자기 감시는 식사일기를 매일 쓰는 것과 체중을 줄이고 싶은 이유를 작성해 놓고 가끔씩 점검하는 등의 일이고, 보상은 설정한 목표에 맞는 실천 행동이 성공했을 때 칭찬이나 음식 이외의 물질로 보상하는 일이다. 충동 조절을 위한 몇가지 방법을 살펴보면 다음과 같다.

- 식사일기 쓰기 - 음식을 먹을 때 언제, 어디서, 어떻게, 누구와 얼마만큼 먹는지, 또 그때의 기분은 어떠했는지 등을 기록한다.
- 계획 세우기 - 끼니와 간식의 시간, 장소 및 분량의 계획을 세우고, 먹는 것에 대한 유혹이 있을 때에 대한 행동 계획도 세운다.
- 먹는 동안에는 다른 일을 하지 않기 - 일정한 장소에서 우아하게 천천히 음식의 맛을 음미하면서 먹는다. 다른 사람과 먹을 때는 대화를 많이 한다.
- 수저와 젓가락을 동시에 사용하지 않기 - 음식을 씹는 동안 수저와 젓가락을 상에 내려놓는다.
- 식기는 작고 예쁜 것을 사용하기 - 작은 그릇에 담아 많아 보이게 한다.
- 음식을 눈에 띄는 곳에 두지 않기
- 장보러 갈 때는 목록을 작성하고 배가 부를 때 가기
- 회식이나 잔치에 갈 때는 미리 약간의 음식을 먹고 가기
- 외식 시 열량이 높은 음식을 주문하지 말기 - 뷔페 식당, 패스트푸드 식당 등을 피하고, 기름을 많이 쓰거나 튀긴 음식 등을 주문하지 않는다.
- 냉장고에 신선한 채소(오이, 당근, 토마토 등) 준비하기 - 간식이 생각날 때 먹는다.

저체중

2001년 국민건강·영양조사에 의하면 20세 미만의 연령에서 연령이 높아질수록, 남자에 비해 여자에서 영양소 섭취부족계층의 비율이 증가하는 경향을 보였고, 13 ~19세의 경우 남자 청소년의 19%, 여자 청소년의 25%가 영양소 섭취부족인 것으로 나타났다. 이들의 아침 결식 비율이 남자는 31%, 여자는 43%에 달하는 것으로 나타나, 청소년들의 아침 결식문제는 심각한 수준이다. 또한 20대 여성에서는 저체중의 비율이 30%를 넘고있는 실정이다. 이와 같은 현상은 여자 청소년이나 젊은 여성들이 연예인이나 모델 등의 지나치게 마른 몸매를 동경하는 데서 오는 사회적 문제이며, 이는 영양불량이라는 또 다른 건강문제를 야기하고 있다. 지나치게 영양소 섭취를 줄이면 설사, 변비, 복통 등의 소화장애, 피부 건조, 탈모, 솜털 발생, 기립성 저혈압, 피로, 권태뿐만 아니라 월경 불순이나 정지 등의 영양불량 증세가 나타나게 된다. 영양불량은 성장을 지연시키고 면역력을 떨어뜨려 여러 질병에 감염되기 쉽게 하므로, 성장기에 있는 청소년과 가임기 여성의 이러한 잘못된 아름다운 몸매에 대한 인식을 빨리 바로 잡아주는 것이 시급한 과제 중의 하나이다.

심리적 섭식장애

식품산업의 발달로 열량 높고 맛있는 음식이 풍부해진 오늘날, 사람들은 음식을 먹고 싶은 유혹에서 쉽게 벗어날 수 없다. 그러나 한편으로는 날씬한 몸매를 원하기 때문에 음식을 많이 먹는 것은 또 다른 스트레스가 된다. 이러한 상반된 가치관 때문에 사춘기나 젊은 성인 여성들 중에는 의식적으로 먹기를 거부하거나, 극도로 음식섭취를 제한했다가 어느 순간에 한꺼번에 많은 양을 먹는 등의 섭식장애를 일으키고 있다. 이는 젊은 여성들의 체형에 대한 잘못된 인식에서 비롯된 것으로, 심하면 사망에까지 이를 수 있는 심각한 정신장애이기 때문에 매우 주의를 요한다. 섭식장애에는 거식증(Anorexia), 대식증(Bulimia)과 습관성 폭식장애(Binge eating disorder)의 세 가지 유형이 있으며, 모두 다 심각한 영양실조를 일으킬 수 있으므로 적절한 영양상담 및 교육과 함께 정신과 치료를 병행해야 한다.

다이어트 식품

비만이 '치료가 필요한 질병'으로 인식되면서 많은 다이어트 식품들과 방법들이 유행되고 있다. 그러나 비만의 치료는 정상 체중으로 감량만 하면 되는 것이 아니라, 체중감량 후 적어도 5년 동안을 유지해야 하는 것으로 정의하고 있기 때문에 비만 치료의 성공률은 10~40% 정도라고 한다. 따라서 획기적인 비만 치료법을 기대하는 많은 사람들은 손쉽게 빠르게 체중을 줄여준다는 유행 다이어트 방법들에 현혹되고 있는 현실이다. 대부분의 fad diet들이 초기에 빠른 체중감량을 나타내는데 이것은 수분의 손실에 의한 것이지 지방의 연소에 의한 것이 아니고, 잘못하면 수분과 전해질뿐만 아니라 체단백의 손실까지도 일으켜 심각한 영양불균형을 초래하여 건강을 해칠 수 있으므로 주의해야 한다. 또한 '체중감량을 위한 획기적인 식품이나 음식은 없다'는 것을 명심하고, 체중조절에는 적절한 열량 및 영양소 섭취, 꾸준한 운동 및 행동 수정의 세 가지를 병행하는 것이 왕도임을 알고 이를 실천해야 한다.

시중에서 판매되는 다이어트 식품들의 특징과 유행하는 fad diet들은 표 3-2와 표 3-3과 같다.

■ **표 3-2**　시중 판매되는 다이어트 식품들의 특징 ■

다이어트 식품	특　　　징
섬유소 보조식품	・귀리밀기울, 소맥밀기울, 쌀겨, 과일 속의 펙틴 같은 섬유소들을 모아 만든 보조식품으로 배변 활동을 촉진한다. ・칼로리가 낮고 위를 비우는 속도가 느려 만복감을 느낄 수 있게 해주어 식사량을 자연스럽게 줄일 수 있다.
천연 섬유소로 만든 식욕 억제제	・화학작용에 의한 식욕 억제와는 달리 식물이나 곡물 등의 천연 섬유소를 추출하여 정제(알약)형태로 만들어져 있으며, 사용시에는 충분한 물과 함께 복용해야 한다. ・입이나 식도에서 용해되지 않고 위에서 분해・팽창되어 늘 배가 부른 것 같은 만복감을 주어 음식을 적게 먹도록 한다.
무가당 과일 음료	・무가당이라고 해도 신맛을 중화시키기 위해 다른 단당류를 넣기 때문에 실제 칼로리에는 큰 차이가 없으므로 사용시 주의가 필요하다.
저지방 마요네즈	・일반 마요네즈 상품에 비해 저지방 마요네즈는 지방을 20%이상 줄여 섭취시 칼로리를 감소시키나, 기본적으로 마요네즈는 1큰술이 92kcal를 내는 고칼로리 식품임을 잊지 말아야 한다.
저지방 포테이토칩	・감자칩은 한 봉지가 무려 500kcal로 거의 식사 한 끼와 같다. 저지방 감자칩이라 해도 한 봉지에 약 400kcal를 갖게 되므로 다이어트를 위해서는 큰 효과가 없다.
저지방・무설탕 크래커	・제크나 에이스 같은 크래커는 1조각이 약 35~40kcal 정도다. 저지방・저칼로리로 표시된 크래커는 평균 13kcal 정도로 칼로리 감량에 다소 도움이 된다.
저지방・저염 프레스햄	・저지방・저염 프레스햄은 일부 돼지고기 성분을 빼고 대신 옥수수 전분을 넣어 칼로리를 줄인 것이다. 한 캔을 다 먹을 경우, 약 153kcal를 줄일 수 있으나 프레스햄 자체가 칼로리가 높은 식품이므로 다이어트시에는 삼가는 것이 좋다.
다이어트 콜라	・콜라 1캔이 약100kcal인 반면, 다이어트 콜라는 약 25kcal정도의 칼로리를 함유하므로 비교적 효과적인 다이어트 식품이라 할 수 있다.
식물성 섬유음료	・1병에 40kcal 정도로 설탕 대신 올리고당을 넣어 장에 부담이 적고 식이섬유가 들어 있어 변비에 효과적이다. 그러나 많이 마시면 무기질 결핍 등의 부작용이 생겨 다이어트에 비효과적이다.
무설탕 식혜	・무설탕 식혜는 설탕 대신 맥아당을 넣어 단맛을 낸 것으로 무설탕이라고 해도 실제 칼로리에는 큰 차이가 없다.
칼로리 밸런스	・칼로리는 적으면서 필수영양소를 첨가하여 식사대용으로 먹을 수 있도록 한 것으로 평균 165kcal를 낸다. 그러나 칼로리에 비해 만복감이 없어 다른 식품으로 배를 채우게 되는 단점이 있다.
저지방 우유	・일반 우유 1팩의 열량을 120kcal 정도인데 비해 유지방을 1.5% 이하로 낮춘 저지방 우유는 약 90kcal 정도이다. 우유는 1일 1회(200ml)정도의 섭취가 필수적이므로 다이어트시에는 저지방 우유를 사용하면 효과적이다.

・출처 : 다이어트 Tomato(2000), 삼성출판사

■ 표 3-3 Fad diet **■**

분류	다이어트명	특징
저열량, 저당질 고단백 다이어트	· Atkins diet · 덴마크식 다이어트 · 5 Day diet - Day miracle diet · Carbohydrae addicts · Zone diet · Sugar buster diet · Scarsdale diet	· 케톤증 발생 우려 · 심한 이뇨 작용과 함께 체액손실(탈수) · 고콜레스테롤혈증 등 심혈관계 질환 우려 · 요산 증가 · 메스꺼움, 피로 · 쉽게 싫증남 · 당질 식품에 대한 유혹이 강해짐
고당질, 저지방 다이어트	· 스즈끼 다이어트 · 죽 다이어트	· 단백질 섭취 부족에 따른 영양불균형 · 골다공증, 빈혈 등의 영양문제 야기 　- 필수 아미노산, 비타민, 무기질의 부족
한 가지 식품식 (One food diet)	· 녹차 · 우유 · 요구르트 · 두부 · 과일 · 사과 · 포도 · 토마토 · 벌꿀 · 검정콩 · 감자 · 치즈 · 건빵 · 강냉이 · 채소 · 물	· 영양결핍의 우려 　- 에너지 및 모든 영양소 섭취 부족 · 영양불균형이면서 열량만 높을 수 있음 · 쉽게 싫증남
단식 (Fasting)		· 체단백질과 전해질 소모 - 모든 영양소 부족 · 케톤증, 저혈압 · 통풍, 담석 - 요산

출처 : 임경숙, Fad diet, 대한임상건강증진학회지 2권 1호, 158~166, 2002

2. 위와 장 질환

소화관은 입에서부터 식도, 위, 소장, 대장 및 항문에 이르는 긴 관이다. 음식물을 소화, 흡수하는 소화관에 이상이 생기면 우리 몸에 필요한 영양소를 충분히 공급할 수 없으므로 영양상의 많은 문제점들이 나타나게 된다. 위장병은 앓고 있는 위치와 병의 정도에 따라 식사의 양, 사용할 수 있는 식품의 수, 식품의 형태 및 식사횟수 등이 달라지므로 증세에 따라 세심한 주의와 배려가 요구된다. 위장병 식이요법의 원칙은 손상된 위장을 자극하지 않고 소화흡수가 잘되는 음식으로 최대한의 영양을 공급하여 신속한 회복을 돕는 것

이다. 위장병에는 위염, 위궤양과 십이지장궤양 등의 소화성 궤양, 암, 변비
및 설사 등이 있는데 여기에서는 가장 흔한 위궤양과 변비에 대해서만 언급
한다.

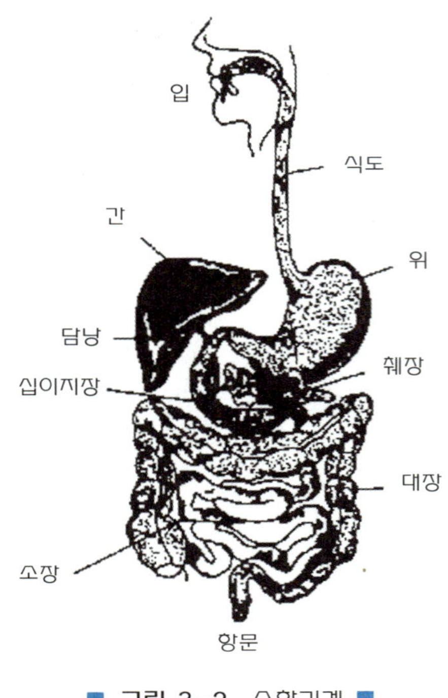

■ 그림 3-2　소화기계 ■

위궤양

위액에는 강산성의 위산과 단백질을 소화하는 펩신이 들어 있지만 정상일
때는 자신의 위점막을 손상시키지 않는다. 이것은 위벽에서 분비되는 점액물
질이 위벽을 싸고 있고 단백질 소화효소인 펩신이 불활성형인 펩시노겐의 형
태로 분비되기 때문이다. 그러나 어떤 이유에 의해서 위점막의 이러한 저항
성이 저하되면 위액의 소화효소가 자신의 위를 손상시키게 된다. 즉 위궤양
은 위액의 소화작용에 대한 위점막의 저항성이 떨어져 발생한다.

위궤양의 발생원인은 현대의 급박한 생활환경에서 오는 스트레스가 가장
큰 원인으로 보이며, 그 다음으로는 식생활을 들 수 있다. 식생활 중에서는

우선 불규칙한 식사, 충분히 씹지 않고 삼키는 급한 식사습관, 카페인이 든 음료나 술의 과다섭취, 지나친 향신료의 사용, 외식 등에 의한 과식과 편식에 의한 영양소 섭취 불균형 등을 들 수 있다. 그외에 해열제, 항생제 등의 약물 남용이나 지나친 흡연 등도 원인이 된다.

위궤양의 자각증상은 신트림이 자주 나오고 위가 더부룩하며, 식후 1~3시간이 지나면 위가 쓰리고 아픈 증상이 나타나는 것이다. 또한 공복시나 야간에 위가 바늘로 찌르는 것 같이 아프며, 가슴이 쓰리고 아프기도 한다. 심해지면 혈변이나 천공이 생겨 위험하게 되기도 한다.

1 위궤양의 식사요법

위궤양은 적절한 약물요법과 함께 식사요법을 잘 실시해야 한다. 출혈이 없는 위궤양의 식사요법의 원칙은

① 위 운동을 억제하면서 소화가 잘 되는 음식

② 위산분비를 자극하지 않는 식품과 조리법의 사용

③ 위산을 중화시킬 수 있는 식품의 사용

④ 상처의 회복을 촉진시킬 수 있는 식품의 사용

등이다.

응급시의 대표적인 궤양식이는 Sippy식으로 아침기상 후부터 취침 전까지 매 시간마다 우유와 크림 혼합물을 주고, 그 사이에 중화제를 주어 위산을 중화, 희석시키는 요법이다. 이 식이는 위산의 중화와 희석에는 효과적이나 많은 알카리약제의 사용과 환자가 안정을 취할 수 없다는 단점 때문에 현재에는 이 식이를 보완한 단계식을 쓰고 있다. 그러나 최근의 연구들에 의하면 위궤양 환자에게 무자극적인 유동식을 공급하기보다는 환자가 소화할 수 있는 범위내에서 자유롭게 식품을 선택할 수 있도록 하는 것이 바람직하다고 한다.

일반적으로 위궤양 환자에게는 병의 회복단계에 따라 표 3-4와 같은 4단계 무자극식을 공급한다. 또한 어느 정도 회복된 위궤양 환자는 연질 무자극식 (완화식)을 주는데 이것은 4단계식의 제 3단계에 해당되며 식품의 선택시 주의할 점은 다음의 표 3-5과 같다.

■ **표 3-4** 4단계 무자극식 ■

제 1 단계	제 2 단계	제 3 단계	제 4 단계
1시간마다	2시간마다	6회 식사 또는, 3회 식사와 중간식	일 반 식
우 유 크 림	우　유 크　림 버　터 달　걀 치　즈 미　음 토스트, 크래커 감　자 약산미과즙	우　유 크　림 버　터 달　걀 치　즈 흰　죽 토스트, 크래커 감　자 약산미과즙 삶은 과일 부드러운 채소 닭 고 기 생　선	우　유 크　림 버　터 달　걀 치　즈 흰밥, 국수 빵, 크래커 감　자 과　즙 과　일 채　소 생　선 쇠 고 기

(모수미, 식사요법, 1986)

■ **표 3-5** 회복기 궤양환자를 위한 허용식품과 금지식품 ■

	허 용 식 품	금 지 식 품
곡　류	정제된 곡류: 쌀밥, 죽, 정제된 밀, 비스켓, 감자, 부드러운 삶은 콩종류	통밀, 겨, 종자류, 견과류, 통낟알이나 현미, 건조시킨 콩류, 팝콘, 팥 등의 잡곡류
육　류	육류, 생선, 가금류, 달걀류	금지된 향신료로 조미된 육류
국·수프	허용된 채소로 된 국이나 크림수프	진한 고기국
채　소	통조림, 조리, 또는 냉동한 것이나 생것의 약한 향의 채소류(씨나 거친 섬유질이 없는 것)	강한 향의 채소, 섬유질이 많은 채소
우　유	우유, 두유	
과　일	통조림, 조리한 것, 과일주스, 시지 않은 과일(씨, 껍질 제거한 것)	허용식품 이외의 것
당　류 후 식 류	금지식품 이외의 것	쨈, 마말레이드, 초콜릿, 견과류가 들어간 캔디
음　료	차, 곡류 음료, 카페인이 제거된 커피	탄산수, 커피, 수정과, 식혜
기　타	간장, 소금, 버터, 마가린, 식용유, 설탕, 된장, 마요네즈	고춧가루, 후추, 겨자, 파, 마늘, 카레, 매운 김치

* 금지식품이라도 적응 정도에 따라 사용할 수 있다.(대한 영양사회, 1992)

① **곡류** : 정제하지 않은 곡류나 팥과 같은 잡곡류로 만든 음식은 죽의 형태라고 할지라도 주지 않는다. 죽은 수분이 많고 소화가 잘 되는 음식이므로 환자에게 좋으나 기름기 많은 견과류나 섬유소가 많은 채소류를 넣은 것은 피한다. 떡이나 떡국, 국수, 수제비 및 라면 등은 조직이 치밀하여 소화하기 어려우므로 피한다. 빵은 정제된 밀가루로 만든 것을 토스트하여 버터나 마가린을 발라준다. 잼이나 마말레이드, 땅콩버터 등의 사용은 금한다. 고구마는 섬유질이 많으므로 피하고, 감자는 튀기는 조리법을 제외하고는 모두 사용할 수 있다.

② **육류** : 지방이나 결합조직이 많은 부위의 육류는 소화하기 힘들기 때문에 연한 부위의 살코기를 사용한다. 불고기나 양념구이 등은 많은 양의 향신료에 의해 위산분비가 자극되므로 편육이나 영계백숙 등의 조리법을 사용한다. 햄이나 소세지같은 훈제식품, 기름에 튀기거나 볶은 육류요리는 피하도록 한다.

③ **국 및 수프** : 쇠고기나 멸치는 오래 끓이면 엑기스 성분이 많이 우러나와 위산분비를 촉진하므로 진한 고기국물이나 멸치국물은 좋지 않다. 고추장을 사용한 찌개나 토마토를 많이 넣은 수프 등도 금지한다.

④ **채소** : 섬유질이 많은 채소나 강한 향의 채소를 피하고 부드러운 채소로 익혀준다. 즉 섬유질이 많은 고사리, 고비, 콩나물, 더덕, 도라지, 배추, 고추잎, 무말랭이 등과 미나리, 파, 마늘, 생강, 고추, 샐러리, 파슬리 등의 강한 향의 채소를 피하고, 시금치, 상추, 근대, 연한 당근, 애호박, 여린 완두콩 등을 부드럽게 익혀서 사용한다. 토마토는 유기산이 많으므로 사용에 주의를 요한다.

⑤ **지방** : 기름에 튀기거나 많은 양의 기름에 볶는 조리법은 피하도록 하며, 버터나 마요네즈 등 유화된 지방을 적절히 사용하면 위산의 분비와 위 운동을 억제할 수 있다. 견과류나 양념을 많이 한 샐러드 드레싱은 위산분비를 자극하므로 피한다.

⑥ **우유** : 우유나 두유는 위산을 중화하므로 오래 전부터 권장되어 온 식품이다. 그러나 우유에는 단백질 함량이 높기 때문에 이것의 소화를 위해 위산분비가 촉진되므로 한꺼번에 많이 마시지 말고 소량씩 여러 번

마시는 것이 효과적이다.

⑦ **과일** : 산미가 강한 귤, 자두, 살구, 포도 등과 건포도, 곶감, 대추 등의 말린 과일, 섬유소가 많은 참외, 파인애플, 배 등과 농축시럽으로 저장된 과일 통조림은 위벽을 자극하므로 위궤양 환자에게는 적당치 않다. 따라서 시지않은 사과, 잘 익은 복숭아나 바나나 등을 줄 수 있다.

⑧ **당류 및 후식류** : 농축된 당은 위액분비를 촉진하므로 잼, 젤리, 마말레이드, 시럽 등을 피한다. 따라서 설탕이 많이 들어간 캔디, 초콜릿, 도라지 정과 등도 피한다. 기름에 튀기거나 시럽에 조리한 도넛, 파이, 새우깡, 약과, 강정, 양갱, 땅콩쿠키, 팝콘 등과 팥이나 견과류가 든 과자 등은 위벽을 자극하므로 피한다.

⑨ **음료** : 탄산음료나 커피, 술은 위벽을 자극하므로 금한다. 식혜나 수정과도 설탕, 생강, 또는 곶감 등이 들어가므로 피하고, 인삼차, 생강차, 오미자차 등은 위산분비를 촉진시키므로 주의한다.

⑩ **기타** : 위벽을 자극하는 강한 향신료와 식초가 든 향신료의 사용은 금한다. 즉 고춧가루, 후추, 겨자, 고추냉이(와사비), 카레, 우스타소스, 프렌치드레싱 등을 사용하지 말고 계피나 정향 등 부드러운 향신료를 사용한다.

변 비

변비란 어떤 이유로든 간에 대변이 결장에 정상시간 이상을 머물러 있게 되는 증상을 말한다. 일반적으로 배변은 하루 한 번이지만 사람에 따라서는 2~3일에 한 번이 정상인 경우도 있다.

변비의 원인은 많지만, 바쁜 현대인의 생활양식과 스트레스 및 나쁜 식습관이 문제가 된다. 즉 변은 아침식사 후에 가장 많이 일어나지만 등교나 출근시간 등에 쫓겨 제시간에 배변하지 못하는 경우나, 직업에 따라 때 맞춰 화장실을 가지 못하거나 하루종일 앉아서 근무하는 사람, 여행지에서, 또는 공공건물에서 불결한 화장실을 사용하기 싫어서 배변을 억제하면 변비가 되기 쉽다. 그러나 가장 중요한 원인은 나쁜 식습관이다.

변비에는 이완성 변비와 경련성 변비가 있다. 이완성 변비는 직장이 이완되어 배변을 위한 장의 운동이 느려져 변이 모여 있게 되는 것이다. 이런 현상은 운동신경이 약화되는 노인들이나 폐질환 등 열이 나는 경우, 수술 등으로 오랫동안 누워 있는 상태나 임신 등에 의해 일어나기도 하지만, 정상인에 있어서는 부적절한 식품의 섭취, 식사시간의 불규칙 및 변의의 억제 등이 원인이다.

경련성 변비는 이완성 변비와는 반대로 대장이 과민상태가 되어 불규칙한 수축을 하게 되므로 복통과 메스꺼움을 느끼기도 하며 변비와 설사가 번갈아 일어난다. 경련성 변비의 주원인은 지나친 긴장이나 불안, 과로 등이며 커피, 콜라, 술, 홍차, 녹차 등을 많이 마시거나 설사약이나 항생제 등을 과용했을 때에도 일어난다. 따라서 경련성 변비는 이완성 변비와는 반대로 장을 휴식시켜야 한다.

이완성 변비는 대변이 단단하고 굵은 것이 특징이고, 경련성 변비는 염소똥 같이 작은 덩어리로 나오거나 가늘고 묽은 대변이 나오는 것이 특징이다.

일반적으로 변비라고 말하는 것은 이완성 변비가 대부분이다.

■1 이완성 변비의 치료

이완성 변비의 최근 치료 경향은 규칙적인 식사, 충분한 섬유질과 수분의 공급, 긴장 완화 및 운동을 적절히 배합하도록 하는 것이다. 변비약은 특별한 경우 일시적으로 사용하는 것은 괜찮으나 지속적으로 사용하면 장점막이 불감성이 되어 변비약의 자극없이는 배변하기 어려워진다. 따라서 변비약의 남용을 삼가고 규칙적인 배변습관과 함께 올바른 식사요법을 행해야 한다.

변비증을 완화하기 위해 사용하는 식품들은 다음과 같다.

① **섬유질이 많은 식품** : 섬유소는 채소, 과일, 해초류, 두류 및 전곡류 등에 많이 포함되어 있다. 섬유질은 체내에서 소화되지 않고 부피를 주어 장의 연동운동을 촉진시키므로 섬유질이 많은 음식을 섭취하는 것이 좋다.

② **난소화성 다당류가 많은 식품** : 곤약에 들어있는 글루코만난(glucomannan), 해초로 만든 한천에 들어있는 아가로즈(agarose)와 아가로펙틴(agaropectin), 사과나 딸기 등의 과일에 들어있는 펙틴(pectin), 감자, 고구

마나 밤 등에 들어있는 난소화성 다당류들은 보수성이 높으므로 부피가 커져서 장연동운동을 촉진시킨다.

③ **당분과 유기산이 많은 식품** :　과일주스, 꿀이나 요구르트 등은 당분과 유기산이 많아 장벽을 자극하여 배변을 원활하게 한다.

④ **지방** :　지방은 윤활작용을 하며, 지방산은 장벽을 자극하여 연동작용을 돕는다. 그러나 위장장애가 있는 사람은 튀기거나 지나치게 많은 지방의 사용을 금한다.

⑤ **향신료** :　식초나 고추, 후추, 고추냉이, 겨자 등 적당량의 향신료는 연동작용을 활발하게 한다.

⑥ **서양자두(prune)** :　서양자두에는 이사틴(dihydroxyphenyl isatin)이란 약리 성분이 있어서 배변작용을 촉진시키므로 서양에서는 노인들의 민간요법으로 많이 사용하고 있는 과일이다.

⑦ **우유와 탄산음료** :　우유 및 유제품에는 섬유질은 적지만 변의 용적을 증가시키는 잔사물이 많으므로 변비에 좋다. 사이다나 맥주 등에는 탄산가스가 들어 있으므로 변비에 도움이 된다.

⑧ **피하여야 할 식품** :　탄닌산이 많이 들어있는 식품, 즉 쑥으로 만든 쑥떡이나 애탕국, 산나물류, 홍차나 녹차, 커피나 코코아, 감, 송화다식, 바나나, 덜익은 과일류나 적포도주 등을 많이 먹으면 변비에 걸리므로 피한다.

❷ 경련성 변비의 치료

경련성 변비는 대장이 과민하여 경련을 일으키는 것으로 기계적 자극이나 화학적 자극이 적은 식품을 선택한다. 따라서 환자의 상태에 따라 다르겠지만 섬유질이 적고 자극이 적은 저섬유, 무자극식을 택한다.

채소는 연한 것으로 선택하고, 섬유질이 많거나 산미가 강한 과일은 피하며, 자극성이 강한 고추, 후추, 생강, 고추냉이 및 겨자 등의 향신료 사용을 제한한다. 또한 카페인이나 알코올 성분이 많은 음료나 탄산가스 음료 등은 장을 자극하므로 금하거나 소량 사용한다. 지방은 소화흡수가 좋도록 유화된 지방을 적당량 사용한다.

3. 신장 질환

　신장은 척추의 좌우측에 한 개씩 있는 강낭콩 모양의 장기로, 체내에서 대사되고 남은 불필요한 물질을 여과하여 오줌을 만들어 몸밖으로 배설하고, 산·염기의 평형을 조절하며, 수분과 전해질의 균형을 유지하여 혈압을 조절한다. 또한 비타민 D를 활성화하여 칼슘의 재흡수에 관여하고 조혈작용도 돕는다. 신장은 한 개에 100만개가 넘는 네프론(nephron)이라는 신단위로 구성되어 있고, 이 네프론은 Bowman씨 주머니로 둘러싸인 사구체(glomerulus)와 세뇨관으로 이루어져 있다.

　사구체는 신장으로 들어오는 가는 동맥과 신장에서 나가는 가는 정맥이 구형으로 구부러져 있으며, 이곳을 통과하는 혈액 중 인체에 필요한 물질인 물, 포도당, 아미노산, 나트륨(Na^+), 칼륨(K^+), 염소(Cl^-), 중탄산이온(HCO_3^-) 등의 전해질은 재흡수되고, 요소, 요산, 암모니아나 크레아틴 등은 오줌으로 배설된다.

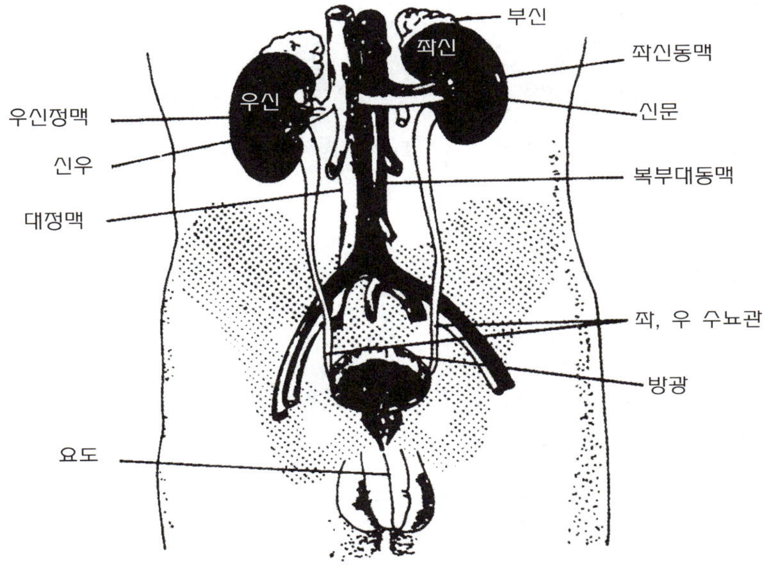

■ 그림 3-3 신 장 ■

사구체에서는 하루에 160~180 ℓ 의 혈액을 여과하여 1~1.5 ℓ 의 오줌을 만든다. 그러므로 신장이 어떤 이유로는 제기능을 발휘하지 못하면 오줌 생성량이 적어지므로 혈액 내에 노폐물이 쌓이고, 재흡수되어야 할 단백질이나 혈액 등이 뇨로 나와서 체내의 수분과 전해질의 균형이 깨져 부종과 고혈압 등의 증상이 나타난다.

신장병은 그 종류가 많고 증상과 예후가 각기 다르므로 환자의 상태에 따라 치료법에 차이가 있다. 여기에서는 크게 신장염(급성·만성신장염), 신증후군, 신부전으로 나누어 생각해 보기로 한다.

 신장염(사구체 신염)

신장염은 염증이나 퇴행성 변화 때문에 신장기능이 저하되는 것을 말하며 주로 사구체 신염을 말한다. 신장염은 급성과 만성이 있으며 급성신장염은 감기, 편도선염, 중이염 등의 세균이나 바이러스 감염에 의하거나 세균독소에 의한 항원항체반응에 의해 갑자기 발생한다. 신장기능이 갑자기 저하되므로 두통, 메스꺼움, 피로감, 부종 등의 요독증과 혈뇨 및 부종 등이 나타난다. 만성신장염은 급성신장염을 완전히 치료하지 못하거나 그외 여러 원인에 의하여 점차 병이 진행되어 만성이 되고, 따라서 단백뇨, 부종, 고혈압 등의 증세가 나타나다가 구토, 토기, 설사, 두통, 혼수 등의 요독증 증세가 나타난다.

신장염의 식사요법

급성신장염은 안정과 함께 식사요법을 행해야 한다.

① 열량은 제한하지 않는다.
② 발병초기 며칠간 오줌이 나오지 않을 때는 단백질을 제한하고, 그 이후는 점차 증가시켜 정상으로 공급한다.
③ 탄수화물과 지방은 신장에 부담을 적게 주므로 충분히 취하여 열량을 높이도록 한다.
④ 부종이나 고혈압이 있는 경우는 나트륨(Na)을 제한(1일 2,000㎎ 이하 : 소금으로 약 4g 이하)한다.

⑤ 오줌이 거의 나오지 않을 경우는 혈중 칼륨(K)이 상승하므로 칼륨이 많
은 식품을 제한한다.

⑥ 물은 전날 소변량 만큼만 섭취한다.

만성신장염은 급성신장염에서 이행하는 경우를 제외하고는 신장기능의 저
하가 많지 않으므로 급성신장염 보다는 식사제한이 엄격하지 않다.

① 단백질은 적정량(1일 필요량 60~70g + 소변으로 배설되는 양)을 섭취
하여 체조직의 손실을 막는다.

② 부종이나 고혈압이 있는 경우는 나트륨을 제한(1일 2,000㎎ 이하)한다.

③ 물은 전날 소변량에 불감증발대사수 정도인 500㎖을 더한 양을 공급한다.

 신증후군(Nephrotic Syndrome)

신증후군은 일명 Bright씨병이라고도 알려진 신장병으로서 신사구체와 세
뇨관이 퇴행성 변화를 일으켜 많은 증세를 나타낸다. 이 병의 특징은 혈장단
백질의 심한 손실, 즉 오줌으로 단백질이 많이 나옴으로써 저알부민혈증과
이로 인한 부종이 나타나고, 혈청지질이 증가하여 고지혈증이 나타난다. 원인
은 불분명하지만 만성신장염에 걸렸을 때, 결핵·말라리아 등 열병에 걸렸을
때, 당뇨병, 임신중독 등에 걸렸을 때 함께 나타난다.

신증후군의 식사요법

① 소변으로 손실된 단백질(알부민)을 보충해 주는 것이 중요하므로 고단
백식사(1~3g/체중㎏/일)와 함께 충분한 열량(35~50kcal/체중㎏/일)을 공급한다.

② 부종이 오므로 나트륨은 1,000~2,000㎎(소금으로 2~4g/일) 정도로 증
세에 따라 제한한다.

③ 고지혈증이 나타나므로 지방을 많이 섭취하지 않도록 하며 콜레스테롤
이 많은 식품을 피하고 식물성 기름을 사용하도록 한다. 탄수화물의 섭
취에 있어서도 단순당 보다는 복합당(전분)이 많이 함유된 곡류나 서류
를 먹도록 한다.

 만성신부전

만성신부전은 만성신장염, 신증후군, 신우신염, 당뇨병성신증, 신경화증 및 여러 질병으로 인해 신장기능이 극도로 저하된 상태로써, 이 병이 진행되면 요독증이 일어나 치명적인 상황에까지 이르게 된다. 증세로는 부종, 고혈압, 단백뇨 뿐만 아니라 요독증이 나타나 전신권태, 식욕부진, 구토, 토기, 설사가 생기다가 혼수상태까지 가게 된다. 또한 빈혈, 영양결핍, 혈중 칼슘의 저하로 인한 골질환과 부갑상선항진증 등이 온다. 치료방법은 신부전의 진행을 늦추기 위한 보전적 식이요법(고식적 요법)과 투석(혈액투석과 복막투석) 및 신장이식 수술 등이 있다. 투석이란 인공적으로 혈액과 같이 만든 액을 혈관이나 복막에 엷은 막을 통해 접촉시켜, 혈액 속에 있는 노폐물을 이 액으로 이행시키고, 부족한 물질을 혈액 속으로 이행시키는 방법이다.

만성신부전의 식사요법

식사요법의 목적은 환자에게 가능한 좋은 영양상태를 유지시켜 질병의 악화를 막고 요독증과 대사이상을 완화시키는 데 있다.

① **열량** : 정상적인 활동 및 정상체중을 유지하기 위해 충분한 열량섭취가 중요하다. 열량섭취가 부족하면 활동을 위한 에너지를 얻기 위해 체지방 뿐만 아니라 체단백질도 분해하여 에너지를 내기 때문에 단백질 분해산물(요소 등)의 생성이 많아져 병이 악화된다. 표준체중 kg당 35~40kcal/일이 필요하다.

② **단백질** : 체조직을 유지하고 보수하는데 사용된 단백질의 대사산물인 요소, 요산, 크레아티닌 등은 신장을 통해 소변으로 배설되는데 신부전이 일어나면 이러한 물질들이 소변으로 배설되지 못하고 혈액내에 축적되게 된다. 이때 메스껍고 토하고 피로감을 느끼며 심하면 혼수가 오는 요독증을 나타낼 수 있다. 따라서 투석을 하지 않을 때는 단백질을 제한해야 한다. 보전적 요법에서는 신장기능, 즉 creatinine 제거율에 따른 단백질량에 뇨중 배설되는 단백질량을 합하여 체중 kg당 0.55~0.6g/day로

제한한다. 투석에서는 질소평형을 유지하고 투석시 손실되는 양을 고려하여 혈액투석시는 체중 kg당 1~1.2g/day, 복막투석시는 체중kg당 1.2~1.5g/day을 준다. 단백질은 질 좋은 단백질, 즉 생물가가 높은 단백질을 70% 이상 공급하는 것이 좋다.

③ **나트륨과 물** : 신부전 초기에는 신장이 소변을 농축시키지 못해 많은 양의 나트륨과 물을 배설해 버리므로 보충이 필요하지만, 일단 오줌량이 적어지거나 잘 나오지 않으면서 부종, 고혈압, 심부전 등이 생기며 나트륨과 물을 제한해야 한다. 고식적 요법에서는 1,000~2,000㎎/day(소금으로 2~4g)의 나트륨을 증상에 따라 주며, 수분은 조절능력에 따라 1,500~3,000㎖/day까지도 허용한다. 투석은 보전적 요법보다 나트륨의 제한이 적고, 그중에서도 복막투석이 혈액투석보다 나트륨과 물의 사용이 자유롭다. 혈액투석은 소금으로 4~6g/day 정도의 나트륨을 공급할 수 있고 복막투석은 소금으로 10g/day을 공급할 수 있다. 물에 있어서 혈액투석시는 전날 소변량에 500㎖를 더한 양으로 제한하고, 복막투석시에는 2,000㎖/day 정도로 제한한다.

④ **칼륨** : 칼륨은 에너지대사, 단백질 합성 등에 촉매제로써 작용하기도 하고 세포 외액에 존재함으로써 근육의 운동, 특히 심장근에 중요하다. 이러한 칼륨이 신부전으로 인하여 필요이상 체내에 축적되면 심장부정률이나 심박동정지 등이 일어나 생명의 위험을 초래할 수도 있다. 칼륨은 거의 모든 식품에 들어 있지만 육류, 채소, 과일, 우유, 견과류, 콩, 팥, 밤 등에 많이 들어있으므로 이러한 식품들을 제한한다. 칼륨은 수용성이므로 물에 담그거나 데쳐서 헹구는 등의 조리법을 사용하면 좋으나 이때 수용성 비타민도 함께 손실되므로 수용성 비타민제의 보충이 필요하다.

⑤ **칼슘과 인** : 신장의 배설기능 저하로 인하여 인이 체내에 축적되면 칼슘의 상대적 비가 떨어져 뼈로부터 칼슘이 유출되고 PTH(부갑상선호르몬)의 분비가 촉진되므로 골질환이나 갑상선 기능항진증 등이 올 수 있다. 따라서 약제를 써서 인은 대변으로 배설시키도록 하고, 칼슘은 공급할 필요가 있다. 인은 대개 800~1,200㎎/day로 제한하고, 칼슘은 1.5~2g/day로 공급한다.

4. 심장순환계 질환

고혈압, 동맥경화, 고지혈증, 울혈성심부전, 심근경색증 등 심장과 혈관에 이상이 생겨 혈액이 원활하게 흐르지 못하여 생기는 질병을 심장순환계 질환이라 한다.

심부전

심부전은 고혈압, 관상동맥경화증, 심근경색, 판막증 등 심장구조의 이상에서 오는 것과 빈혈, 각기나 바세도우씨병 등으로 인한 심근 이상에서 오는 경우가 있다. 심부전이 만성화되면 심장의 수축력이 떨어져 여러 기관에 혈액이 고이게 되는데, 이것을 울혈성 심부전이라 한다. 좌심부전이 일어나면 폐울혈이 일어나 발작적인 호흡곤란이 오게 되고, 우심부전이 일어나면 정맥울혈에 의한 소화장애, 간울혈에서 오는 간종대, 부종, 복수 등의 현상이 일어난다. 이러한 현상은 심장이 약해져서 울혈이 생기면 유출 혈액량이 감소한다.

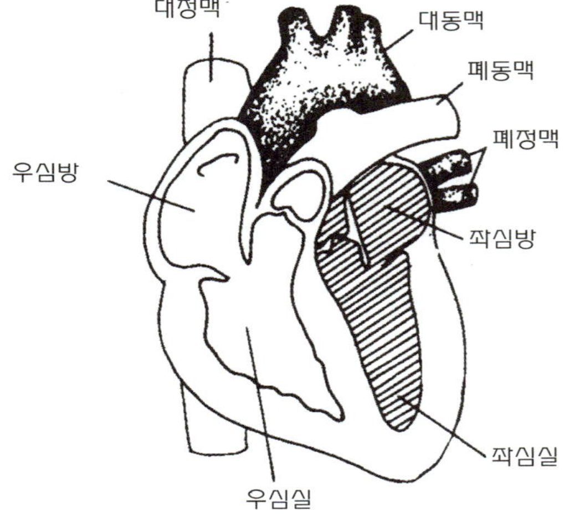

■ 그림 3-4 심 장 ■

　따라서 사구체를 통과하는 혈액량도 감소하지만 흡수능력은 정상이므로 나트륨과 물의 재흡수비율은 상대적으로 높아지게 되어 조직내에 고이게 되므로 부종이 온다. 또한 모세혈관에서도 정맥의 압력이 상승되므로 혈관으로 수분이 들어오기 힘들게 되는 것도 부종의 한 원인이다. 우심부전에 걸려 간울혈이 일어나면 문맥순환이 나빠지고 문맥압이 상승하여 복강으로 액체가 삼출되어 복수가 생긴다.

　따라서 심부전 환자는 강심제를 사용하여 심장운동을 촉진시키는 것과 함께 과로를 피하고 규칙적인 생활을 하면서 적절한 영양섭취를 통해 심근을 강화시켜야 한다.

심부전의 식사요법

심부전 환자는 과식을 피하고 소량씩 여러번 먹는 습관을 길러야 한다.

① **열량** : 심부전 환자는 비만이 되면 그만큼 심장에 부담을 주게 되므로 표준체중을 유지하도록 노력해야 한다. 비만자가 체중이 감소하면 혈압 강하, 맥박수 감소, 산소소비량이 감소하여 심장의 부담이 크게 줄어든다. 따라서 저열량식을 행한다.

② **단백질** : 근을 튼튼히 하기 위하여 양질의 단백질을 정상인과 같이 체중kg당 1~1.5g/day을 준다.

③ **지방** : 지방은 열량이 높으므로 과식하지 않도록 한다(총열량의 20~25%). 불포화지방산이 많은 식물성 기름을 사용하고 콜레스테롤을 많이 함유한 식품의 사용을 제한한다.

④ **탄수화물** : 단순당이 많은 탄수화물의 사용을 피하고, 섬유질이 많은 고구마, 채소나 과일류도 장내가스를 발생시켜 심장을 자극하므로 그 양을 제한한다.

⑤ **나트륨** : 울혈성 심부전 환자는 증상에 따라 나트륨을 제한해야 한다. 소금 1g에는 약 390㎎의 나트륨이 있으므로 식탁에서 사용하는 소금의 양과 식품 중에 함유되어 있는 나트륨의 양을 계산해서 식단을 작성해야 한다. 환자에 따라서 최저나트륨식(200~400㎎), 저나트륨식(600~1,200

mg), 중간나트륨식(2,000~3,000mg) 등을 준다. 식염의 사용량은 개인의 식습관에 따라서 달라 갑자기 극단적인 저염식을 행하는 것은 식욕감퇴를 일으킬 수 있으므로 단계적으로 끈기있게 노력할 필요가 있다.

⑥ 물 : 과거에는 물도 제한했으나 위중한 시기를 제외하고는 적당량의 수분섭취가 나트륨의 배설을 촉진하므로 물의 섭취량은 제한하지 않는다.

 고혈압

혈압이란 혈관내에서 혈액이 흐를 때 혈관벽에 나타나는 압력을 말하며, 일반적으로 혈압이라 하면 동맥혈압을 말한다. 혈압은 심장이 수축할 때의 혈압인 최대혈압과 확장할 때의 혈압인 최소혈압을 측정한다. 혈압은 늘 일정하지는 않다. 건강한 사람에 있어서의 혈압도 아침에는 낮고 오후에는 높아지며, 운동, 식사나 추위 등으로 올라가고 잠을 자면 떨어진다. 또한 나이가 많아질수록 혈압은 상승하고, 폐경 이전의 여성은 남성보다 혈압이 낮으나 폐경 이후(갱년기)에는 남성보다도 급격히 높아지는 경향이 있다. 세계보건기구(WHO)에서 정한 혈압의 기준은 다음과 같다.

■ **표 3-6** 세계보건기구(WHO)에서 정한 혈압의 기준 ■

	최대혈압	최소혈압
고 혈 압	160mmHg 이상	95mmHg 이상
경계고혈압	140~159mmHg	90~94mmHg
정상혈압	139mmHg 이하	89mmHg 이하

혈압은 보통 상박동맥에서 측정한 혈압을 말하며, 정상 성인의 평균은 최대혈압이 120mmHg, 최소혈압이 80mmHg이다. 어떤 원인이든 간에 혈압이 높아져서 정상치로 내려가지 않으면 고혈압이라 한다.

고혈압에는 본태성 고혈압과 속발성 고혈압이 있다. 속발성 고혈압은 신장병, 부신의 이상 등 병의 원인이 뚜렷하므로 원인을 치료하면 치료가능한 고혈압이지만, 본태성 고혈압은 그 원인을 잘 모르므로 정신적 안정, 약물요법과 식사요법 등을 통해 조절한다. 보통 발생하는 고혈압의 85~90%가 본태성 고혈압이다. 고혈압의 원인은 유전, 정신적 스트레스, 나트륨의 섭취과다, 비만 및 운동부족 등을 들 수 있다. 고혈압은 처음에는 자각증상이 나타나지 않으나 어느 정도의 기간이 지나면(몇 달, 혹은 몇 년) 두통, 이명(귀울림), 어지러움과 숨이 차는 현상이 생기고, 심해지면 뇌졸중으로 인해 중풍이 오거나 심부전증 또는 신부전증 등으로 인해 사망하게 된다. 따라서 고혈압 환자는 약물요법과 식사요법을 꾸준히 시행해야 한다.

고혈압의 식사요법

① **열량** : 본태성 고혈압 환자는 비만인 경우가 많다. 따라서 섭취열량을 제한하여 정상체중을 유지하도록 하는 것이 중요하다. 체중이 감소되면 혈압도 낮아지므로 단계적 감량식으로 천천히 체중을 감소시킨다.

■ **표 3-7** 저염식사의 허용 식품과 제한 식품 ■

식사의 종류	허 용 식 품	제 한 식 품
곡 류	쌀, 보리, 조, 옥수수, 감자, 고구마 등. 소금을 넣지 않은 곡류	소금을 넣고 조리한 곡류
빵 류	제한식품 이외의 모든 식품	소금, 베이킹파우더, 소다를 넣어 만든 빵
국종류	소금, 된장, 해조류, 소금간을 하여 말린 생선 등을 넣지 않은 국	소금, 된장, 해조류, 멸치를 넣은 것
고 기 생선류	쇠고기, 돼지고기, 간, 신선한 생선, 소금을 안 뿌리고 말린 생선 등	통조림, 소금에 절인 고기나 생선, 베이컨, 햄, 장조림, 졸인 생선이나 치즈 등
달 걀	제한식품 이외의 모든 식품	소금을 넣은 달걀요리
채소류	소금을 넣지 않고 조리한 신선한 채소류	김치, 깍두기, 장아찌, 통조림채소, 해조류
지방류	참기름, 식물성 기름	버터, 마가린
과일류	신선한 것은 무엇이든지	과일 통조림
당 류 후식류	흰설탕, 흑설탕, 잼, 젤리, 커스타드 푸딩	케이크, 베이킹파우더, 소다를 넣은 과자
음료수	우유, 과즙, 보리차, 홍차, 커피, 탄산음료수	통조림에 소금이 들어있는 채소즙(채소주스, 토마토주스)
기 타	고추, 후추가루, 식초, 겨자 등의 양념을 사용한 것	마요네즈(소금을 넣은 것), 화학조미료

* 자연식품 중에서 염분함량이 많은 식품은 소의 콩팥, 심장, 뇌 등의 내장류와 조개, 새우, 게, 해삼 등의 해산물이다(대한영양사회, 1995).

■ **표 3-8** 소금 1g에 해당하는 염분량 ■

식 품 명	중 량(g)	목 측 량
소 금	1	½ 작은술
진 간 장	5	1 작은술
우 스 타 소 스	10	2 작은술
된 장	10	½ 큰술
고 추 장	10	½ 큰술
마 요 네 즈	40	2 큰술
토마토케찹 · 마가린 · 버터	30	2 큰술

② **식염제한** : 식염섭취의 제한이 고혈압과 심장병 환자에게 필요하다는 것은 이미 잘 알려져 있다. 혈압을 상승시키는 작용은 소금 중에 들어있는 나트륨이며, 나트륨은 소금뿐만 아니라 육·어류나 채소류에도 들어 있으므로 고혈압 환자는 소금은 물론 나트륨이 함유된 식품의 섭취도 줄여야 한다. 고혈압 환자는 의사의 처방에 따라 나트륨을 섭취하여야 하나, 대한 영양사회에서는 일반적인 저염식사에서 허용하는 식품과 제한하는 식품을 표 3-7과 같이 권장하고 있다.

③ **동물성 지방 및 콜레스테롤** : 비만이면서 고혈압인 사람은 동맥경화증 및 고지 혈증의 발병 위험이 높으므로 포화지방산과 콜레스테롤 함량이 높은 육류, 해산물, 달걀 및 동물성 기름의 사용을 줄이고 식물성 기름의 사용을 늘린다.

④ **술** : 술과 고혈압과의 관계는 분명하지 않지만, 애주가에게 고혈압이나 뇌졸중의 발생빈도가 높다는 것과 알코올이 위나 간에 미치는 영향이나 체중 증가와의 관계 등을 고려할 때 제한할 필요가 있다. 대한 영양사회 (1992)에서는 다음과 같이 술의 양을 제한할 것을 권장하고 있다.

■ **표 3-9** 고혈압인에게 위험한 알코올량(이 양까지 마실시 위험) ■

청 주	50cc ×	3.5잔		막 걸 리	300cc ×	2사발
맥 주	200cc ×	3.5잔		양 주	30cc ×	2.5잔
포 도 주	50cc ×	4.5잔		소 주	50cc ×	2.5잔

 ## 동맥경화증

동맥경화는 동맥벽이 굳어지는 병으로써 심장순환계 질병의 가장 큰 원인이다. 동맥경화는 그림 3-5와 같이 동맥 내벽에 플라그(plaque)가 축적되어 동맥벽이 굳어지고 동맥내강이 좁아지는 특징을 보인다. 이 플라그가 형성되는 이유는 혈관 내벽의 상처에 의한 것이라는 설명이 가장 잘 알려져 있다. 즉 혈관 내벽에 상처가 생기면 지방물질이 쌓이게 되고 이 상처부위를 보호하기 위하여 혈소판이 모여 플라그를 이루면서 동맥내벽이 점점 두꺼워지고 딱딱해진다는 것이다. 이렇게 플라그가 계속 형성되면 동맥내강은 점점 좁아지고 급기야는 막혀서 혈액이 통과할 수 없게 되므로 그 주위의 다른 혈관쪽으로 압력이 가해져 혈관이 터지거나, 혈액이 공급되지 못한 동맥이나 기관이 죽거나 그 기능을 멈출 수 있다. 인체의 어느 부위나 동맥경화가 일어날 수 있지만 치명적인 영향을 미치는 곳은 뇌와 심장의 두 곳이다. 즉 뇌에 혈액이 공급되지 못하거나 동맥이 터지면 뇌졸중이 일어나고, 심장에 문제가 생기면 심근경색이나 협심증 등이 일어나기 쉽다.

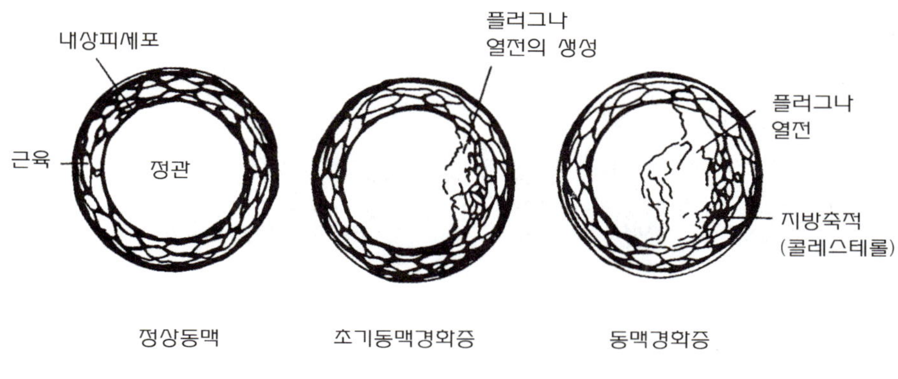

■ 그림 3-5 동맥경화의 진행단계 ■

동맥경화는 실제적으로 사춘기부터 시작하여 일생동안 계속된다. 따라서 동맥경화를 예방하기 위해서는 사춘기 이전부터 생활양식을 바꿀 필요가 있다. 이 병은 유전과 함께 나이가 많아질수록, 여자보다는 남자가, 경제수준이 높아질수록, 공격적 성격의 사람일수록, 또는 동물성 지방이나 콜레스테롤의 섭취가 많은 사람일수록 발병할 확률이 높다고 하지만 그 직접적인 원인으로는 혈중 콜레스테롤의 상승, 수축기 혈압의 상승 및 흡연을 들 수 있다.

1 동맥경화와 혈중 콜레스테롤량

콜레스테롤은 담즙산의 주 구성성분이고 비타민 D의 전구물질이며 에스트로젠(estrogen)이나 테스토스테론(testosterone) 등의 성호르몬과 코르티코스테론(cortico- sterone)이나 알도스테론(aldosterone) 등의 부신피질호르몬의 합성에 필요한 물질이고 세포막을 구성하는 등 우리 몸에 없어서는 안 될 물질이다. 따라서 인체는 간에서 하루 1,500mg 정도를 생합성하고 있다. 그러나 혈중 콜레스테롤치가 높아지면 동맥경화나 관상심장병 등의 발병률이 높아지므로 동맥경화의 위험인자로 지목되어 왔다. 미국 국립보건원에서는 혈액 100㎖당 콜레스테롤 양이 170mg 이하이면 양호하고, 200mg 이상이면 조심해야 할 위험수준으로 정하고 있다.

최근에는 혈중 콜레스테롤치만을 가지고 동맥경화나 관상심장병의 위험을 진단하는 것보다는 혈액 내에서 지질을 운반해 주는 지단백(lipoprotein)의 분포가 더 중요하다고 밝혀지고 있다. 지단백의 조성은 표 3-10과 같다.

■ **표 3-10** 지단백의 조성 ■

지　단　백	지 질 함 량(%)			
	중성지방	콜레스테롤	인지질	단백질 함량
Chylomicrons	85~90	5~8	3~5	2
Very low density lipoprotein (VLDL)	50~60	12~15	18	8~10
Low density lipoprotein (LDL)	9~10	47~50	15~20	22~25
High density lipoprotein (HDL)	5~8	18~20	25~27	46~50

지단백은 식이 중성지방을 소화관에서 간으로 운반해주는 chylomicron과 간에서 세포로 중성지방을 운반하는 VLDL, 간에서 합성한 콜레스테롤을 세포로 운반하는 LDL 및 세포내 콜레스테롤을 간으로 운반하는 HDL로 크게 나누어 볼 수 있다. 지단백질 중 콜레스테롤의 운반을 담당하는 HDL과 LDL의 비가 심장혈관계 질환과 관계가 깊다고 한다. 즉 HDL 콜레스테롤에 대한 LDL 콜레스테롤의 비(LDL-C/ HDL-C), 또는 HDL-C에 대한 총 혈중 콜레스테롤(Total-C/ HDL-C)의 비가 낮아질수록, 다시 말하면 HDL-C가 많아질수록 심장혈관계 질환에 걸릴 위험률은 떨어진다.

❷ 동맥경화와 흡연

최근의 연구들에 의하면, 흡연가(1갑/1일)가 비흡연가보다 관상심장병으로 사망할 비율은 70% 정도 높다고 하며, 매우 심한 흡연가(2갑/1일)는 비흡연가보다 같은 병으로 사망할 위험률이 200배나 높다고 한다. 담배를 태우면 약 2,000가지 이상의 화합물이 발생하는데, 그 중 일산화탄소, 타르 및 니코틴이 심장박동률을 불규칙하게 하고 혈소판의 뭉침을 증가시키며 혈관벽에 산소가 공급되는 것을 감소시킴으로써 콜레스테롤이 동맥벽을 잘 투과하게 만든다고 한다. 또한 흡연은 HDL-C의 양을 감소시킴으로써 관상심장병의 위험률을 높인다고 한다. 담배를 끊은지 약 15년이 경과하면 관상심장병으로 사망할 위험률이 비흡연자와 같아지므로 담배를 끊는 것은 동맥경화증 환자에게 매우 중요한 일이다.

❸ 동맥경화증의 식사요법

심장혈관계 질환의 발병률을 낮추기 위해서 총 혈중 콜레스테롤이나 LDL-C을 낮추거나 HDL-C을 높일 수 있는 방법은 일반적으로 다음과 같이 알려져 있다.

① 콜레스테롤 함량이 높은 식품의 섭취를 줄인다(표 3-11참조).
② 포화지방산 함량이 높은 식품의 섭취를 줄인다.
③ 총열량에 대한 지방의 섭취비율을 줄인다.
④ 불포화지방산 함량이 높은 식품의 섭취를 늘린다.
⑤ 수용성 섬유소가 많이 든 과일, 채소, 콩류 및 곡류 등을 충분히 섭취한다.

⑥ 비만이 되지 않도록 한다.

⑦ 운동을 적절히 한다.

⑧ 담배를 끊는다.

■ **표 3-11** 콜레스테롤 함량에 따른 식품의 분류 ■

구 분	식 품	식품량
콜레스테롤이 많은 식품(100mg 이상)	쇠간, 메추리알(5개), 육류내장	40g
	달걀(달걀 노른자 1개)	50g
	물오징어	50g
콜레스테롤이 중정도인 식품 (50~100mg)	새우(중새우 4마리), 꽁치, 장어, 뱀장어(소 1토막), 미꾸라지	50g
	굴	80g
콜레스테롤이 적은 식품(50mg 이하)	치즈(1.5장), 쇠고기, 돼지고기, 닭고기(살), 햄	30g
	참치, 참도미, 가자미, 칼치(소 1토막)	40g
	게(중 ½마리)	50g
	우유(1컵)	80g
콜레스테롤이 없는 식품(0)	달걀 흰자, 채소, 과일, 식물성 기름, 두부, 콩, 두유 등 기타 모든 식물성 식품	200g

대한 영양사회, 1995

5. 간장 질환

간은 수백만 개의 간소엽이 모여 이루어졌고, 간소엽은 간세포가 일정하게 배열하여 모인 것으로 인체의 간세포수는 약 3,000억 개 이상이 되며, 일단 손상되어도 재생하는 능력이 매우 큰 장기이다.

간의 주된 활동은 소화흡수된 후 문맥을 통해 운반된 영양소를 저장하거나 필요한 부위로 운반하는 것이다. 또 담즙을 만들어 지방의 소화를 돕는 일이나 약물, 또는 몸에 해로운 물질들을 대사하여 해독시키는 일도 간이 하는 일이다. 간에 문제가 생기면 쉽게 피로하며 토기와 구토, 복부팽만감이 오고 손·발바닥에 빨간 반점이 생기거나 눈이나 피부에 황달이 생기기도 한다. 또 오른쪽 상복부에 불쾌감이나 통증이 나타나다가 심해지면 간이 커지며 복

수가 생기고 간성혼수에 이르면 사망하게 된다. 간질환은 종류가 많고 원인
과 증상에 따라 식사요법이 다르므로 여기서는 간염과 간경변증에 대해서만
언급한다.

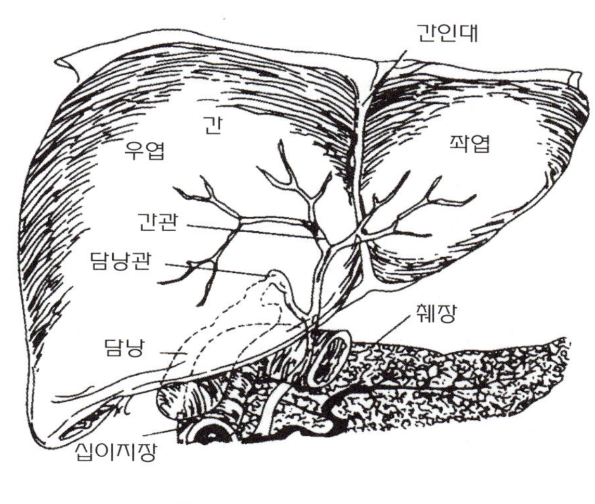

■ 그림 3-6　간 ■

간 염

　간염의 원인은 간염 바이러스, 독소, 유해물질 및 약물의 남용 등이다. 간염
을 유발시키는 바이러스에는 여러 종류가 있지만 일반적으로 A형, B형, 그리
고 A형도 B형도 아닌 non-A non-B형(C형)으로 나뉜다. A형 간염은 A형 바이
러스에 의해 오염된 음식이나 손 등을 통해 경구적으로 전염되는데 비해 B형
바이러스는 주사기, 면도날이나 수혈 등을 통한 보균자의 혈액이나 체액에
의해 감염된다.

　A형 간염은 가을 또는 겨울에 많이 발생하며 급성으로 발병하나, B형 간염
은 1년 중 어느 때라도 서서히 발병하여 만성간염, 간경변, 간암 등 중증으로
이행될 가능성이 많으므로 주의해야 한다.

　간염의 예방을 위해서는 간염 전파 경로를 차단하고, 백신을 접종하여 간
염 바이러스에 대한 면역을 갖게 하는 것이 좋다. 간염의 치료는 무엇보다도
안정과 충분한 영양공급이 중요하다.

간염의 식사요법

① 급성기에는 발열, 식욕부진, 전신권태 등으로 거의 식사를 할 수 없으므로 수액주사로 영양공급을 하면서 소량의 유동식으로부터 시작한다. 즉 미음, 맑은 국물이나 과즙에서 시작하여 우유, 죽, 무른 음식을 먹다가 증세가 완화되면 열량과 단백질을 충분히 섭취하여 간세포의 재생을 돕도록 한다. 지방의 섭취는 제한한다.

② 만성이 되면 장기간의 휴식과 고영양식사를 권장하지만 식욕감퇴와 정신적인 불안 등으로 고영양식사를 지속적으로 하기 어렵다. 그러나 양질의 단백질과 탄수화물을 충분히 섭취하여 체단백의 손실을 막고 손상된 간세포의 재생을 돕도록 하며, 지방을 유화된 지방으로 소화흡수에 무리가 없는 적정량을 섭취토록 한다.

③ 충분한 비타민과 무기질 공급을 위해 신선한 과일과 채소를 공급하고 약제로 보충한다.

간경변증

간경변증은 간질환의 최종단계로 간세포가 죽고 섬유성 결체조직이 대치되어 증식하면서 간의 모든 활동능력이 떨어지게 된다. 따라서 장에서 흡수된 영양소는 간에서 대사되지 못하므로 다른 조직으로 영양소를 공급하거나 노폐물을 처리할 수 없어, 간경변증 환자에게는 저혈당, 지방간, 복수, 간성혼수 등이 나타나게 된다. 간경변은 만성 알코올 중독, 지방간이나 만성간염 등에 의한 영양결핍이 주원인이다. 간경변증은 증세가 가벼울 때는 원상태로 회복될 수도 있지만, 일단 섬유상 결체조직의 띠가 만들어지면 회복이 불가능하고 간 전체가 굳어지면서 간이 커지다가 나중에는 위축된다.

1 간경변증과 알코올중독

술, 즉 알코올은 탄수화물, 지방, 단백질과 마찬가지로 에너지를 발생하므로(7 kcal/g) 알코올 중독자는 필요에너지를 음식물에서 얻기보다는 알코올에서 얻으려고 한다. 따라서 알코올 섭취량이 증가할수록 음식물을 먹지 않으

려 하게 되고, 섭취한 알코올은 소화기관 벽을 자극해서 음식물의 소화흡수
를 방해하며, 알코올과 그 대사산물들은 간에서의 비타민의 활성화를 방해하
거나 비타민과 무기질의 배설을 촉진함으로써 영양 결핍증을 가속화시켜 간
경변증을 유발한다.

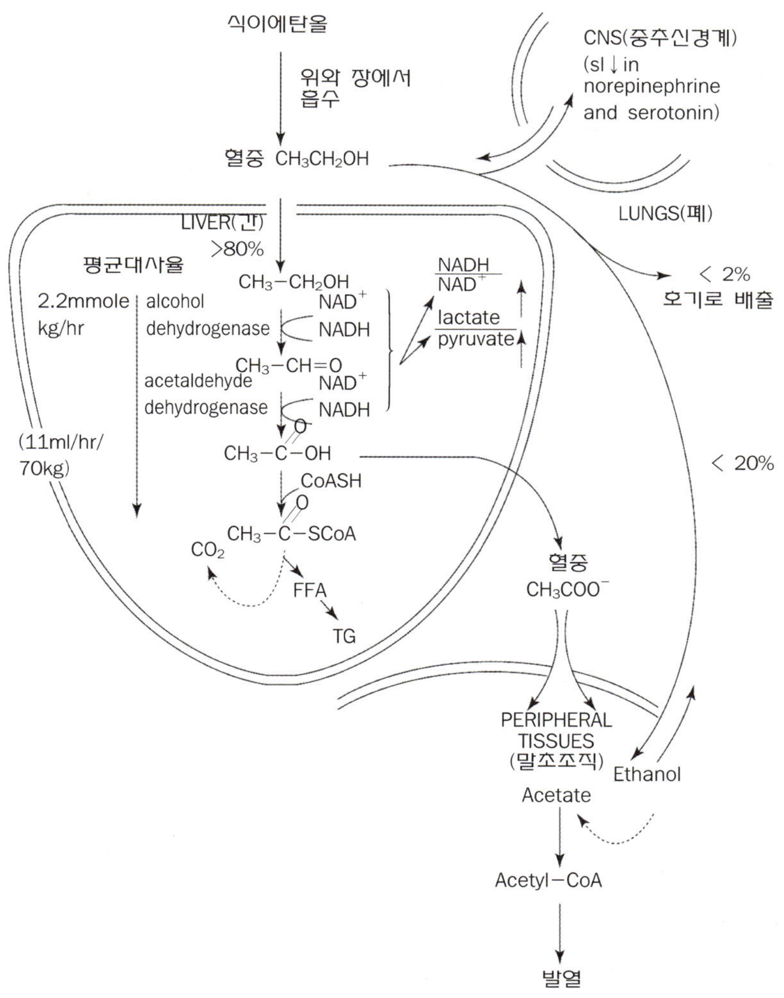

■ 그림 3-7　에탄올 대사 ■

혈중 에탄올 농도 : 정상, 약 0.02mmole/L(0.1㎎/㎗),
중독상태,10~20mmole/L(50~100㎎/㎗),
혼수상태, 90~130mmole/L(400~600㎎/㎗).

　또한 알코올은 위와 장에서 빠르게 흡수되며 80% 이상이 간으로 가서 알코올 탈수소효소(alcohol dehydrogenase)에 의해 아세트 알데히드(CH_3-CH=O)로 전환되고 이것은 아세트 알데히드 탈수소효소(acetaldehyde dehydrogenase)에 의해 아세테이트(CH_3-$COOH$)로 전환된다. 이때 탈수소효소들은 떼어낸 수소로 [NAD^+]를 [$NADH$]＋H^+로 전환시킴으로 NADH/NAD의 비가 상승하여 당신생과정(gluconeogenesis)이 정지되고 지방산의 합성이 증가되어 중성지방이 축적되므로 지방간이 되게 된다(그림 3-7). 이러한 과정들은 영양보충을 한다해도 완전히 방지할 수 없기 때문에 알코올의 지속적인 섭취는 간의 기능을 약화시키고 2차적인 영양결핍증을 유발하여 간경변증이나 간암으로 진행되기 쉽게 한다.

❷ 간경변증의 식사요법

　① 체조직의 손실을 막을 수 있도록 충분한 열량공급을 하며, 이를 위하여 탄수화물의 섭취를 충분히 하는 것이 좋다.

　② 간세포의 유지와 보수를 위하여 충분한 양의 단백질을 공급한다. 단백질은 생물가가 높은 양질의 단백질이어야 하며 항 지방간성 인자인 methionine이나 choline 등이 충분해야 한다. 최근에 간질환이 생기면 근육단백질의 분해가 심해져 혈중 아미노산 농도와 분포가 변화한다는 것이 밝혀졌다. 즉, 근육단백질의 분해로 생긴 아미노산 중 분지아미노산(BCAA, Branched Chain Amino Acid)은 근육세포 내에서 직접 산화될 수 있으므로 혈중 BCAA의 농도는 감소하고, 방향족 아미노산(AAA, Aromatic Amino Acid)과 다른 아미노산들은 근육세포내에서 산화되지 못하므로 혈중 농도가 높아져서 BCAA/AAA의 비가 낮아진다. 따라서 BCAA/AAA의 비가 높은 우유나 기름기 적은 생선을 이용하는 것이 혈중 아미노산 분포를 좋게 하여 간질환 환자의 상태 개선에 도움을 준다. 최근에는 BCAA/AAA비를 높인 아미노산 수액제의 사용으로 환자의 상태를 개선시키고 있다. 그러나 간성혼수가 있는 환자에게는 단백질 식품을 엄중히 제한해야 한다.

　③ 복수와 부종이 있는 경우에는 의사의 지시에 따라 소금이나 나트륨을 함유한 식품을 제한해야 하며, 수분도 전날의 소변량 만큼만 섭취해야 한다.

④ 지방은 적정량의 유화된 지방과 식물성 지방을 사용하여 소화, 흡수가 잘되게 한다.

⑤ 비타민 B 복합체를 포함해서 충분한 비타민을 공급하기 위해 신선한 채소와 과일을 이용하거나 약제로 복용한다.

6. 당뇨병

당뇨병이란 췌장에서의 인슐린(insulin) 생산의 부족, 또는 몸의 각 기관에 작용하는 인슐린의 효율이 떨어져서 나타나는 당질대사의 장애이다. 인슐린은 췌장의 랑게르한스섬(Langerhans islets)의 β 세포에서 분비되는 호르몬으로 혈당이 상승하면 분비되어 혈중 포도당을 글리코겐의 형태로 바꾸어 준다, 정상적인 사람의 혈당은 공복시에도 70~100mg/dℓ로 유지되며, 식사 후에는 혈당량이 서서히 상승하여 30분~1시간 후에 최대치에 도달하였다가 식사 2시간 후에도 혈당이 200mg/dℓ 이상이 되면 당뇨병이라고 진단한다.

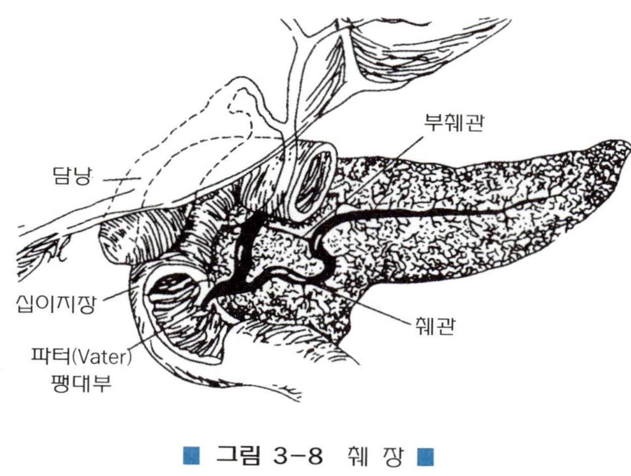

■ 그림 3-8 췌 장 ■

당뇨병은 유전, 비만, 스트레스, 노화, 잦은 임신 및 무절제한 약물남용 등에 의해 발생하므로 뚜렷한 증상이 없는 경우에도

① 당뇨병의 가족력이 확실한 사람

② 비만인 사람

③ 4kg 이상의 거대아를 출산한 여자

④ 임신 24주에서 28주 사이의 모든 임산부는 미리 검사하여 조기발견, 또는 예방하는 것이 바람직하다.

 당뇨병의 종류

당뇨병은 크게 인슐린 의존성 당뇨병(Insulin-Dependent Diabetes Mellitus, IDDM)과 인슐린 비의존성 당뇨병(Non-Insulin-Dependent Diabetes Mellitus, NIDDM)으로 나눈다. 좀더 자세한 분류는 1979년 미국 국립보건원 당뇨통계 조사단에 의해 제안된 분류표를 보완한 표 3-12와 같다.

■ 표 3-12 당뇨병의 분류 ■

임상적 분류	
새로운 명칭	과거의 명칭
제 1 형 인슐린 의존성 당뇨병	연소형 당뇨병
제 2 형 인슐린 비의존성 당뇨병 가. 비만하지 않은 인슐린 비의존성 당뇨병 나. 비만한 인슐린 비의존성 당뇨병	성인형 당뇨병
영양실조 관련 당뇨병 가. 섬유결석화 췌장성 당뇨병 나. 당백질 결핍 췌장성 당뇨병	
그외에 다른 병적상태와 관련된 당뇨병 가. 췌장질환 나. 내분비 이상 다. 액물에 의한 당뇨병 라. 인슐린 수용체 이상 마. 유전질환	2차성 당뇨병
당인용력 손상군 가. 비만하지 않은 당인용력 손상군 나. 비만한 당인용력 손상군	화학적 당뇨병 준임상적 당뇨병
임신 당뇨병	임신 당뇨병
통계상 위험분류	
과거 당인용력에 손상이 있던 경우	잠복성 당뇨병
당인용력 손상의 잔재성이 있는 경우	점재성 당뇨병

　제 1 형 인슐린 의존성 당뇨병은 인슐린 분비가 거의 없는 상태로 갑자기 발병하고 혈당의 변화가 매우 심하여 고혈당과 케톤증(ketosis)을 수반하므로 인슐린 투여가 절대적으로 필요하다. 당뇨병 환자의 약 10%를 차지하는 제 1 형은 어린아나 청소년기에 많이 발병하므로 연소형 당뇨병이라고도 하며, 원인은 아직 확실치는 않지만 유전, 자동면역, 또는 바이러스 등에 의한 것이라고 한다. 제 2 형인 인슐린 비의존성 당뇨병은 인슐린의 분비능력이 감소하거나 반응속도가 느려지는 상태로, 서서히 진행되고 혈당량의 변화가 적기 때문에 케톤 증에 걸릴 확률이 적고 식이조절을 잘하면 인슐린을 투여하지 않아도 된다. 제 2 형은 35세 이후에 많이 발병하므로 성인형 당뇨병이라고 하며, 비만과 관계가 깊고 유전성이 강하므로 가족력과 관계가 깊다.

 당뇨병의 증상

　당뇨병은 다음(多飮, polydipsia), 다뇨(多尿, polyuria), 다식(多食, ployphagia)의 증상이 특징적으로 나타나므로 '3다(三多)의 질병'이란 별명을 가지고 있다. 즉 당뇨병에 걸리면 혈당이 상승되므로 갈증이 심하게 나서 밤중에도 계속 물을 마시게 되고, 따라서 소변을 자주 그리고 많이 보게 되며, 배가 고파서 자주 음식을 찾게 되지만 체중은 감소되고 매우 피로해진다. 또한 피부가 가렵고 부스럼이 나서 화농되기 쉬우며 잘 낫지도 않는다. 시력도 흐려지고 신경위축으로 통증과 안근신경마비 등이 나타난다.

당뇨병의 합병증

　당뇨병 환자는 지속적인 고혈당 때문에 지질합성이 많아져 동맥경화증에 걸릴 확률이 정상인보다 20배나 높고, 체단백질이나 헤모글로빈 등의 단백질에 당이 결합하여 제기능을 수행하지 못하게 하므로, 눈이나 신장 등 미세혈관이 많은 기관에 문제가 생겨서 백내장, 녹내장이 생기며, 신장염, 결절사구체 경화증 등으로 신장기능에 문제가 생겨 종국에는 사망할 수도 있다. 그외에도 당뇨병성 소양증(일종의 건성습진), 괴저, 유지방 괴사 등의 피부문제,

동통성 말단신경통, 근위축, 하지무력증 등의 신경합병증, 소화기 자율신경증, 방광무력증 및 성기능 장애 등의 자율신경증, 결핵이나 화농성 피부염 등의 감염증이 있고, 인슐린이나 경구 혈당강하제의 남용으로 인한 인슐린쇼크(저혈당증) 등이 있다.

당뇨병의 관리

당뇨병은 그 특성상 일생 동안 인슐린 투여와 식사 및 운동을 잘 관리함으로써 정상혈당을 유지시켜야 하므로, 치료보다는 관리라는 말을 많이 쓴다. 당뇨병 관리의 목표는 혈당을 정상적으로 유지시켜 당뇨병의 자각증상을 줄이고 만성적으로 진행하는 합병증을 예방하여 정상적인 삶을 유지하는데 있다.

❶ 운 동

당뇨병에 있어서 규칙적인 유산소운동이 주는 이점은 크게 3가지가 있다. 첫째로 인슐린의 사용을 줄일 수 있다. 즉 규칙적인 운동은 인슐린 의존성 당뇨병 환자에게 있어서는 인슐린 필요량을 30~50% 정도 줄일 수 있고, 인슐린 비의존성 당뇨병에 있어서의 식사요법과 잘 병행시키면 인슐린 투여가 필요없다고 한다. 이것은 운동에 의해 조직세포의 인슐린에 대한 예민도가 증가하기 때문이다. 둘째, 운동에 의해 여분의 체지방을 줄일 수 있으므로 비만을 조절하거나 예방할 수 있다. 셋째, 운동은 혈중 콜레스테롤치나 중성지방치를 낮추고 HDL의 비율을 높여서 관상심장병의 발생률을 낮춘다. 따라서 의사의 지시에 따른 인슐린의 사용과 식사 및 운동을 잘 조화시키는 것이 중요하다.

❷ 식사요법

당뇨병 관리에 있어서 식사요법의 목적은

　① 적절한 혈당치를 유지하고,
　② 적당한 혈중 지질치를 유지하고,
　③ 표준체중을 유지하고,
　④ 좋은 식습관을 기르기 위함이다.

따라서 당뇨병 환자는

① 열량을 적절히 섭취하여 비만이 되지 않게 한다.

② 포화지방산과 콜레스테롤이 많은 식품을 적게 먹고, 불포화지방산이 많은 식물성 기름이나 생선 등을 사용한다.

③ 탄수화물의 급원으로써 단순당(설탕, 과자, 꿀 등)의 섭취보다는 보합 탄수화물의 섭취를 늘린다. 즉 전곡류로 만든 빵이나 밥, 생과일과 채소, 콩류 등의 섭취를 늘려 식이섬유소의 섭취를 증가시킨다. 식이섬유소는 인슐린 요구량을 감소시키고, 혈당의 조절이 잘 되게 하고, 공복시 혈중 콜레스테롤과 중성지방의 수준을 낮추고 체중감소를 가져오기 때문이다.

④ 소금의 섭취를 줄인다. 당뇨병과 함께 오는 고혈압, 동맥경화증, 신장염 등의 발병을 줄이거나 악화를 막기 위해 소금을 적게 먹는 습관을 기른다.

⑤ 술의 양을 줄인다. 알코올은 다른 영양소는 없이 열량만을 내므로 영양 불균형을 가져오기 쉬우므로 가능한한 줄인다.

이와같은 원칙 하에 적절한 식품의 선택과 식사량 배분으로 정상적인 혈당치를 유지한다면 일상생활을 즐겁게 지낼 수 있다. 따라서 조심스러운 식사계획과 이에 따른 꾸준한 실천이 필요하다.

당뇨병의 식사계획

1 총열량의 결정

표준체중과 활동량에 따라 결정한다.

· 표준체중(kg) = [키(cm) − 100] × 0.9

· 활동량에 따른 필요열량

　　가벼운 작업 : 표준체중 × 25~30kcal/일

　　보통의 작업 : 표준체중 × 30~35kcal/일

　　힘 든 작 업 : 표준체중 × 35~40kcal/일

과체중인 환자에게는 계산량보다 하루에 500~1,000kcal를 감량시켜 주면 1주에 약 0.5~1kg 정도의 체중감소를 기대할 수 있다. 또한 임산부와 수

유부는 계산량에 300~500kcal를 추가한다.

❷ 3대 영양소의 배분

총열량을,

　　　탄수화물　60%

　　　지　　방　20%

　　　단 백 질　20%로 배분한 다음,

탄수화물은 1g에 4kcal, 지방은 1g에 9kcal, 단백질은 1g에 4kcal를 내므로
총열량의 배분 kcal를 필요한 g으로 바꾼다.

　　　탄수화물(kcal)/4kcal ＝ 탄수화물의 양(g)

　　　지　　방(kcal)/9kcal ＝ 지방의 양(g)

　　　단 백 질(kcal)/4kcal ＝ 단백질의 양(g)

❸ 식품교환법을 이용한 식사계획

총열량과 3대 영양소의 양을 계산한 다음 각 식품교환표를 이용해서 1일
식품군별 총단위수를 결정한다. 이것을 끼니별로 배분한 다음 식품교환목록
에서 식품을 선택한다.

식품교환법(Food exchange system)은 지속적인 식사조절과 체중조절이 필요
한 당뇨병 환자의 식사계획을 돕기 위해 미국의 당뇨병협회와 영양사협회에
서 처음 고안한 것으로, 현재에는 모든 환자식과 일반식의 식단을 작성하는 데
이용되고 있다. 우리나라는 대한 영양사회에서 1981년 처음으로 식품교환표를
발표하였고, 이것을 1986년, 1987년에 이어 1988년 6월에 수정·보완하여 현재
의 식품교환표를 만들었다. 식품교환법을 이용한 식단작성은 앞장(식품교환법
과 식단작성 참조)에서 자세히 설명하였으므로 이장에서는 생략하기로 한다.

현재 당뇨병이나 그외 여러 질병에 걸리지 않았다 할지라도 식습관이 올바
르지 못하면 수개월, 혹은 수년 후에 만성질병에 걸릴 확률이 높으므로 현재
우리들의 식사가 올바른가를 평가해 볼 필요가 있다. 간단한 식사평가법 중
의 하나인 대한 영양사회에서 만든 표 3-11으로 어제의 식사를 평가해 보고,
균형잡힌 식사(75점 이상)를 하였는지 살펴보기로 한다.

■ **표 3-13** 오늘의 식단은 몇점이나 될까?(　　요일) ■

식단	영양소	식품류	식 품	배 점		득 점		
				균형식	식품	아침	점심	저녁
아침	단백질	고 기 류 · 생 선 류	닭고기, 돼지고기, 쇠고기, 토끼고기, 오리고기, 염소고기, 소시지, 햄, 생선 민물고기, 굴, 조개, 어묵	10	5			
		알 류	달걀, 오리알, 메추리알		5			
		콩 류	콩, 두부, 비지, 두류, 된장, 청국장		4			
점심	칼슘	우 유 류	우유, 양유, 분유, 치즈, 요그르트	10	5			
		뼈째먹는 생 선	멸치, 뱅어포, 잔새우, 미꾸라지, 양머리, 사골		4			
	비타민 · 무기질	녹 황 색 채 소 류 해 조 류	시금치, 당근, 깻잎, 고추, 갓, 미나리, 상치, 쑥갓, 무청, 아욱, 근대, 열무 미역, 김, 다시마, 파래	10	5			
		담 색 채 소 류 버 섯 류	무, 배추, 양배추, 오이, 호박, 파, 양파, 우엉, 콩나물, 가지, 고구마 줄기 도라지, 버섯		2			
저녁		과 일 류	사과, 감, 배, 복숭아, 귤, 포도, 살구, 자두, 토마토, 참외, 수박, 딸기, 대추		4			
	당질	쌀	쌀, 찹쌀	10	3			
		잡 곡 류	보리쌀, 밀가루, 옥수수, 조, 수수 국수, 빵, 떡, 엿, 라면		3			
		감 자 류	감자, 고구마, 당면, 토란, 도토리		3			
	지방	기 름 류	참기름, 들기름, 콩기름, 채종유, 쇼트 닝, 마요네즈, 마가린, 버터	10	4			
		종 실 류	참깨, 들깨, 호도, 잣, 땅콩		3			
합 계				100				

진 단 방 법

· 식단란에는 아침, 점심, 저녁별로 음식명과 사용한 식품명을 쓴다.
· 득점란에는 식품류별로 사용한 식품이 있을 때 O 표를 한다.
· 배점란의 균형식 점수는 영양소별로 O표가 하나 이상 있을 때 10점씩 득점한다.
· 배점란의 식품점수는 식품류별로 O표가 있을 때 해당점수를 득점한다.
· 합계란에는 균형식 점수와 식품점수를 합하여, 이를 평가기준과 비교한다.

평 가 기 준

· 75점 이상은 훌륭합니다.
· 74~50점은 개선할 필요가 있습니다.
· 49점 이하는 많이 개선해야 합니다.

7. 암

암(cancer)에 의한 발병 내지 사망률의 증가는 오늘날 세계적인 문제가 되고 있다. 한국에서도 표 3-14와 같이 1980년대부터 순환기계 질환과 함께 사망의 주원인으로 나타나고 있다.

■ 표 3-14 우리나라 주요 사인(死因)의 연도별 추이 **■**

순위	1920[1]	1953[2]	1965[1]	1974[3]	1985[4]	1995[4]	2000[4]
1	전염병	결핵	폐렴	순환기계	순환기계	순환기계	악성신생물
2	소화기계	위장질환	결핵	부상 및 중독	악성신생물	악성신생물	순환기계
3	호흡기계	뇌혈관질환	신경계	악성신생물	각종 사고	소화기계	호흡기계
4	신경계	폐렴 및 기관지염	악성신생물	감염	소화기계	운수사고	소화기계
5	전신병	신경계	소화기계	호흡기계	호흡기계	호흡기계	운수사고

1) 윤종주, 인구학, 1973. 2) 김정순 3) 최인현, 최근의 사망패턴에 관한 고찰, 한국 인구학회지 8(2), 1985. 4) 통계청, 사망원인 통계연보, 1993, 2002.

암이란, 간단히 말해서 인체가 조절할 수 없는 비정상적인 성장을 하는 세포들이 모여서 종양을 이루고, 이 종양이 정상적인 세포나 기관들의 활동을 방해하며, 나아가서는 죽게 만드는 일련의 질병을 말한다. 암을 일으키는 발암기전으로는 화학물질, 방사선 조사나 바이러스 등의 발암물질에 의하여 세포 내의 염색체(DNA)에 돌연변이가 일어나는 개시단계(initiation)를 시작으로 변이된 세포가 촉진인자에 의해 활성화되어 복제·성장하는 증식단계(promotion)를 거쳐 종양을 만든다는 체세포 돌연변이설(somatic mutation theory)이 잘 알려져 있다. 뿐만 아니라 현재는 암화를 담당하는 암유전자(oncogene)가 정상세포 내에도 존재함이 밝혀지고 있어 인체 암 발생연구에 획기적인 변화를 일으키고 있다. 그러나 이러한 암의 발생원인과 그 기전 및 치료법이 완전히 규명, 또는 개발되어 있지 않으므로 많은 사람들이 암 발생에 대한 공포에 시달리고 있다.

암세포는 초기에는 발생한 그 부위에만 자라지만, 나중에는 인접한 조직이나 기관으로 전이(metastasis)되므로 초기에 발견하는 것이 중요하다. 미국의 암학회(American cancer society)에서는 1988년, 암 발생초기에 나타날 수 있는 경고증상 7가지를 다음과 같이 발표했다.

① 배변습관의 변화

② 잘 낫지 않는 상처나 종기

③ 비정상적인 출혈이나 고름

④ 유방이나 그 이외의 곳에 덩어리가 만져지는 것

⑤ 소화불량이 계속되거나 음식물을 삼키기가 어려울 때

⑥ 사마귀, 혹이나 점 등에 변화가 생길 때

⑦ 쉰 목소리나 잔기침이 계속 될 때

암 발생의 원인

　그동안 여러 학자들은 암 발생의 원인으로, 유전이나 병원체에 의한 요인
보다 인간의 환경조건이 더 큰 비중을 차지한다고 지적하고 있다. 즉 전체 암
발생의 80~90%가 환경적인 요인에서 시작된다고 보고하고 있으며, 환경요
인을 크게 흡연, 음주, 햇빛, 직업과 영양불균형 등 개인의 생활양식과 수질
및 대기오염, 약제와 식품첨가물 등의 일반 환경요인으로 나누었다. 또한 이
러한 암 발생원인의 35% 이상이 식이와 관계있다고 한다. 따라서 인간의 암
발생은 상당부분 예방할 수 있다고 본다.

1 식이인자

　식품에 들어있는 발암물질의 대부분은 화학물질이다. 이것들은 천연적
으로 식품에 존재하거나, 조리에 의해 형성되었거나, 식품저장시 미생물
에 의해 생성되었거나, 식품첨가물이나 농약 또는 연소물질 등의 오염 등
에 의해 존재하게 된다(표 3-15). 또한 식품에는 암 발생을 막아주는 물질
도 존재한다. 즉 대두단백 농축물, 아스코르브산(vitamin C)이나 토코페롤
(tocopherol), 채소즙, 클로로필(chlorophyll), 레티놀retinol(vitamin A)·retinoids
와 β-carotene, xanthine 유도체, 탄닌산, polyphenols, EGCG(epigalloctechin
gallate) 등이 있다.

■ **표 3-15** 식품에 존재하는 발암성 물질 ■

1. 자연식품중의 발암성 물질	
Cycasin	소철 열매
Butaxiloside	고사리
Safrole, estragole, methlyleugenol	백합과 식물의 뿌리, 후추
Hydrazines	버섯류
Linear furocoumarines	미나리과 식물
Solanine, chaconine	감자, 파슬리
Quercetin과 이와 비슷한 flavonoids	
Quinones, Phenol 전구체	
Theobromine	코코아, 초콜릿
Pyrrolizidine	향신료들
Vicine, convicine	파파콩
Allyl isothiocyanate	겨자유, 고추냉이
Gossypol	목화유
Sterculic acid, malvalic acid	목화유, 종자유
Anagyrine	콩과류 식물
Sesquiterpene lactones	독성상치
Phobol esters	대극과 식물
Canavanine	알팔파
2. 곰팡이류	
Aflatoxin, Fumonisin 등	오염된 땅콩, 옥수수, 황변미 등
3. 조리식품 중의 발암성 물질	
Polycyclic aromatic hydrocarbon	고온 가열 식품, 탄식품, 숯불구이 등
Nitrosamine류	훈연식품, 염장식품, 식육 및 어육제품 등
Protein pyrolysate	고온 가열 육류식품, 태운 육류 등
Malonaldehyde	유지류의 산패
4. 발암성 물질의 오염	
잔류 농약	DDE, EDB, PCBs 등
중금속	Acrylonitrile, As, Cd, Cr 등
식품 첨가물	AF-2, Saccharin 등
환경오염	Trichloroethylene, Chloroform, Formaldehyde Dioxin 등

 동물실험에 있어서 에너지 제한은 폐암을 제외한 대부분의 종양의 성장을 억제한다고 하나, 사람에 있어서는 아직 분명하게 밝혀진 사실은 아니다. 에너지 과잉섭취는 비만을 수반하게 되어 암 뿐만 아니라 다른 질병을 유발시키므로 사망률이 증가하지만 암 발생과의 직접적인 관계는 확실하지 않다.

 지방의 과잉섭취는 유방암, 대장암, 전립선암 등의 발생률을 증가시킨다고 하지만, ω3계 불포화지방산의 섭취는 오히려 종양발생률을 낮춘다고 한다. 식이 중 콜레스테롤의 섭취가 증가하면 암 발생률이 증가하며, 특히 대장암과 유방암의 발생률이 증가한다고 하나, 혈중 콜레스테롤 값이 내려가도 암 발생률은 떨어지지 않았다는 보고도 있으므로 지방과 암 발생과의 관계는 더 많은 연구가 필요하다고 본다.

 동물성 지방과 단백질을 많이 섭취하거나, 식이섬유소를 적게 섭취하면 대장암의 발생률이 증가한다. 그 이유 중의 하나는 담즙양의 증가이다. 담즙의 양이 증가하면 대장암의 발생률도 증가하는데, 지방식이는 담즙의 생성을 자극한다. 이와 반대로 식이섬유소는 담즙과 결합하여 배설을 쉽게 해주기 때문에 대장암의 발생률을 낮춘다고 한다. 그외에 채소피클, 절임생선 및 거친 곡류가 위암의 발생률을 증가시킨다고 하고, 술은 촉진인자로 작용하고, 특히 흡연자에 있어서 간암, 후두암, 식도암, 구강암의 발생을 촉진시킨다고 한다.

❷ 호르몬과 영양소의 상호작용

 유방암, 자궁암과 전립선암 등의 세포들의 성장은 호르몬에 의해 조절된다. 호르몬은 일차적인 발암물질은 아니지만, 세포가 발암물질에 민감하도록 영향을 주는 것으로 생각된다. 이러한 호르몬의 작용과 영양소가 어떤 관계를 가지고 있는지는 분명히 밝혀지지 않았지만, 비만은 에스트로젠의 대사를 변경시킨다고 알려졌다. 이 에스트로젠의 체내 수준은 자궁암, 유방암과 간암 등의 발생과 관계가 깊다. 그리고 지방섭취는 자궁내막암의 발생과 관계가 깊다. 따라서 폐경 후의 비만한 여자는 마른 여자보다 많은 양의 androstenedione을 estrone으로 전환시키기 때문에 자궁내막암에 걸릴 위험이 그만큼 증가하게 된다. 또한 식이성 지방과 열량섭취가 증가하면 유방암이, 식이성 지방의 섭취가 증가하면 전립선암의 발생이 증가한다고 한다.

❸ 스트레스(Stress)

스트레스와 암 발생률과는 상관관계가 있다. 즉 스트레스는 흉선(thymus)이나 면역계, 또는 시상하부(hypothalamus), 뇌하수체(pituitary gland)나 부신피질(adrenal cortex) 같은 호르몬 분비부위 등에 손상을 주게되어 암 발생률을 증가시키지 않나 생각되고 있다.

❹ 방사선 조사(Radiation)

방사선 조사는 염색체에 손상을 주게 되어 암을 발생시킨다. 검사를 받기 위해 X-ray를 조사하거나 작업장에서 방사성 물질을 다루거나, 핵 폐기물 등에 노출되었을 때나 자외선을 너무 많이 쏘였을 때 피부암의 발생률이 증가한다. 그러나 극초단파(microwaves)가 유해한지에 대해서는 아직 밝혀지지 않았다.

❺ 염증(Inflammation)과 감염(infections)

만성염증, 기생충 같은 감염원이나 종양을 일으키는 바이러스(oncogenic viruses)들 중 일부는 암을 발생시킨다. 하나의 oncogenic virus는 6개 이하의 유전자를 가진 일련의 염색체를 가지고 있다. 이 바이러스는 동물의 체세포에 자신의 유전물질을 첨가하고, 이렇게 첨가된 새로운 유전자가 발현되면 종양이 생긴다. 이 oncogenic virus는 동물에서 발견되었지만 사람의 암에서 그 중요성은 아직 잘 알려져 있지 않다.

🍄 암의 예방

앞에서 언급했듯이 암 발생원인의 80~90%가 식이, 흡연, 음주, 바이러스, 해로운 작업환경, 지나친 햇빛노출, 환경오염 및 식품첨가물 등의 환경요인에 의한 것이기 때문에 이러한 환경요인들을 잘 조절할 수만 있다면 대부분의 암은 예방할 수 있다고 생각된다.

미국에서는 NCI(the National Cancer Institute)나 ACS(the American Cancer Society) 등에서 표 3-16과 같이 암 예방에 관한 식이지침들을 이미 발표했지만 우리나라에는 현재 공식적인 기구에서 발표한 암 예방에 대한 지침은 없다. 이와같은 식이지침들이 공통적으로 권장하고 있는 내용은 다음과 같다.

■ 표 3-16　미국의 식사지침들의 비교 ■

식 사 지 침	총지방	포화지방	불포화지방	콜레스테롤	탄수화물	설 탕	섬유소	나 트 륨	술
		(총열량에 대한%)			(총열량에 대한%)				
Dietary Goals 19771)	27~33%	8~12%	8~12%	250~300mg/day	45~51%	8~12%	증가시킬 것	소금 4~6g/day 나트륨 1.6~2.4g/day	—
Dietary Guidelines for Americans 19852)	30% 이하	10% 미만	—	지나치게 섭취하지 말것	증가시킬 것	지나치게 섭취하지 말 것	증가시킬 것	지나치지 말 것	줄일 것
Cancer Guidelines 19883)	30% 이하	—	—	—	—	—	20~30g/day (최대 35g)	—	줄일 것
Surgeon General's 1988 Report4)	30% 이하	10% 미만	—	300mg/day 미만	증가시킬 것	충치가 생기기 쉬운 사람은 제한할 것	증가시킬 것	감소시킬 것	하루 2잔 이 하
Diet and Health 19895)	30% 이하	10% 미만	—	300mg/day 미만	증가시킬 것	—	—	소금 6g/day	하루 1oz 이 하
National Cholesterol Education Program 19906)	30%	10% 미만	10% 이상	300mg/day 미만	—	—	—	—	—

1) Dietary Goals for the United States, Senate Select Committee on Nutrition and Human Needs

2) Dietary Guidelines for Americans, 2nd ed, USDA/DHHS

3) Cancer Guidellines, National Cancer Institute/DHHS

4) The Surgeon General's Report on Nutrition and Health, Public Health Service/DHHS

5) Dite and Health, Committee on Diet and Health, FNB/NRC/NAS

6) National Cholesterol Education Program, DHHS

① **비만이 되지 않도록 주의할 것** : 비만인 사람은 정상체중인 사람보다 대장암, 유방암, 전립선암, 담낭암, 난소암 및 자궁암 등에 걸릴 확률이 매우 높아진다(남자는 33%, 여자는 55%의 위험률 증가)

② **지방섭취량을 줄일 것** : 지방의 섭취량이 증가하면 유방암, 대장암 및 전립선암의 발생률이 높아짐과 동시에 체중도 증가되기 쉬우므로 지방에 의한 섭취열량을 줄이도록 한다.

③ **전곡류, 과일과 채소 등의 고섬유식품의 섭취를 늘릴 것** : 섬유소를 많이 섭취하면 대장암이나 직장암의 발생률을 낮출 수 있고, 동맥경화 등의 성인병도 예방할 수 있다.

④ **비타민 A와 C가 풍부한 식품을 매일 섭취할 것** : 비타민 A와 베타카로틴을 함유한 식품을 많이 먹는 사람은 암 발생위험률이 30~50%나 감소하고, 비타민 E와 비타민 C 역시 예방기능이 있다고 한다. 즉 여러 연구들에 의하면 녹황색 채소나 과일류의 충분한 섭취는 후두암, 식도암이나 폐암 등의 발생위험률을 낮춰준다고 밝히고 있다.

⑤ **브로컬리(broccoli), 컬리플라워(cauliflower), 브러쉘 수프라우트(brussels sprouts), 양배추 등의 십자화과 채소를 먹을 것** : 이러한 십자화과 채소들은 소화기계 암과 호흡기계 암의 발생률을 낮춰준다고 한다.

⑥ **술의 섭취량을 줄일 것** : 술을 많이 마시는 사람, 특히 담배를 함께 피우는 사람은 구강암, 후두암과 식도암에 걸릴 위험률이 높다고 한다.

⑦ **소금에 절이거나 훈제하거나 아질산염으로 처리한 가공식품의 섭취를 줄일 것** : 햄, 소시지, 생선자반 등의 식품을 많이 섭취하면 식도암이나 위암 등의 소화기계 암의 발생위험률이 높아진다고 한다.

따라서 암을 예방하기 위해서는 이와 같은 지침들을 잘 지키면서 균형잡힌 식사(balanced diet)를 섭취하는 습관을 어린시절부터 기르는 것이 중요하다고 생각된다.

제 **2** 부  식 품

제4장 식품의 조리와 가공

1. 식생활 문화

 식량의 획득

인간이 지구상에 출현한 이래 이들의 투쟁과 이동은 생존하기 위한 식량을 구하기 위함이었다. 고고학자들은 '식품공급은 인간사회의 발전에 가장 중요한 요인', 또는 '세계 역사는 매일의 빵을 위한 투쟁의 역사'라 말하고 있다.

인간은 식량을 얻기 위해 점차적으로 사냥과 채집의 방법에서 농경·목축의 방법으로 옮겨오게 되는데 그 시기는 B.C 40,000년에서 B.C 10,000년으로 추정되고 있다. 인간은 식량채집가(food gatherers)에서 식량생산가(food producers)로 변하기 시작한 것이다. 이때 지구가 제공할 수 있었던 식량은 약 일천만명분 정도 밖에 되지 않았다고 한다. 그후 6개 농업기술혁신이 식량생산능력을 아주 크게 증가시켰다. 6개 농업기술혁신은 관개, 가축의 힘 이용, 구대륙과 신대륙 간의 곡식 교환, 화학비료와 농약의 개발, 식물 유전학의 발전, 내연기관의 발명이다.

그러나 농사와 목축에 있어 가장 중요한 기후는 인간 문명이 최고로 발달된 현재에도 바꾸지를 못하고 있다. 따라서 각 지역마다 그곳 기후에 알맞은 식물들이 재배되고 있다. 서남 아시아에서는 밀, 호밀, 포도, 인도는 쌀, 보리, 콩, 동남아시아는 무, 복숭아, 차, 지중해 연안은 올리브, 무화과, 귀리, 밀, 동아프리카는 수수, 커피, 멕시코는 옥수수, 카카오, 남아메리카는 감자 등이 대표적인 토착식물로 알려져 있다.

 ## 조리기구의 발달

불의 사용과 더불어 인간은 식품을 보다 먹기 좋게 하기 위하여, 또는 저장의 한 수단으로 조리하기 시작하였을 것이다. 조리의 발달, 즉 조리를 하기 위해 사용된 기구의 변천은 인간 문명의 발달을 알아볼 수 있는 지표이다. 사람은 처음에는 불이나 햇볕에 의해 뜨거워진 큰 돌판 위에 곡식을 놓아 볶아 먹고, 돌을 다듬기 시작한 후에는 돌이나 동물뼈로 된 기구를 사용하여 껍질을 벗기고, 가루를 낸 것을 돌그릇이나 진흙으로 만든 토기를 사용하여 조리하였다. 그후 청동기·철기시대의 금속 조리기구로부터 현대의 세라믹 등 첨단재료로 만든 각종 조리기구가 널리 사용되고 있다.

우리 민족의 식생활

우리 민족은 유목생활을 하던 부족 중 만주 남부지방의 맥족(貊族)이라 불리던 민족이 주류를 이루었다. 식생활을 가축에 의존하였던 맥족은, 특히 고기요리를 잘하였는데 중국의 고문헌에도 고기구이의 일종인 맥적(貊炙)에 대한 이야기가 나온다. 맥적은 현재의 불고기와 유사하게 조미하여 꼬챙이를 꽂아 직접 불 위에서 굽는 것으로 중국의 귀인이나 부자들이 우리 민족의 음식인 맥적을 아주 즐겨했다고 한다. 그러나 맥족은 한반도의 기름진 풍토와 온화한 기후에 적응하여 유목에서 농경으로 생활방식을 서서히 바꾸었으며, 신석기 후기 B.C 7~8세기경 잡곡농사를 지었다는 사실들이 여러 유적에서 확인되고 있다. 그후 벼농사와 콩 재배가 확대되면서 우리 고유의 식생활이 정착되기 시작하였다. 벼농사에 겸하여 잡곡농사를 지었으므로 일상적으로 잡곡밥을 먹었으며, 떡에 콩, 팥, 기타 잡곡을 합리적으로 배합하여 흰쌀 편중에서 초래되는 영양상의 불균형을 보완할 수 있었다. 또한 콩을 발효시켜 만든 다양한 종류의 장류가 조미료의 기본이 되었다.

지금과 같은 밥은 대체로 무쇠솥이 제조된 시대인 삼국시대 후기경부터 먹기 시작하였으며, 그 이후 밥은 상용주식으로, 떡이나 찐밥은 특별음식으로 사용되고 있다. 또한 장류, 채소절임, 젓갈 등의 발효식품이 크게 발달하였으며, 임진왜란 이후부터는 고추의 사용이 일반화되어 고추를 첨가한 채소절임-김치를 각 가정에서 만들어 먹게 되었다.

한국음식은 다른 나라 음식에 비해 국물이 많다. 따라서 세계에서 드물게 숟가락이 음식을 먹는 주도구로 사용되고 있다. 이는 소금을 넣어 발효시킨 짠 발효식품과 이를 이용하여 만든 음식이 발달되었기 때문이다. 즉 짠 장류 및 젓갈류를 양념으로 음식에 이용하였기 때문에 조리시 음식에 물기를 더하는 습성(濕性)이 음식문화로 발달되었을 것이다.

2. 식품의 품질

식품의 품질에 대한 평가는 대부분 양적, 영양 및 위생적, 그리고 관능적 요소에 의하여 실시되고 있다.

식품의 품질을 평가하는데 일차적 요소인 양적 요소는 무게, 부피, 갯수 등으로 쉽게 측정 또는 계산할 수 있다. 가공식품에서는 포장외부에 양적요소를 기재하고 있다. 영양 및 위생적 요소는 시각적으로 감지할 수 없는 경우가 많다. 식품에 함유되어 있는 탄수화물, 지방, 단백질, 비타민, 무기질 함량 및 열량 등이 영양적 요소에 포함되며, 이들은 일반적으로 가공식품의 포장에 기재되고 있다. 위생적 요소로는 식품자체에 존재하는 효소저해물질 등 영양저해물질, 식품원료에 오염된 잔류농약 등 독소물질, 돌조각, 머리카락, 곤충 등의 이물질, 식품에서 증식하는 유해미생물 및 그 대사 독성물질, 과량 사용되는 첨가물 등이 포함된다. 영양 및 위생적 요소는 식품의 품질에서 가장 중요한 요소이나 식품제조 공정관리가 적절하게 이루어지고 관계당국이 철저하게 감시감독하면 문제가 되지 않는다.

양적요소, 영양 및 위생적 요소가 기초적으로 충족되는 경우 음식이란 눈으로 보고, 입으로 먹는 것이므로 시각과 미각에 의한 관능적 감각이 음식선택에 가장 큰 영향을 미친다. 만일 비타민과 섬유소를 섭취하기 위하여 사과를 먹기로 하였다면 같은 값의 사과 중에서 크고, 썩지 않고, 겉보기에 맛있어 보이는 사과를 선택할 것이다. 또한 아무리 영양적으로, 위생적으로 완벽한 음식이라 하더라도 맛이 없어 선택되어지지 않는다면 아무 소용이 없다. 따라서 식품의 관능적 평가는 식품의 질을 평가하는 데 가장 중요한 요소이다.

식품의 관능적 요소

식품의 관능적 요소는 크게 향미(flavor), 외모(appearance), 텍스처(texture) 세 가지로 나눌 수 있다.

1 향 미

향미(flavor)는 휘발성 물질이 비강내 후각세포를 자극하여 감지되는 냄새(odor)와 수용성 물질이 혀의 미각수용체를 자극하여 감지되는 맛(taste)으로 나눌 수 있다. 맛과 냄새감각은 맛 또는 냄새 수용체에 화학물질이 결합하면 신경이 자극되어 인지됨으로 화학적 감각(chemical sense)이라고 한다. 또한 넓은 의미로 매운맛, 떫은맛, 청량감 등도 향미에 포함된다.

맛은 단맛, 짠맛, 신맛, 쓴맛의 4원미(4 basic taste)로 구성되어 있으며, 각각의 맛과 수용체와의 결합방법, 감지기작이 거의 밝혀진 상태이다. 최근에는 일본의 학자들이 주로 주장하는 5원미 이론이 받아 들여지고 있는 추세이다. 5원미란 기존의 4원미에 감칠맛(旨味)을 더한 것이다. 감칠맛도 독자적인 신경 수용체에 의해 기존의 4원미 맛과는 다른 경로로 감지된다고 주장하고 있다.

단맛을 내는 기작은 가장 많이 연구되어 AH-B-γ 이론이 받아들여지고 있다. 수산기를 많이 갖는 당류 및 그 유도체가 단맛을 내는 대표적인 물질이다. 짠맛은 NaCl과 같은 염의 형태를 가진 물질에 의하며 염의 크기가 크면 쓴맛을 동반한다. 신맛은 수소이온(H^+)을 내는 물질에 의하며 무기산도 신맛을 주나 무기산은 식품에 이용되지 못하므로 아세트산, 시트르산 등 유기산이 신맛을 내는데 이용되고 있다. 쓴맛을 내는 물질의 종류는 다양하나 알칼로이드라고 부르는 염기성 성분들이 대표적이다. 감칠맛을 내는 물질로는 이노신 인산염과 같은 핵산관련 물질(IMP, GMP 등), 일부 유리아미노산(glutamic acid), 또는 이들 아미노산의 나트륨염(MSG 등) 등이 있다.

냄새의 종류에 대한 분류와 냄새감지 이론은 오랫동안 연구되어 왔으나 상당히 복잡하기 때문에 통일된 이론이 확립되지 않고 다음과 같은 몇가지 학설이 주장되고 있다.

흡착 이론은 방향성 물질이 후각세포에 흡착되는 독특한 양상에 따라 개별 냄새가 다르게 감지된다는 이론이다. 효소 이론은 후각세포에 있는 효소표면에 특정 물질이 결합되어 냄새를 감지하게 된다고 주장하고 있다. 또한 입체 화학적 이론은 화학물질의 휘발성, 분자량, 분자의 크기와 모양, 분자의 전기적 상태 등에 의해 화학물질의 냄새 특성이 결정된다는 이론으로 수백 종의 방향성 화학물질을 7가지 방향 특성으로 분류하였다.

냄새의 역치(threshold)는 매우 낮으며, 둔화현상은 맛보다 훨씬 더 빠르게 나타나고 오래 지속된다.

❷ 외모(appearance)

식품을 선택할 때, 냄새나 맛을 보기 전에 먼저 식품의 색, 모양, 크기, 부패 유무 등 외모를 눈으로 살펴보고 판단하는 경우가 많다.

식품의 색을 평가하기 위해서 주로 표준 색과 비교하여 평가하는 관능평가 방법을 많이 쓴다. 색깔 표준으로는 Munsell의 색도계, 미국 농무성 색깔 표준, 최근 한국방송공사에서 개발된 KBS 한국 섬유 표준색감도 등이 있다.

객관적인 색 측정에는 Munsell 색차계, Hunter 색차계, 분광분석법에 의한 CIE 색차계 등이 사용된다.

❸ 텍스처(texture)

텍스처(texture)에 대한 적당한 우리말이 없어 그냥 텍스처로 쓰고 있으나 일부에서는 질감, 조직감이라고도 한다. 텍스처는 촉감에 관계되는 식품의 물성학적, 구조적 특성과 이것이 생리적 감각으로 느껴지는 결과라고 정의할 수 있다. 따라서 텍스처를 평가하기 위해서 질량이나 힘, 변형의 크기 등으로 표시할 수 있는 기계적 측정방법을 이용하는 경우가 많다.

텍스처는 기계적(물리적) 특성, 기하학적 특성, 기타 특성으로 나눌 수 있다. 기계적 특성에는 견고성(hardness), 응집성(cohesiveness), 점성(viscosity), 탄성(springiness), 부착성(adhesiveness) 등의 1차적 특성과 파쇄성(brittleness), 씹

힘성(chewiness), 검성(gumness) 등의 2차적 특성이 있다.

기하학적 특성에는 입자의 모양이나 크기에 관련된 성질로 분말상(powdery), 과립상(grainy), 모래모양(gritty), 거친모양(coarse), 덩어리모양(lumpy) 등이 있고, 성분의 크기와 배열에 관련된 성질로 박편상(flaky), 섬유질상(fibrous), 펄프상(pulpy), 기포상(aerated), 팽화상(puffy), 결정상(crystalline)으로 나눈다. 그외의 특성으로는 수분과 유지함량에 따른 특성이 있다.

텍스처의 관능평가는 이들 각 특성에 대하여 처음 2~3번 씹었을 때, 삼킬 수 있을 때까지 씹었을 때, 삼킬 때의 세 부분으로 나누어 입 안에서의 느낌을 평가한다. 이에 더하여, 식품의 외모, 식품을 손끝으로 누를 때의 촉감, 또는 숟가락이나 칼을 사용하여 누르거나 자르면서의 시각적 느낌을 평가하기도 한다.

텍스처의 객관적 평가에는 유변학(rheology)의 여러 이론과 방법들이 사용되고 있다. 고체 또는 반고체 식품에서는 여러 기계를 사용하여 압축, 인장, 전단, 절단시킬 때의 힘의 변화, 또는 힘을 가했을 때의 변형 정도 등을 측정하고, 액체식품에서는 점도계를 사용하여 점도 또는 점조도를 측정하는 방법들이 사용되고 있다.

식품의 관능평가

식품에 대한 기호는 각 개인마다, 지방마다, 또는 민족에 따라 다르다. 어려서부터 먹어 온 경험에, 특정 맛이나 냄새에 대한 개인의 예민성 등이 합쳐져서 개인의 입맛이 결정된다.

식품을 준비하는 첫째 목적이 즐겁게 먹기 위한 것이라 할 때 인간의 미각, 후각, 시각, 촉각, 청각을 사용하여 식품의 질을 판단하는 관능평가는 아주 중요하다. 분석기기로는 식품의 질을 총제적으로 판단할 수 없으며, 인간의 감각보다 더 예민하지 않은 경우도 많다.

관능평가는 크게 분석적 평가와 소비자 의견조사의 두 가지 방법으로 나눈다. 분석적 평가방법은 식품을 구별하고 특징적인 차이를 감지, 평가, 분석하는 것이다. 이때에는 5명 내지 15명의 훈련된 평가원을 사용하며, 채점법, 순

위법, 차이식별 검사법 등 여러 형태의 검사방법을 이용하여 주어진 식품의 특징을 평가하여 분석한다.

소비자 의견조사방법은 새로 개발되거나 공정, 저장 등을 달리한 식품에 대한 소비자의 반응, 기호도 등을 평가하기 위한 것으로 평가하고자 하는 식품을 먹거나 또는 먹을 것으로 예측되는 많은 수의 소비자들을 대상으로 무작위로 실시된다.

3. 식품의 조리

 ## 조리의 목적

조리는 식품 원재료를 먹을 수 있는 음식으로 만드는 과정이라 정의할 수 있으며 맛있는 음식, 소화가 잘되는 음식, 위생적인 음식을 만들기 위해 행하여진다.

조리의 목적을 좀더 세부적으로 설명하면 다음과 같다.

① 원재료가 지니고 있는 성분들이 잘 조화되어 좋은 향미(flavor)를 갖도록 할 것
② 식품의 외관 및 색깔을 먹음직스럽게 하여 식욕을 증진시킬 것
③ 원재료가 지니고 있는 영양소의 파괴를 최소화 할 것
④ 식품의 소화흡수율을 높여 영양소의 체내 이용을 증진시킬 것
⑤ 식품의 독성부분을 제거, 또는 불활성화시킬 것
⑥ 병원균의 성장번식을 억제시킬 것
⑦ 식품의 저장성을 향상시키고 운반을 용이하게 할 것

 ## 조리조작

조리조작이란 조리과정 중 식품재료에 여러 변화를 주어 식품을 음식으로 만드는 과정을 말한다.

조리조작은 크게 세 가지로 나눌 수 있다.

첫째 물리적 조리로 물에 씻거나 담그기, 칼로 썰기, 혼합, 또는 교반하기, 압착하기 등 가열조리에 대응하는 말로 생조리라고도 한다.

둘째 가열조리로 식품에 열을 가하거나 열을 식품 내에 생성시켜 물리적, 화학적 변화를 일으키는 조작으로 식품조리시 가장 중요한 방법이다.

셋째 화학적 조리로 식품 내의 효소를 이용하거나 발효시키는 동안 미생물이 분비한 효소를 이용하여 식품을 만들거나, 두부 제조시 간수의 첨가 등 특별한 화학물질을 이용하여 식품을 만드는 방법이다.

그러나 식품재료를 음식으로 만들기 위해서는 이 방법들을 복합적으로 이용하는 경우가 많다.

■ 물리적 조리(생조리)

물리적 조리는 식품을 가열하기 전 전처리 방법으로 주로 이용되므로 기본 조리조작이라고도 한다.

물리적 조리를 이용한 음식에는 서양음식의 채소·과일 샐러드, 아이스크림, 얼음과자 등 냉동후식, 우리나라 음식의 배추 겉절이, 무생채, 도라지생채 등과 각종 생선회, 육회, 후식용 화채 등이 있다.

채소, 과일류의 생조리는 잘 씻어서 각종 오물을 제거하고, 독성이 있는 부분은 도려내고, 적당한 크기로 보기좋게 자르고, 색배합을 잘하여 시각적으로 식욕을 느끼도록 하여야 한다. 특히 일본에서는 조리사가 되기 위한 훈련과정 중 칼다루기가 가장 중요한 훈련 과정으로 되어 있다. 생선회나 육회 준비시에는 미생물의 오염에 의한 식중독에 유의하여야 하며, 기생충의 문제도 생각하여야 한다. 냉동후식류는 음식제공시 제공온도에 유의하여야 한다. 또는 다른 조리를 하기 위한 전처리로서 씻기, 침지하기, 표면적을 넓게하기 위한 자르기·마쇄하기, 물기를 제거하기 위한 압착·거르기, 냉동·냉장 등도 물리적 조리조작에 속한다.

② 가열조리

열, 에너지를 이용하는 가열 조리조작은 가장 보편적으로 쓰이는 조리방법이다. 열을 조리에 이용하는 데에는 여러 형태의 가열기기가 있다. 일반적인 가열기기에는 나무, 가스, 석탄, 전기 등을 이용하는 화덕이나 레인지 등이 있다. 최근에는 극초단파의 에너지를 이용하는 전자레인지(electronic range)— 일명 극초단파오븐(microwave oven)의 사용이 많아지고 있으며, 전자석의 원리를 이용한 유도레인지(induction range)도 나오고 있다.

가열조리에는 물을 열전달 매체로 이용하는 습식가열과, 기름, 공기, 또는 조리기구를 열전달 매체로 이용하거나 복사열에 의해 직접 가열되는 건식가열로 나눌 수 있으며, 최근에는 전자레인지의 사용증가에 따라 물분자를 빠르게 회전시켜 열로 전환되게 하는 극초단파(micro파)를 이용한 가열을 첨가하기도 한다. 조리방법에 따라 습식가열에는 끓이기, 삶기, 찌기 등이, 건식가열에는 굽기, 튀기기, 볶기, 지지기 등이 있다.

가열조리에 의한 식품의 변화는 물리적 변화에 의한 식품 자체의 변화와 화학적 변화에 의해 식품성분의 변화로 나누어 볼 수 있다. 식품 자체의 변화에는 가열에 의한 조직이 팽창·연화·파괴되어 모양이 변하거나 수분함량 변화에 따라 용해성·점성 등이 변하는 현상 등이 있다. 식품성분의 변화에는 가열에 의한 단백질의 변성·응고, 전분의 호화, 검(gum)물질의 겔(gel)화, 섬유소의 연화, 당분의 갈색화와 색, 향미 등의 변화 등이 있다. 가열에 의한 식품성분 변화 중 바람직하지 않은 변화로는 지방의 산패, 비타민의 파괴 등이 있다.

③ 화학적 조리

화학적 조리조작은 첫째, 식품내 또는 외부에서 제공되는 효소에 의한 조리와 둘째, 화학물질 첨가에 의한 조리로 나눌 수 있다.

효소에 의한 조리는 다시 두 가지로 구분해 볼 수 있다. 효소 첨가에 의한 조리로 엿기름의 전분 가수분해효소를 이용한 식혜, 배나 연육제의 단백질 가수분해효소를 이용한 고기의 연화, 치즈를 만들기 위하여 렌넷(rennet)을 이용한 우유의 응고 등이 여기에 속한다.

다음은 미생물이 성장번식하며 분비하는 효소와 기타 물질을 이용하는 발효조리이다. 발효시 주로 세균을 이용하는 식품에는 김치, 요구르트 등이 있으며, 효모를 이용하는 식품에는 빵, 술 등이 있고, 곰팡이를 이용하는 식품에는 된장, 몇 종류의 치즈 등이 있다. 요즘은 특정 미생물을 이용하여 식품이나 의약품 등에 필요한 순수화학물질(예 : 글루타민산소오다 : MSG)을 다량으로 제조하는 공정도 발달되고 있다.

화학물질을 첨가하여 식품을 만드는 조리방법으로는 두부제조가 대표적이다. 물에 녹는 콩단백질에 간수(칼슘염, 마그네슘염 등)를 가하면 콩단백질과 2가 금속이 결합하여 응고하는 성질을 이용하여 두부를 만든다. 강산성 하에서 콩단백질과 탄수화물을 가수분해하여 만드는 산분해 간장, 산 처리에 의한 우유의 응고 등도 이 범주에 들 수 있다.

🧅 전분식품의 조리

전분식품에 속하는 것으로는 대부분이 곡류이지만 감자와 고구마, 동부와 녹두 같은 일부 두류, 그 외에 도토리, 밤, 메밀 등이 있으며, 이들 식품은 상당량의 전분을 함유하고 있다.

곡류는 인간이 섭취하는 에너지원 중에서 가장 많은 부분을 차지한다. 선진국에서의 곡류 소비는 크게 감소하였으나 지금은 곡류 소비를 늘려야 한다고 주장하고 있다. 일부 지역에서는 아직도 총섭취열량의 80~90%를 곡류에서 얻고 있다.

곡류는 다른 식품에 비하여 훨씬 경제적이다. 한 사람분의 고기를 생산할 수 있는 면적의 땅에 밀을 경작하면 15명분, 쌀을 경작하면 24명분의 식량을 얻을 수 있다. 또한 곡류는 다른 식품에 비해 저장성도 뛰어나다. 경제성, 저장성 등에 더하여 조리의 용이성과 다양성, 담백한 맛 등의 이유로 곡류는 인간의 식생활에서 가장 중요한 부분을 차지하게 되었다.

전분식품의 가열조리 중 변화를 주도하는 것은 전분(starch)이다. 전분은 곡류의 내부(배유)에 주로 저장되어 있다. 전분은 포도당이 결합되어 거대분자를 형성한 것으로 그 결합방식에 따라 직쇄상의 아밀로즈(amylose)와 분지상의 아밀로펙틴(amylopectin)으로 구성되어 있다. 전분은 치밀한 구조의 결정성 부분과 엉성한 비결정성 부분이 층을 이루고 있으며 전분을 현미경 하에서 보면 동심원을 이루고 있으며 각 곡류마다 독특한 형태의 입자로 구성되어 있다.

전분에 충분한 물을 첨가한 후 열을 가하면 전분은 물을 흡수하면서 급격히 팽창하기 시작한다. 65℃ 이상 되면 전분 결정성 부분의 분자간 수소 결합들이 분해되기 시작하고, 수분이 급격히 흡수된다. 90℃ 근처에서 다량의 물이 흡수되어 결국 입자모양이 깨지게 되면서 아밀로즈 일부가 물에 용출된다. 이런 현상을 호화(gelatinization)라 하며, 95℃~98℃ 부근에서 호화는 완성된다. 전분식품이 가열에 의해 먹기 쉽게 익는다는 것은 결국 호화되는 과정이다. 적당히 호화시키면 음식의 맛이 증진되고 소화효소의 침투가 용이하게 되어 소화흡수율이 높아진다.

호화된 전분은 가열을 중지하면 본래의 구조로는 돌아가지는 못하나 일부가 무작위적으로 결합하여 겔화(gelation), 노화(retrogradation) 과정을 거치게 된다. 전분의 호화와 겔화를 이용한 음식에는 도토리묵, 메밀묵 등이 있다.

노화는 전분식품의 질에 좋지 않은 결과를 주어 밥이나 빵을 딱딱하고 맛이 없게 하며 소화율을 떨어뜨린다. 노화는 온도가 0℃에 가까울수록 빨라지나, 냉동시에는 억제된다. 전분식품을 2~3일 이내에 소비할 수 있을 때는 냉장고에 넣지 말고 상온보관하고, 장기간 두어야 할 경우에는 냉동저장을 한 후 먹기 직전 꺼내어 해동시키는 것이 더 현명한 방법이다.

1 쌀

세계 인구 중 반 이상이 쌀을 주식으로 삼고 있으며, 지역적으로는 동남아시아에 국한되고 있다. 쌀은 장립형, 단립형, 양쪽의 특성을 나타내는 중립형으로 나눌 수 있다. 장립형은 가열하면 푸슬푸슬하고 서로 잘 떨어지며, 단립형은 가열하였을 때 차지고 끈기가 있어 서로 붙는 특성을 보인다. 우리나라와 일본 민족은 차진 특성을 보이는 단립형을 선호한다. 한때 우리나라에서는 쌀의 자급자족을 위하여 밥맛은 좋지 않더라도 생산성이 높은 품종을 장려하였으나 현재에는 생산성도 높고, 밥맛도 좋은 품종을 위한 육종연구가 활발히 진행되고 있다.

왕겨를 벗겨낸 현미는 종피, 배아, 배유의 세 부분으로 구성되어 있다. 종피와 배유 사이의 호분층에는 단백질, 지방, 무기질, 비타민 등 영양성분과 섬유소가 상당량 존재하나 소화하기 어려운 형태로 되어 있어 소화율이 낮으며, 조리율이 떨어져 밥하기가 용이하지 않다.

백미는 종피를 완전히 벗겨낸 것으로 현미보다 수분과 열의 침투가 용이하여 더 쉽게 호화되며 소화율도 높다. 그러나 무기질, 비타민, 특히 티아민(비타민 B_1)의 손실이 크므로 백미밥만 먹는 경우에는 각기병에 걸리지 않도록 티아민 섭취에 주의하여야 한다.

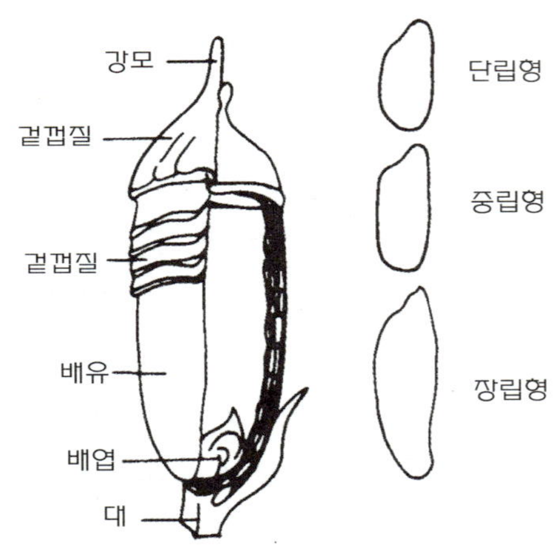

■ 그림 4-1 쌀알의 구조와 쌀의 종류 ■

2 보리(大麥)

보리는 질병에 강하므로 농약을 비교적 적게 사용하여 재배하며, 요즘은 보리에 많이 들어있는 섬유소와 β-글루칸(β-glucan)이 혈중 콜레스테롤을 낮춘다는 연구결과가 발표되고 있어 성인병 예방식품으로 새로운 주목을 받고 있다. 또한 티아민의 함량도 높아 혼식시 백미의 티아민 결핍을 방지할 수 있다. 그러나 소화율이 낮고 단백질의 질이 낮으며, 글루텐을 형성할 수 없으므로 제빵 등 식품으로의 사용에 제한점이 있다.

❸ 밀(小麥)

우리나라에서는 주로 겨울 밀을 재배하지만 수요량의 극히 일부분만 생산되고 있으며, 거의 대부분을 수입에 의존하고 있어 '우리 밀 살리기 운동'을 하는 단체가 우리 밀의 재배확충을 위해 활동하고 있다.

밀알은 과피가 질긴 반면 배유 부분이 쉽게 가루로 될 수 있기 때문에 주로 가루형태로 사용되고 있다.

밀가루는 단백질 함량에 따라 강력분(12~16%), 중력분(10~12%), 박력분(8~10%)으로 나누거나, 얻을 수 있는 전체 밀가루 중 제분초기에서부터 가루로 되어 나오는 단백질 함량이 낮은 밀가루를 섞는 비율에 따라 구분하기도 한다. 또는 밀가루의 사용목적에 따라 전밀가루, 빵용밀가루, 다목적밀가루, 파이용밀가루, 케익용밀가루 등으로 구분할 수도 있다.

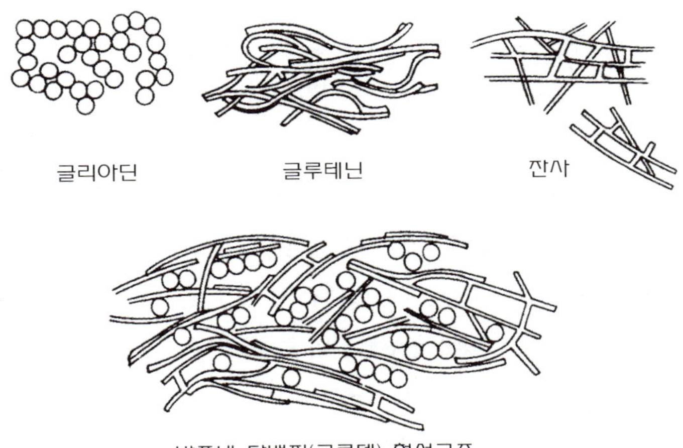

■ **그림 4-2 점탄성 특성을 주는 밀단백-글루텐의 구조** ■

밀가루를 빵에 이용할 수 있는 것은 밀가루 반죽시 2차적으로 생성되는 글루텐(gluten) 단백질 때문이다. 글루텐은 반죽시 그림 4-2와 같이 밀가루에 들어있는 점성 특성이 있는 글리아딘(gliadin)과 탄성 특성이 있는 글루테닌(glutenin)이라는 단백질이 결합한 분자량이 큰 단백질이다. 점성과 탄력성이 크며 입체적으로 3차원적인 망상조직을 이루어 빵반죽을 발효시킬 때와 구울 때 발생·팽창되는 기체(공기, 탄산가스, 수증기 등)를 보유할 수 있게 한다.

따라서 글루텐을 형성할 수 없는 쌀가루나 보리가루로 만든 빵에서는 밀가루 빵에서와 같은 부드럽고 가벼우며, 폭신폭신한 질감을 기대하기 어렵다.

단백질 식품의 조리

단백질 식품에는 수조육류(獸鳥肉類)에 속하는 소·돼지·양·닭·오리·칠면조 등과 각종 어패류(魚貝類), 난류(卵類), 우유(牛乳) 및 유제품(乳製品) 등이 있다. 단백질이 주요 구성성분이지만 지방도 많은 양이 함께 존재하며, 미량성분인 무기질과 비타민도 상당량 함유되어 있다. 조리는 주로 가열에 의한 단백질의 변성에 의한다.

1 육류의 사후경직과 숙성

동물은 도살되면 사후경직(死後硬直)이 일어난다. 사후경직은 산소를 함유한 신선한 혈액이 공급되지 않으므로 근육조직 내의 포도당이 혐기적으로 분해되어 생성된 유산이 축적되어서 pH가 7.0에서 5.5 정도로 낮아지며, 근육이 빠른 속도로 빳빳하게 굳어지는 현상이다. 그후 근육의 수축이 일어나며, 질겨지게 된다. 저장온도 등 조건에 따라 다르지만 사후경직은 쇠고기의 경우에는 보통 24시간 내에, 돼지고기는 4~6시간 내에 일어난다. 그후 근육 내의 단백질 분해효소의 작용이 활발해지게 되어 근단백질이 분해되면서 근육조직의 연화, 액즙의 증가, 색의 변화 현상 등이 일어난다. 이런 현상을 숙성이라 한다. 일반적으로 쇠고기나 양고기는 숙성과정을 거쳐 판매되고 있으나 돼지고기는 사후경직 기간이 짧기 때문에 숙성과정을 따로 거치지 않으며, 조류는 사후경직 기간 자체도 아주 짧고 그 영향도 미미해 도살 후 가능한 빨리 판매하거나 즉시 냉동처리를 하고 있다.

육류는 미생물에 의한 부패를 방지하기 위하여 냉장이나 냉동저장을 하면서 판매하고 있다.

2 육류의 조리

고기에 들어있는 거대분자인 근원섬유 단백질을 가열하면 65℃에서부터 색깔이 변하며, 본래의 결합구조가 바뀌는 변성이 일어나면서 수축하여 질겨지기 시작한다. 그러나 근육섬유와 섬유 사이를 결합시키고 고기의 질긴 정도와 밀접한 관계가 있는 결합조직 단백질인 콜라겐(collagen)은 가열에 의해 주위의 수분을 흡수하며, 수용성인 젤라틴(gelatin)으로 변하므로 단단히 결합되어 있던 근육섬유 사이가 분리되어 부드럽게 된다. 그러므로 고기 종류나 요리종류에 따라 가열방법과 시간 등의 조절이 중요하다.

육류 내의 지방은 가열시 녹아내리며, 일부는 저분자화 되어 다른 저분자 물질과 화학반응을 통하여 고기의 냄새에 크게 영향을 주게 된다.

육류의 색은 육류 내부가 60℃~65℃로 가열될 때 일차적으로 변화하며 계속 가열되어 75℃~80℃로 될 때 크게 변하여 붉은색이 없어진다.

고기의 구수한 맛은 주로 저분자 질소화합물, 유리아미노산, 당류 등에 의하며, 가열시 이 물질들은 대표적인 갈색반응 중 하나인 마이알(Maillard) 반응이라 불리우는 카보닐-아민(carbonyl-amine) 반응을 일으켜 더욱 구수하고 독특한 향미를 생성하며 갈색을 나타낸다.

육류의 가열 조리시 무게 및 영양소의 손실이 일어난다. 무게 손실은 육즙 분리(drippings), 수분의 증발, 휘발성 물질의 휘발, 지방의 용해 등의 현상에 의한다. 영양소의 손실은 주로 수용성 비타민인 티아민, 리보플라빈, 나이아신과 일부 무기질 등의 감소에 의한다. 이들은 분리된 육즙에 녹아나가거나 가열에 의해 파괴된다.

염장육 제품을 만들 때는 육색소인 미오글로빈(myoglobin)의 안정화가 중요하다. 이를 위해 아질산나트륨($NaNO_2$)을 첨가하는데, 아질산나트륨은 육색소를 선홍색으로 변화시킬 뿐 아니라 좋은 향미를 생성하고, 육제품의 진공포장시 혐기적 상태에서 발생할 수 있는 무서운 보툴리누스 식중독을 방지하는 작용을 한다.

그러나 아질산염은 식품 내에서, 또는 체내에서 아민과 결합하여 발암물질인 니트로소아민을 생성한다고 알려져 그 사용량을 엄격히 규제하고 있다.

3 달걀의 조리

달걀은 질 좋은 단백질을 비교적 값싸게 제공하는 식품이다. 달걀흰자의 단백질은 특히 거품형성 능력이 커서 케이크를 만들 때나 디저트 등의 장식에 사용되고 있으며, 그 외에 접착력, 응고성도 높아 여러 요리에 사용되고 있다.

달걀흰자는 질 높은 단백질로 구성되어 있으며, 성인병에 영향을 주는 콜레스테롤이나 지방의 함량이 거의 없어 저지방, 저콜레스테롤 식사를 하여야 하는 사람에게 좋은 식품이다.

달걀노른자에는 인지질과 콜레스테롤이 매우 많이 들어있다. 콜레스테롤은 노른자 한 개에 대략 240mg정도 함유되어 있다.

노른자에 많이 들어있는 인지질인 레시틴(lecithin)은 분자 내에 친수성기와 친유성기가 함께 존재하기 때문에 매우 훌륭한 천연의 유화제이다. 이런 노른자의 유화성은 마요네즈 제조 등 여러 소스 제조와 빵반죽에 이용되고 있다.

달걀은 삶은 달걀이나 달걀찜처럼 달걀만 주재료로 사용된 음식 뿐 아니라 빵, 케이크, 마요네즈처럼 다른 재료와 배합되어 달걀이 들어 있는지 인식하지 못하고 먹는 경우도 많다.

4 우유의 조리

우유는 계절에 따라 또는 젖소 종류에 따라 그 구성 성분함량이 다르나 일반적으로 수분이 88%, 단백질 3.3%, 지방이 3.3%, 탄수화물이 4.7%, 회분이 0.7% 정도 함유되어 있다.

우유단백질 중 대부분은 칼슘이 많이 함유되어 있는 카제인으로 총 우유단백질의 80% 정도를 차지하고 있다. 카제인(casein)은 열에 비교적 안정하나, 송아지의 위에 있는 레닌(rennin) 효소에 의하거나, 또는 pH 4.6 정도에서 응고되어 치즈를 만드는 원료로 사용되고 있다. 우유를 끓이면 유청에 녹아있는 β-락토글로블린(β-lactoglobulin) 단백질이 변성하여 막이 생기므로 우유를 가열할 경우에는 중탕을 하거나 90℃ 이하로 가열하여야 한다. 우유단백질은 영양적으로는 무척 우수하나 강한 알레르기(allergy)원이기 때문에 피부염 등 알레르기를 갖고 있는 사람은 일차적으로 우유단백질에 대한 항체－항원반응을 알아 볼 필요가 있다. 우유의 탄수화물은 주로 이당류인 유당이다. 유당분해효소가 부족하여 유당불내증인 사람을 위해 미리 유당을 분해시킨 우유도 시판되고 있다.

우유에는 또한 단백질 함유량과 비슷하게 지방이 3~5% 정도 들어있다. 유지방은 다른 지방과 그 특성이 크게 다른데, 분자량이 작은 부티르산이나 카프르산 등 탄소수 10개 미만의 지방산이 다른 지방에 비해 상대적으로 많이 함유되어 있어 우유가 가수분해되거나 변패되면 독특한 냄새가 난다. 유지방을 이용한 식품으로는 크림이나 버터가 있다. 우유에는 유지방 함량에 따라 전지우유, 유지방을 0.5, 1.0, 1.5 또는 2.0%로 낮춘 저지방 우유, 유지방을 0.5% 이하로 거의 제거한 무지방 우유가 있다. 우유가공제품으로는 수분함량을 조절한 농축우유, 전지 또는 탈지분유, 유단백을 응고시켜 제조하는 다양한 치즈류, 유지방을 주로 이용하는 버터, 그리고 우유에 유산균을 접종하여 발효시킨 액상, 또는 호상 요구르트 등이 있다.

🫧 지방을 이용한 조리

지방(fat)은 지질(lipid)의 한 종류이다. 지질은 유기용매에 녹는 모든 물질을 총칭한다. 따라서 지용성 비타민류, 콜레스테롤 등 스테로이드 계통, 노란색이나 붉은색을 나타내는 카로티노이드 등도 모두 지질에 속한다.

◼ 1 지방의 특성과 산패

지질의 대부분을 차지하는 지방은 세 개의 지방산(fatty acid)이 글리세롤(glycerol)에 결합된 구조를 가지고 있으며 쇠기름, 돼지기름 등의 동물성 지방과 콩기름, 옥수수기름 등의 식물성 지방이 있다. 동물성 지방들은 그중 일부가 근육 내에 분포되어 있으며, 고기의 연한 정도에 영향을 준다고 알려져 있다.

식물성 기름은 튀김, 지짐 등에 사용된다. 이때에는 일반적으로 150℃ 이상의 고온으로 가열되고 불포화지방산의 함량이 높아 고온가열에 의한 기름의 산패가 문제되고 있다. 가열산패된 기름은 외면적으로는 색깔이 검고 점도가 높으며, 거품을 형성하고 튀김의 질을 저하시킨다. 또한 저분자의 휘발성 물질이 많이 생성되며, 이중에 몸에 해로운 물질도 있다고 한다. 가정에서의 튀김시, 튀김기름은 대략 2~3회 정도 사용하여도 무방하다.

기름의 산패에는 가열에 의한 산패 이외에 지방 가수분해효소에 의한 가수분해적 산패와 산소에 의한 산화적 산패가 있다. 가수분해적 산패는 우유와 유제품에서 문제가 되는데, 유지방에 있는 분자량이 작은 지방산이 유리되어 불쾌한 냄새를 준다. 산화적 산패는 산소 존재 하에 불포화도가 높은 지방산이 산소와 결합한 후 휘발성이 강한 저분자의 알데히드, 케톤 등을 생성하거나 일부는 중합하여 고분자화되어 지방의 질을 낮춘다. 가열산패는 높은 온도에서 반응하므로 산소와의 결합 반응 및 분해 속도가 빠르며, 최종생성물이 산화적 산패와 일반적으로 다르다.

지방은 튀김의 바삭함, 제빵의 부드러움 및 윤택, 입 안에서의 용해성 등을 좌우하는 여러 특성을 가지고 있어 조리에 많이 사용되고 있다. 그러나 지방은 탄수화물이나 단백질보다 2배 이상의 열량을 내는 고열량 물질이므로 적당한 체중을 유지하기 위해서는 지방이 많이 함유된 케익류, 튀김류, 아이스크림류 등의 식품을 너무 많이 먹지 않도록 유의하여야 한다. 그러나 지방에는 우리 몸의 성장·구성에 꼭 필요한 필수지방산이 있어 최소한의 양은 섭취하여야 하며, 이런 필수지방산은 주로 식물성 기름이나 생선의 지방 등에 많이 들어있다.

❷ 많이 사용되는 지방식품의 특성

참기름은 참깨를 볶은 후 압착하거나 유기용매를 사용하여 추출한 것이다. 우리나라에서는 압착식을 사용하고, 일부 외국에서는 추출식을 사용한다. 참깨를 볶으면 그 과정에서 가열에 의한 갈변반응, 유지의 산화적 분해반응 등으로 여러 향기성분과 함께 갈색색소가 형성되며, 산화방지 성분이 증가하여, 참기름 특유의 고소한 맛이 더 많아지고 비교적 오랜기간 저장 할 수 있다. 참기름은 $\omega6$ 계열의 2중 불포화지방산인 리놀레산(linoleic acid)을 40~45% 함유하여 산화가 비교적 쉬우나 천연 항산화 물질이 들어 있어 산화를 효과적으로 방지하고 있다. 참기름의 항산화 물질은 세사민(sesamin), 세사몰린

(sesamolin), 세사몰(sesamol) 등이다.

들기름은 $\omega 3$ 계열의 3중 불포화지방산인 리놀렌산(linolenic acid)을 50% 이상 함유하여 산화가 아주 쉽게 일어난다. 또한 참기름에서와 같이 활성이 큰 천연 항산화제도 없기 때문에 한 번 개봉하여 산소와 접촉하면 급격히 산화하여 향미가 변하므로 저장기간이 아주 짧다. 따라서 들기름을 발라 구운 김은 저장하지 말고 즉시 먹어야 한다.

콩기름은 비교적 값이 싸고 저장 유효기간이 1년 정도로 길다. 산화가 급격히 일어나는 리놀렌산이 6.5%, 산화가 비교적 쉬운 리놀레산이 50% 가량 함유되어 있어 들기름보다 산화가 느리게 진행된다. 또한 이 지방산들은 필수지방산이므로 영양적인 면도 우수하다.

채종유는 유채씨에서 얻는 기름으로 카놀라유라고도 한다. 콩기름보다 리놀레산은 적으나 리놀렌산의 함량은 거의 2배 정도되어 산화가 더 빨리 일어난다. 지방산 중에서 에루스산(erucic acid)이 많이 들어있는 유채씨 기름은 건강에 좋지 않다고 알려져 있으나 카놀라유는 품종개량을 하여 에루스산 함량을 2% 이하로 줄인 유채씨 기름이다.

쇼트닝과 마가린은 불포화지방산에 수소를 부가하여 불포화지방산 함량을 낮추어 고체화시킨 것이다. 쇼트닝은 거의 100% 기름이며, 산화에 비교적 안전하여 튀김유로 사용되고 있고, 부드러운 질감을 주기 때문에 제과·제빵의 재료로도 많이 사용되고 있다. 마가린은 80%가 지방이고, 20%가 물이나 기타 염, 유화제로 유중수적형(water-in-oil : w/o) 유화상태를 유지하고 있다. 마가린은 콜레스테롤이 없으며, 다른 특성은 버터와 유사하므로 현재는 버터 대용으로 버터보다 더 많이 사용되고 있다.

조리시 미량성분의 변화

식품의 미량성분으로는 맛이나 냄새에 관계되는 향미성분, 식품에 존재하는 여러 종류의 천연색소와 가공 중 산화, 축합 등에 의해 갈색을 나타내는 polyphenol류 등이 있다.

이들 미량성분들은 식품을 자르거나 으깨는 물리적 조리, 가열하는 가열조리, 또한 발효 등의 화학적 조리시 생성되거나 감소, 파괴되기도 한다.

▋1 향미성분의 변화

향미성분 중 맛 성분에는 단맛을 주는 당분, 신맛을 주는 유기산과 쓴맛을 주는 알칼로이드 계통이 있다.

당분은 가공저장시 고구마나 감자에서와 같이 효소에 의하여 전분의 가수분해로 생성되거나, 산처리시 산가수분해에 의해 생성되기도 하나, 과일에 상당량 들어있는 당은 생합성에 의해 생성되어 저장된 것이다. 조리시 당분은 조리수에 용출되어 나가기도 하며, 가열시 질소화합물과 결합하여 갈변물질을 생성하기도 한다. 빵을 구울 때 빵 껍질의 갈색화는 이 반응에 의한 것이다. 또한 설탕을 160℃ 이상으로 가열하면 갈색화되는데, 이것을 카라멜화(caramelization)라고 한다.

유기산 역시 수용성이며, 가열하면 휘발하는 휘발성 유기산과 가열하여도 휘발되기 어려운 비휘발성 유기산이 있다. 신맛이 강한 과일에는 독특한 유기산들이 함유되어 있다.

감귤류에는 구연산(citric acid), 포도에는 주석산(tartaric acid), 사과에는 능금산(malic acid) 등이 많이 들어있다. 채소에 들어있는 휘발성 유기산은 가열하면 증발하나, 비휘발성 유기산은 가열하면 조리수 중으로 용출되어 조리수를 산성화시켜 채소의 녹색을 녹황색으로 변하게 하는데 영향을 준다.

쓴맛을 내는 물질의 대부분은 알칼로이드 계통으로 커피의 카페인(caffein), 엽차의 테오브로민(theobromine) 등이 대표적이다. 그러나 감귤류의 껍질에서 쓴맛을 내는 나린진(naringin)은 플라보노이드(flavonoid)에 속하는 구조를 가지고 있다.

냄새성분의 생성은 세 가지 경우로 나누어 볼 수 있다. 첫째는 과일향처럼 생합성에 의해 식품 내에서 합성되어 존재하는 냄새성분이다. 주로 에스테르(ester), 알코올(alcohol), 알데히드(aldehyde), 케톤(ketone), 테르핀(terpine) 구조를 가지고 있다. 둘째는 마늘류나 무, 배추류처럼 세포를 자르거나 으깨면 세포내 효소가 유황을 포함하고 있는 전구체 물질에 작용하여 냄새물질인 저분자의 황화합물을 생성하는 것이다. 셋째는 가열에 의한 냄새물질 생성으로

당과 질소화합물이 마이알(Maillard) 반응을 하여 갈색물질과 함께 여러 냄새 물질을 생성하는 것이 대표적인 예이다.

❷ 색소성분의 변화

식물체에 존재하는 천연색소 성분에는 지용성인 엽록소(chlorophylls), 카로티노이드(carotenoids), 수용성인 플라보노이드(flavonoids), 베탈레인(betalains) 등이 있다. 동물성 색소로는 육색소라고 불리우는 미오글로빈(myoglobins), 혈색소인 헤모글로빈(hemoglobins)이 있다.

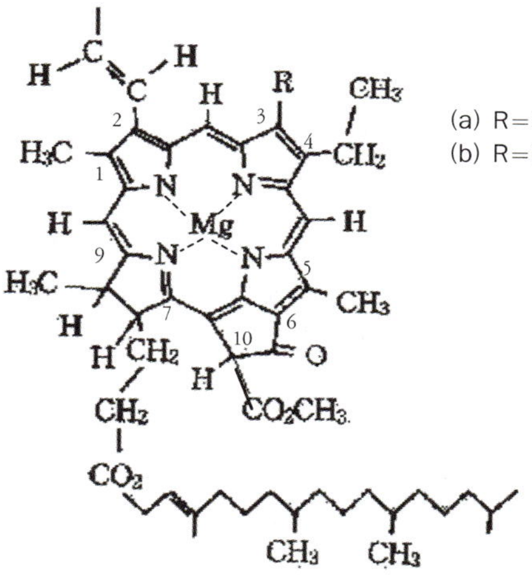

(a) R=CH₃ : chlorophyll a
(b) R=CHO : chlorophyll b

■ 그림 4-3 엽록소의 구조 ■

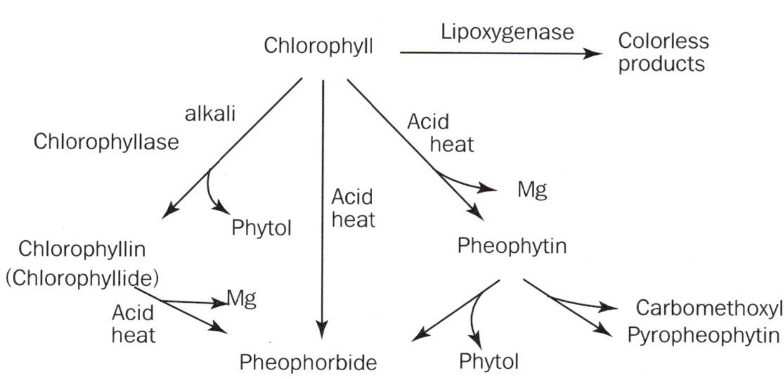

■ 그림 4-4 엽록소의 조리 중 변화 ■

녹색을 나타내는 엽록소는 산성하에서 마그네슘(Mg)이 수소로 대치되면서 녹황색인 페오피틴(pheophytin)으로 되고, 알칼리 하에서는 에스테르 결합을 한 피톨(phytol)이 이탈되어 청록색의 클로로필린(chlorophyllin)이 되면서 수용성화 된다. 채소내에 존재하는 클로필라제라는 효소에 의해서도 수용성의 청록색 클로로필라이드가 된다.

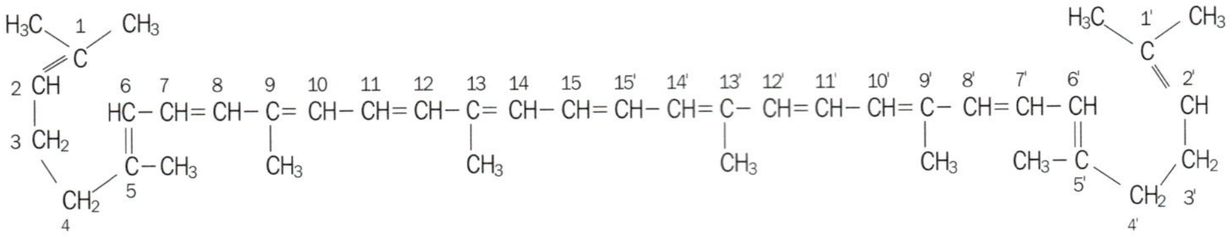

Lycopene

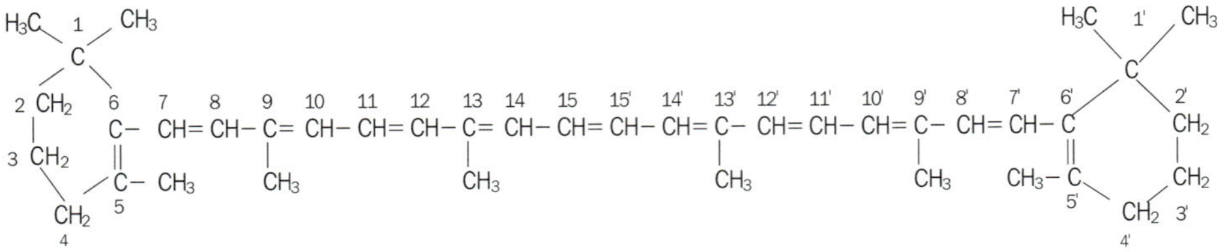

β −Carotene

■ 그림 4−5 일부 카로티노이드의 구조 ■

카로티노이드는 탄소와 수소로만 이루어진 탄화수소 카로티노이드와 소수의 산소결합을 갖는 잔토필(xanthophll)로 나눌 수 있다. 자연계에는 비슷한 구조를 갖는 수십 종의 다양한 카로티노이드가 있다. 주로 황색을 나타내는 카로티노이드는 이중결합이 많은 40개의 탄소로 이루어져 있으며 산, 알칼리에 비교적 강하나 산소 하에서는 산화되어 탈색된다. 카로티노이드 중 β-카로틴(β-carotene) 같은 것은 체내에서 비타민 A로 전환되므로 비타민 A 전구체(provitamin A)라고 한다.

플라보노이드(flavonoids)는 페놀(phenol)구조를 갖고 있으며, 구조의 유사성에 따라 안토시아닌(anthocyanins) 색소와 안토잔틴(anthoxanthin)으로 나뉜다.

안토시아닌은 포도, 자두, 앵두, 딸기, 사과, 가지, 붉은 양배추 등 붉은색, 보라색, 청색 등을 띠는 과일, 채소에 들어있다.

안토시아닌 색소는 수용성이기 때문에 물에 쉽게 용출되고, 그림 4-6에서와 같이 산성에서는 붉은색을 띠며 안정하나, 중성 부근에서는 탈색되는 경우가 많고, 알칼리성에서는 청색을 띠지만 일부는 파괴되는 경우도 있다.

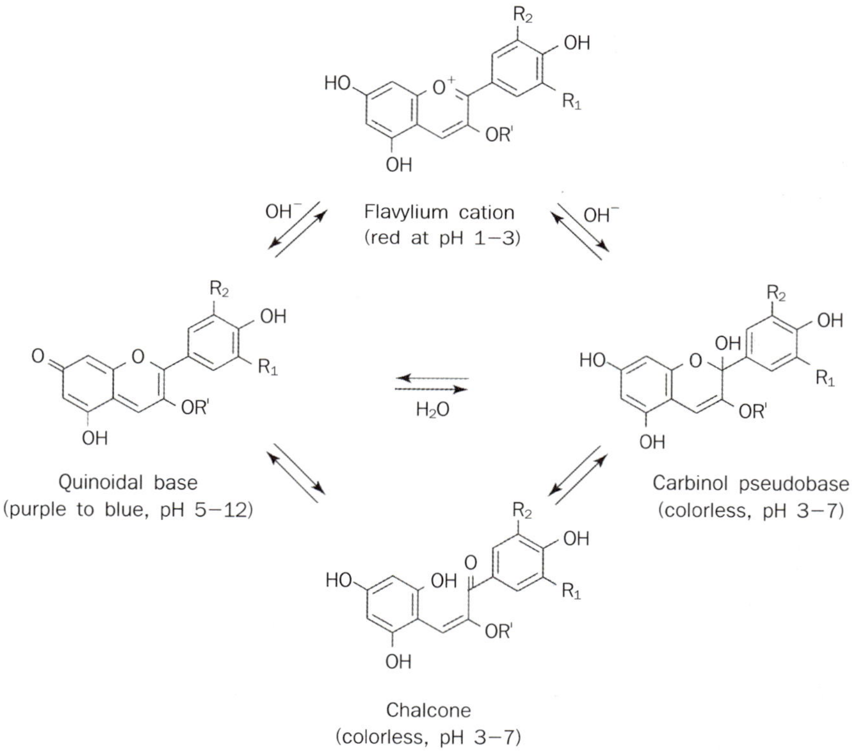

■ 그림 4-6 산성도에 따른 안토시아닌의 구조 ■

안토잔틴은 쌀, 밀가루, 감자, 양파 등 백색의 곡류, 채소에 단독으로 들어 있기도 하지만 안토시아닌과 함께 있기도 한다. 이 색소는 자연계에 가장 널리 분포되어 있어 거의 대부분의 식물에 존재한다. 안토잔틴은 산성에서는 안정하고 흰색을 띠나 식소다를 넣어 만든 찐빵의 색이 노란 것처럼 알칼리에서는 파괴되어 황색으로 보인다.

베탈레인은 안토시아닌과 특성이 유사하나 그 구조에 질소를 포함하고 있다. 검붉은색을 띠는 레드 비츠(red beets)에 베탈레인 색소가 다량 들어있어 추출하여 천연색소로써의 사용가능성이 제시되고 있다. 베탈레인은 pH 4 이하에서는 자색으로, pH 4~7에서는 붉은색, pH 10 이상에서는 황색으로 변한다.

철분을 가진 육색소(myoglobin)는 철분의 산화상태에 따라 붉은 정도가 다르며, 가열하면 글로빈 단백질이 변성하여 갈색으로 된다. 염장육에서는 색깔을 분홍색으로 안정화시키기 위해 아질산염을 첨가한다.

4. 식품의 변질

인간이 살아가기 위해서는 먹어야만 하고, 그 식품의 재료는 동물성이거나 식물성이거나 모두 자연에서 얻는 것으로 수확 전에는 곤충과 질병에 노출되어 있으며, 수확 후에는 곧 변질이 시작된다. 그러므로 수확 전후의 모든 과정에서 적절한 처리를 거쳐야만 식품으로써의 사용이 가능하게 된다.

수확 전 변질

과일, 채소, 곡류 등은 수확 전에도 많은 생물학적 변질을 받게 된다. 잡초에 의하여 영양분을 빼앗기고 미생물과 바이러스에 의하여 1,500 종류 이상의 질병에 걸릴 가능성도 있다. 또는 일부 곰팡이에 의하여 인간에 유독하거나 치명적인 독소를 함유할 수 있어 좋은 식품의 생산에 어려움이 있다. 이런 문제점을 해결하기 위해 유전적으로 질병에 강한 종자를 개량하거나 살균, 살충에 유효한 농약과 제초제를 뿌리고 있다.

식품손실을 방지하기 위한 또다른 방법은 쥐, 새, 곤충 등의 접근을 억제하는 것이다. 쥐 한 마리는 하루에 20~30g의 식품을 먹어치우는 것 외에, 70개 정도의 쥐똥과 약 30g의 오줌, 또 많은 쥐털로 식품을 오염시키고 있다.

각종 곤충에 의한 과일이나 채소의 품질 손상 및 수확량 저하도 문제점 중의 하나이다. 화학살충제 등을 살포하여 방제하고 있으나 이는 생태학적으로 불균형을 야기시키고 독성물질을 잔류시키는 경우도 있어 새로운 방제방법이 절실히 요구되고 있다.

축산업에서도 동물의 각종 질병을 예방하기 위하여 적절한 위생환경과 아울러 사료에 항생제를 투여하거나 질병에 대하여 저항력이 강한 품종을 육성하는 등의 방법을 통하여 최대한의 식품을 생산하려고 노력하고 있다.

수확 후 변질

인구의 대부분이 식품을 생산하는 지역이 아닌 멀리 떨어진 도시에 살게 되고, 식품가공이 발달함에 따라 생산된 식품은 먼 거리로 운송되기 때문에 가공되어 소비되고 있다. 따라서 운송, 가공, 저장 등 여러 과정중에서 일어나는 변질을 최소화하여야 한다. 현재 우리나라는 각종 식품이 수입하고 있으며, 이때 선박을 이용한 장거리 운송이 불가피하다. 따라서 수출국에서는 운송 중의 변질을 최소화하기 위하여 살충·살균제나 산화방지제 등을 사용하게 되어 농약이나 첨가물의 잔류가 문제시되고 있다.

수확 후 변질은 그 원인에 따라 미생물 오염, 생화학적 변질, 화학적 변질, 물리적 변질 등으로 나누어 생각할 수 있다.

1 미생물 오염

수확 후 식품은 주위의 미생물에 의해 오염되고, 미생물이 성장, 증식하면서 생성하는 2차 물질에 의해 식품의 맛, 냄새, 조직감 등이 변하게 된다. 고기에 미끈거리는 물질이 생성되는 것이 한 예이다. 미생물의 2차 생성물에는 독성이 있는 것도 있어 인체에 유해한 물질을 식품이 함유하게 된다. 대표적인 예로는 곡식이나 땅콩에 곰팡이(Aspergillus flavus)가 오염되어 아플라톡신(aflatoxin)이라는 간암을 유발시키는 유독물질을 생성하는 경우이다.

미생물에 의한 변질을 최소화하기 위하여 초기의 오염을 최소화하고, 미생물이 잘 자라지 못하는 환경(온도, 산성도, 수분 등)을 만들어야 하며, 적절한 살균제를 사용하여야 한다. 가정에서도 식품을 먹기 직전까지 냉장, 또는 냉동보관하는 것이 바람직하다.

② 생화학적 변질

수확 후, 또는 도살 후의 식품은 적절한 생화학적 환경을 유지할 수 없게 된다. 도살 후 고기는 ATP가 고갈되며 수분이 손실되고, 색깔이 변하며 질겨진다. 식품 내의 효소작용도 계속된다. 채소의 장기 저장시에는 효소 중 지방가수분해효소와 산화효소가 채소의 품질 저하에 크게 작용하므로 채소에 열처리를 하여 효소를 불활성화 시킨 후 냉동저장, 또는 건조가공을 실시하고 있다. 비타민 C 등의 영양물질도 장기저장시 자체 효소에 의해 파괴되며, 식품의 색소도 효소에 의해 파괴, 탈색되어 시각적인 효과가 반감되기도 한다.

③ 화학적 변질

화학적 변질은 주로 식품성분들이 산소와 결합하는 산화에 의해 일어난다. 산화에 의한 비타민 C 파괴를 살펴보면, 오렌지주스를 상온에서 일년 저장하면 10%만이 파괴되지만 완두콩을 30°C 정도에서 저장할 경우에는 저장 이틀만에 10%가 파괴된다. 건조식품의 비타민 C나 티아민도 상온에서 2~3개월저장시 손실 정도가 크다. 통조림 식품 역시 저장온도에 따라 비타민 C의 파괴 정도가 크게 차이나는 것을 그림 4-7에서 볼 수 있다.

지방의 산패는 가장 대표적인 화학적 변질이다. 지방산패는 식품 중 불포화도가 큰 지방이 산소와 빠르게 결합한 후 2차 생성물을 만들어 독특한 이취를 발생시키며, 색깔을 탈색시키고, 경우에 따라서는 단백질의 질을 낮춘다. 산패를 억제, 방지하기 위한 방법으로 불투명 포장재를 사용하며, 질소를 충전시키거나 진공상태로 만들어 산소를 제거한다. 또는 여러 종류의 항산화제를 사용하기도 한다.

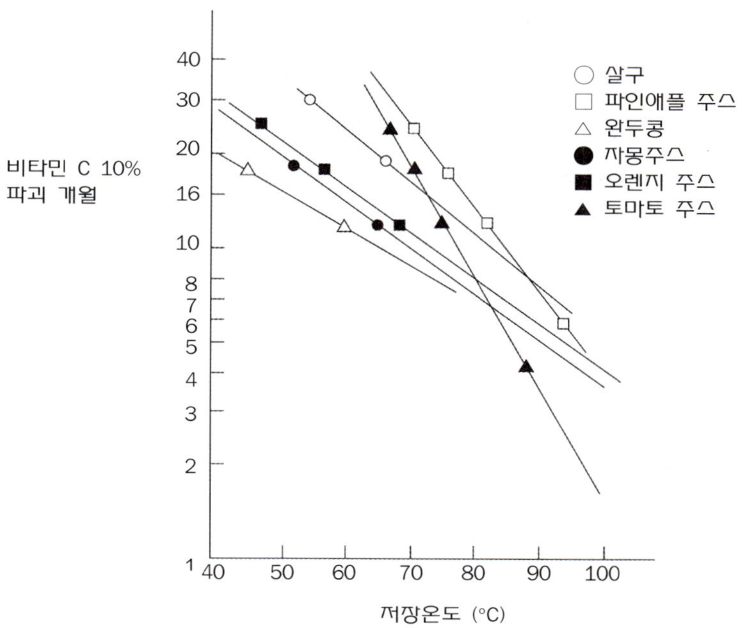

■ 그림 4-7 통조림 식품의 저장온도에 따른 비타민 C 10% 파괴에 소요되는 개월 **■**

비효소적 갈변반응도 가공, 저장 중에 잘 일어난다. 식품 내의 환원력을 가진 당류-포도당, 유당 등-와 아미노산이나 단백질 간의 반응으로 갈색물질을 생성하고, 단백질 중 필수아미노산인 라이신(lysine)의 손실이 일어나 단백질의 질을 낮춘다. 특히 건조시의 이런 반응은 건조식품을 딱딱하게 하며, 바람직하지 않은 향미를 내기 때문에 억제하는 것이 좋다. 이를 위하여 포도당이나 유당을 제거하고, 갈변반응 속도가 느린 설탕을 첨가하거나 수분을 조절하여 건조상태를 유지시키는 것이 바람직하다. 그러나 커피, 빵제조 등에서 볼 수 있는 갈변반응은 여러 바람직한 향미물질을 생성하기도 한다.

❹ 물리적 변질

식품을 저장, 또는 운송하는 중에 물리적인 충격에 의하여 식물세포에 상처를 주면 그 주위가 물러지거나 변색하며, 미생물의 공격을 받기 쉽게 된다. 또한 으스러지거나 부서지면 상품성을 크게 손상시켜 제값을 받을 수 없게 된다. 고기 등도 적절한 저장을 하지 않으면 수분이 증발되어 딱딱해지고, 색깔이 갈색으로 변하며, 빵 등도 수분이 감소되면 더 빨리 노화가 진행되어 딱딱해진다. 채소·과일의 저장, 운송 중 물리적 변질을 최소화 시키면 식품의 품질을 좋게 유지시킬 뿐 아니라 식품의 폐기가 적어져서 음식쓰레기를 줄일 수 있다. 물리적 충격을 완화하기 위하여 진공포장, 적절한 상자 사용, 질소 등 기체를 이용한 기체충전포장 등 여러 방법이 사용된다.

5. 식품의 가공저장

식품을 가공하는 1차적 목적은 몸에 해롭거나 식품을 부패시키는 미생물을 제거하고, 식품의 수명을 단축시키고 품질을 떨어뜨리는 생화학적, 화학반응을 억제하기 위한 것이다. 그러나 이외에 2차적 목적은 영양상태를 유지, 또는 강화하고, 향미, 맛, 외모를 바람직하게 개선 또는 유지시키며 계절에 관계없이 각종 식품을 이용할 수 있게 하기 위함이다.

가 열

가공의 1차적 목적을 손쉽게 달성할 수 있는 방법이 가열이다. 해로운 미생물은 불활성화시키지만 모든 미생물을 완전히 파괴하지 않는 가열처리방법을 살균(pasteurization)이라 한다. 주로 낮은 온도인 60~65°C에서 30분, 또는 73°C에서 15초간 가열하는 저온살균법이 많이 사용되나 135°C 정도에서 1초 이내로 순간적으로 살균하는 초고온 살균법도 실시되고 있다.

멸균(sterilization)은 통조림을 제조하거나 보존기간을 크게 늘리기 위해 모든 미생물을 파괴하는 가압고온가열법이다. 멸균 후 포장시까지 다시 미생물이 오염되지 않도록 하여야 한다.

데치기(blanching)는 채소 내의 효소를 불활성화 시키고 부피를 줄이기 위해 실시하는 전처리 방법이다.

식품가공보존을 위한 통조림 가열방법은 1795년 프랑스인 아페르트(Appert)가 처음 고안하여 원시적인 병조림을 만든 이후, 주석을 이용한 통조림으로부터 알루미늄 통조림까지 발전하였다. 또한 압력을 이용한 가열방법이 고안되어, 가장 위험한 식중독을 일으키는 보튤리늄(botulinum)균 및 포자를 안전하게 파괴하게 되었다. pH 4.5를 기준으로 식품이 그 이하일 경우는 상압가열만으로도 안전하나, pH가 4.5 이상인 저산성식품인 경우는 반드시 고압가열을 하여야만 한다. 이것은 보튤리늄균이 산에 약하기 때문이다. 그러나 필요이상으로 높은 온도, 또는 너무 오랫동안 가열하는 경우 비타민 등 영양소의 파괴와 맛, 색깔 등 관능적 요소의 변화가 문제되므로 통조림 제조시 안전하고도 적절한 통조림 가공방법을 철저히 지켜야 한다.

 냉장 · 냉동

■1 냉 장

냉장은 비교적 짧은 기간 동안 식품을 저장하려 할 때 사용되는 방법이다. 냉장을 하면 미생물을 파괴할 순 없지만 성장 · 번식을 어느 정도 억제할 수 있으며, 식품내 화학적 · 효소적 반응을 낮출 수 있다. 냉장온도는 0°C~5°C 사이를 말하며, 각 가정에 냉장고가 보편적으로 보급됨에 따라 냉장저장이 식품의 저장방법으로 가장 빈번히 사용되고 있다. 육류, 닭고기, 생선, 계란, 우유제품, 채소와 과일을 저장하기 위하여 냉장은 가장 중요하게 사용되고 있다.

식품의 냉장을 위해 얼음을 사용한 예는 석빙고에서 볼 수 있듯이 옛날부터 있어 왔으나 극히 제한적이었다. 1860년 미국에서 기계적인 냉장고가 암모니아 가스를 사용하여 상업화되었으며, 생선 · 육류 수송시 냉동차를 운반하게 되었으나 1940년대 이후부터 각 가정에 냉장고 보급이 일반화되기 시작하였다. 우리나라에서는 1970년대 초기부터 냉장고 보급이 일반화되어, 현재는 부엌의 필수품이 되었다.

식품은 냉장저장 최적온도가 각각 다르다. 고기 · 생선류는 가능한한 0°C에 가까운 온도에서 저장하는 것이 좋지만 미숙한 바나나, 또는 토마토는 냉장저장시 익지 않고 냉해로 인해 변질된다. 감자를 냉장저장하면 전분이 당분으로 빨리 변하여 가열하면 갈변하고 조직감이 나빠진다.

그러나 표 4-1에서 보는 바와 같이 대부분의 식품은 냉장 저장될 때 품질이 저하되지 않고 저장기간이 연장된다. 냉장시 수분과 산소를 적당량 통과시키는 포장재로 식품을 포장하면 수분의 증발을 억제하여 저장기간을 훨씬 더 연장시킬 수 있다. 그림 4-8은 식품의 가열, 또는 냉장·냉동시 온도에 따른 세균의 성장정도를 요약하여 나타낸 것이다.

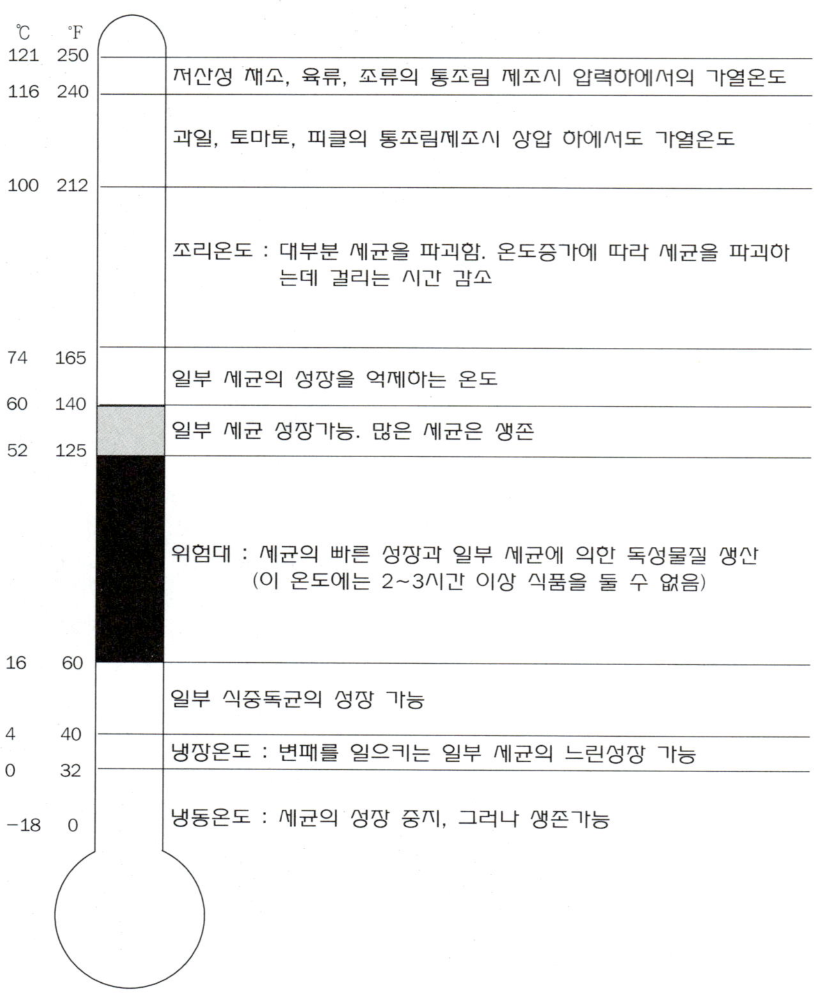

■ 그림 4-8 세균조절을 위한 식품의 온도 ■

■ 표 4-1 온도에 따른 식품의 유효저장 기간 ■

식 품	일반적인 저장기간(일수)		
	0°C	22°C	38°C
육 류	6~10	1	1 이하
생 선	2~7	1	1 이하
닭 고 기	5~18	1	1 이하
건조육류 및 생선	1,000 이상	350 이상	100 이상
과 일	2~180	1~20	1~7
건 조 과 일	1,000 이상	350 이상	100 이상
엽 채 류	3~20	1~7	1~3
괴 경 류	90~300	7~50	2~20
견 과 류	1,000 이상	350 이상	100 이상

❷ 냉 동

냉동은 냉장과 같은 목적으로 사용하지만 미생물의 성장과 효소반응의 억제에 훨씬 더 효과적이다. 냉동은 액체인 물을 고체로 만들어 미생물의 성장이나 화학·효소반응의 작용을 억제한다. 냉동은 냉장보다 식품의 수명을 훨씬 더 연장시키지만 항구적이지는 않다. 냉동온도를 −20°C 이하로 낮추어도 얼지 않는 물이 10% 정도 남아 있게 되어 여러 효소반응, 특히 지방 가수분해 반응이 느리게 일어나서 식품의 품질을 저하시킨다. 따라서 많은 냉동식품들은 통조림 식품보다 저장기간이 짧다. 냉동시 식품의 저장기간은 표 4-2와 같다.

냉동 중의 식품 손상은 물리적인 손상과 화학적인 손상으로 나눌 수 있다. 물리적 손상으로는 물이 고체화되면서 부피가 늘어나서 세포를 파괴시키는 것이나, 부적절한 포장으로 수분이 식품으로부터 증발(freezer burn)되어 표면이 딱딱해지는 것이 대표적인 현상이다. 냉동하면 육류나 생선은 단단해지며 채소·과일은 아삭아삭함을 잃어버린다. 이런 현상은 급속냉동보다 완만냉동 시 잘 일어나며, 냉동온도의 변화가 클수록 더 증가한다.

냉동 중 화학적인 손상을 일으키는 반응으로는 효소반응, 비효소적 산화반응 등이 있다. 식품 중의 지방가수분해 효소(lipase)는 유리지방산을 만들어 더욱 산화하기 쉽게 한다. 유리지방산들은 주위의 산소에 의해 산화되고 저분

■ **표 4-2** 냉동식품의 고품질 유지 저장기간 ■

	가정용 냉장고 냉동칸 −12°C(달)
사과파이 속	9
쇠고기	2
빵	6
컬리플라워	2
생닭고기	7
튀긴 닭고기	1
기름진 생선	(1주일)
완두콩	3
햄버거	10
복숭아	1
콩	3
돼지 소시지	1
시금치	2
딸기	3

자 물질로 분해되어 산패로 인한 냄새를 낸다. 이런 현상은 가열한 육류, 소시지 등을 냉동할 때 쉽게 나타난다. 과일의 갈변현상 역시 냉동 중에 잘 일어나는 화학변화이다. 이는 폴리페놀(polyphenol) 산화효소가 관여하며, 냉동 전 과일을 설탕시럽에 담그면 갈변을 어느정도 억제할 수 있다. 느리긴 하지만 비타민의 손실도 상당하기 때문에 식품을 너무 오랫동안 냉동저장하지 말아야 한다. 1년 냉동 후 완두콩의 비타민 C는 50% 정도 파괴된다.

이런 단점들이 있음에도 불구하고 냉동 가공저장은 날로 확산되고 있다. 다른 저장방법보다 냉동식품은 더 신선하고 영양성분의 잔유율도 크며, 조리에 쉽게 이용될 수 있기 때문이다. 냉동에 의하여 계절에 구애받지 않고 일년 내내 비교적 신선한 채소와 과일을 이용할 수 있게 되었다.

냉동식품을 해동하는 방법은 식품의 질에 직접적으로 영향을 준다. 닭고기는 해동시키지 않고 바로 굽는 것을 권장하고 있으며, 냉동채소도 전자레인지에서 해동과 동시에 가열하는 것이 좋다고 한다. 상온에서의 해동은 미생물 오염 때문에 좋지 않으므로 고기 등은 냉장상태에서 해동시키는 것이 바람직하다. 전자레인지에서 빠르게 해동시키는 것도 추천되고 있다.

 건 조

건조는 식품 내의 수분을 제거하여 미생물의 성장을 억제하고 식품의 저장기간을 길게 하며, 부피를 줄이고 무게를 감소시켜 저장, 운반을 용이하게 한다. 그러나 건조과정 중, 또는 건조 후 그림 4-9에서와 같이 건조식품을 높은 온도에서 저장하면 비타민 C, 티아민 등의 손실이 크고 조직감이나 향미가 변한다. 또한 포도상구균(Staphylococcus aureus) 같은 병원균이 생존해 있을 경우가 많아 수분이 다시 복원되면 식중독을 일으킬 수도 있다.

주요 건조방법에는 태양에 의한 자연건조, 열이나 열풍을 이용한 터널건조, 분무건조, 드럼건조, 동결시킨 후 승화에 의해 얼음에서 바로 수증기화시켜 수분을 제거하는 동결건조 등이 있다.

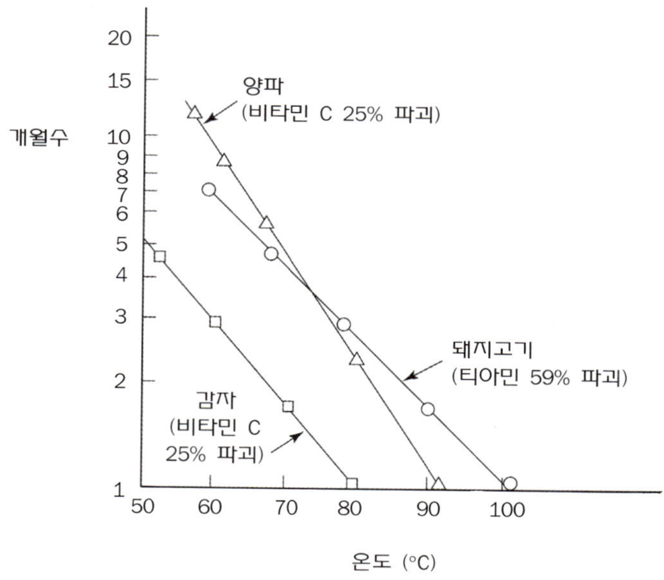

■ **그림 4-9** 수분방지 포장된 건조식품의 저장온도에 대한 비타민의 파괴양상 ■

　자연건조는 날씨에 영향을 많이 받지만 건조시 비용이 비교적 적게 든다. 건포도는 대표적인 자연건조 식품이며, 우리나라에서는 고추, 벼 등 각종 농산물 건조에 가장 빈번히 이용되고 있다. 그러나 건조기간이 길기 때문에 미생물 번식, 바람직하지 않은 화학반응, 비타민 손실 등을 단점으로 들 수 있다.

　열이나 열풍을 이용한 인공건조는 날씨에 의존하지 않고, 건조기간도 자연건조에 비해 상당히 단축된다. 건조기간이 짧아 화학적 변화, 또는 미생물 성장을 상당히 억제한다.

　터널건조는 사과, 바나나, 고구마, 무 등 썰어서 말리는 식품에 적당하나 건조시 과다하게 수축되며 수분복원력이 낮다.

　드럼건조는 으깬 또는 풀상태의 식품을 건조시킬 때 적당하다.

　분무건조는 우유나 즉석커피, 차를 분말화시키는 방법으로 적당하다. 액체를 세밀한 방울로 분산시켜, 높은 온도에서 빠른 열풍으로 건조시킴으로 순간적으로 건조된다. 따라서 앞의 여러 건조방식보다 영양소 파괴, 조직감 변화, 향미 변화 등이 훨씬 감소된다.

　동결건조는 현재까지 개발된 건조방식 중 화학적 반응이나 영양소 파괴 정도가 가장 적고, 수분복원력, 향미 보유 정도가 가장 큰 방법이다. 식품을 −40℃ 이하에서 급속동결시킨 뒤 진공펌프에 연결된 방으로 옮겨 낮은 온도, 낮은 기압에서 얼음을 승화시켜 수중기로 만들어 제거한다. 건조시간은 적어도 6~8시간 이상 걸리며, 비용이 많이 드는 건조방법이다. 그러나 건조된 식품의 조직이 줄어들지 않고 수분복원력, 향미보유력 등이 뛰어나고 영양소 파괴가 극히 적어 즉석커피나 차, 의약품 제조 등에 이용되고 있다.

　잘 사용되지 않지만 다른 건조방법으로는 기름에 튀기기, 설탕 등을 첨가하여 삼투압을 이용하는 탈수건조, 또는 압축건조, 굽기 등이 있다.

발 효

　발효는 식품을 가공·보존하기 위해 옛부터 사용되어 온 방법으로, 식품에 자연적으로 붙어있는 미생물이 이용되어 왔으나, 최근에는 바람직한 순수 미생물을 첨가하기도 한다. 발효시 미생물은 산이나 알코올을 생산하며, 병원균이나 부패미생물의 성장을 억제, 저지하여 식품의 저장성을 높이거나, 또는 새로운 물질을 생산하여 전혀 다른 특성의 새로운 식품을 만든다.

우리나라는 특별히 발효에 의해서 여러 식품을 만들어 왔다. 콩을 발효시켜 만든 각종 장류, 채소를 이용한 김치류, 어패류를 이용한 각종 젓갈 등의 발효식품들은 우리 식생활에 기본식품으로 없어서는 안되는 것이다. 또한 누룩을 빚어 발효시킨 각종 곡주나 과일주 등도 상당히 많다.

1 발효의 기본 원리

발효의 기본 원리는 미생물에 의해 불안정한 식품의 성분을 더 안정된 형태로 전환하는 것이다. 적당한 환경 하에서 발효에 이용되는 미생물은 각종 효소를 분비, 식품성분 중의 일부분을 분해하여 당분, 아미노산, 유기산, 알코올, 탄산가스 등을 생산한다. 대부분의 병원균은 산성이나 알코올의 존재하에서는 성장하지 못하여 클로스트리디움 보튤리늄(Clostridium botulinum)은 pH 4.6 이하에서, 포도상구균은 pH 4.2 이하에서는 자라지 못한다. 또한 대부분의 부패미생물들도 알코올이나 산의 존재 하에서는 성장하지 못하므로 식품의 보존기간이 길어진다.

2 대표적인 발효식품

김치는 우리나라 고유의 식품으로 겨울 동안 채소 공급이 전혀 되지 않을 때 각종 비타민, 특히 비타민 C를 공급해 주는 조상의 지혜가 담겨있는 식품이다. 김치는 선사시대 소금에 채소를 절인 것에서부터 시작되었다고 본다. 그후 고려시대에 와서야 김치와 장아찌로 구분되었으며, 고추가 전래되기 이전인 16세기 전에는 천초, 생강 등의 양념과 함께 분홍색 물을 들이기 위해 맨드라미꽃을 사용하였다. 임진왜란 이후 고추가 서서히 전파, 재배되기 시작하여 처음에는 썰어서 섞어 넣었다가 18세기 이후에야 현재와 같은 고추가루에 무치는 배추김치가 일반화되었다고 추정하고 있다. 김치는 200여 종류가 넘는다고는 하나 일반화되어 있는 것은 10여 종이며, 배추김치가 그 대표라고 할 수 있다.

배추김치는 배추를 소금에 절여 수분을 적당히 제거하고 미생물의 수를 감소시킨 후 마늘, 생강, 고추 등의 기본양념에 소금이나 젓갈로 염도를 맞추어 익힌 것이다. 발효초기에는 여러 호기성균이 성장하나, 곧 혐기성이며 유산생성균 Luconostoc mesenteroid가 주종을 이루며, 알맞게 익었을 때가 대략 pH 4.5 정도로써 유산균이 최대치에 달할 때이다. 그후 시어지기 시작하면 Lac. plantalum이 주종을 이루게 된다. 서양에서도 김치와 비슷한 것으로 양배추를 소금에 절여 발효시킨 사우어크라우트(sauerkraut)가 있다.

된장은 콩을 가열한 후 자연발효시킨 메주를 약 18% 소금물에 담가 다시 발효시킨 것이다. 개량된장은 삶은 콩에 순수하게 배양된 황곡균(Asp. orizae)을 접종하여 3~4일간 숙성 발효시킨 메주를 소금물에 담가 발효시킨 것이다. 전통식 메주와 개량 메주에 작용하는 균이 다르므로, 이들로 만든 된장과 간장의 맛도 다르다. 그러므로 많은 가정에서는 아직도 전통식 된장과 간장을 담궈 먹는다.

빵은 밀가루 반죽에 접종시킨 이스트가 포도당을 분해하면서 발생시키는 탄산가스를 이용하여 만든다. 이스트는 28~35°C에서 성장을 잘하며, 각종 효소를 분비하여 전분을 분해하고, 분해된 당류와 빵 반죽시 첨가된 설탕을 이용하여 탄산가스, 알코올과 미량의 유기산을 생성시켜 빵의 품질에 좋은 영향을 준다. 발효된 반죽은 굽거나 가열하여 조직감을 안정화시키며, 이스트를 불활성화한다.

이외에도 여러 발효식품들이 있으며, 각종 미생물을 이용하여 환경오염 물질을 빠르게 분해시키려는 시도와 폐수나 폐유에 미생물을 번식시켜 미생물의 구성성분인 단백질을 얻어 식품이나 사료로 사용하려는 연구가 진행되고 있다.

화학물질 첨가에 의한 가공저장

식품을 가공 저장할 때 첨가하는 화학물질을 식품첨가물이라 한다. 식품첨가물은 식품위생법에 '식품을 제조, 가공 또는 보존함에 있어 식품에 첨가, 혼합, 침윤, 기타의 방법으로 사용되는 물질'로 정의되어 있다.

식품첨가물을 사용하는 목적은 다음과 같다.

① 미생물의 번식 억제

② 산화 방지로 식품의 품질유지

③ 조직감의 증진

④ 향미, 색깔의 개선

⑤ 영양강화

⑥ 가공 저장의 편리성

그러나 생산자가 마음대로 이런 목적을 위해 화학물질 – 첨가제를 사용할 수는 없다. 사용되는 첨가제는 안전성을 위해 첨가제의 사용량과 종류가 식품위생법에 명시되어 있다. 소량의 첨가제를 적당히 사용하면 식품의 보존성이 크게 향상되어 식품의 유효기간을 연장시킬 수 있으므로, 폐기량이 줄게 된다. 따라서 경제적인 측면이나 식품 쓰레기 감소의 측면에서 보면 장점이 많다.

■ 미생물 억제제

소금, 설탕은 물과 결합하여 미생물이 이용할 수 있는 유효수분을 감소시켜 미생물 생육을 억제한다. 염장법을 이용한 각종 젓갈류, 당장법을 이용한 잼, 젤리 등이 이에 속한다.

마요네즈, 탄산음료 등에 첨가하는 초산, 각종 유기산, 인산 등은 pH를 낮추어 미생물을 자라지 못하게 한다. 벤조산(benzoic acid), 프로피온산 칼슘(calcium propionate), 소르브산(sorbic acid) 등은 곰팡이를 억제하는 살균제이다.

■ 산화방지제

식품의 품질을 낮추는 산화를 억제하기 위해 여러 산화방지제가 사용되고 있다. 합성 산화방지제로는 BHA(butylated hydroxyanisole), BHT(butylated hydroxytoluene), EDTA(ethylene diaminetetraacetic acid) 등이 있으며, 천연 산화방지제로는 아스코르브산(ascorbic acid), 토코페롤(tocopherol) 등이 있다.

■ 기능성 첨가제

조직감, 향미, 색깔 등을 개선할 목적으로 사용하는 첨가물을 기능성 첨가제라 한다. 유화를 돕는 물질로는 Tween이나 Span 같은 합성 유화제와 난황이나 콩에 많이 있는 레시틴(lecithin) 같은 천연 유화제가 있다. 각종 전분이나 검물질은 물 결합력이나 식품의 점성을 증가시키기 위해 사용되고 있다.

　향미의 개선을 위해서는 설탕, 소금 유기산 등 옛부터 쓰여온 물질과 함께 최근에 개발된 인공감미료, 감귤류 등 향미가 좋은 식품에서 분리 농축시킨 천연 향미농축액, 또는 값비싼 천연 향미농축액과 비슷한 향미를 갖도록 만든 합성 향미제, 글루탐산 나트륨염(MSG)이나 리보뉴클레오티드 계열 조미료 등 종류가 대단히 많다. 가공식품에는 가공 중 손실된 향미를 보충하거나, 또는 좀 더 바람직한 향미를 만들기 위해 거의 필수적으로 향미물질이 첨가되고 있다.

　색깔을 개선하기 위해 인공색소와 천연색소가 사용되고 있다. 인공색소는 안전성이 문제가 되어 현재에는 아주 소수만 사용되고 있다. 따라서 다양한 천연색소의 생산 및 개발방법이 연구되고 있다.

❹ 영양소 첨가

　더욱 바람직한 식품을 만들기 위해 가공 중 파괴되거나, 또는 본래부터 결핍된 미량영양소를 첨가시키는 경우가 많다. 주로 각종 비타민, 특히 비타민 C, 비타민 B군, 철분이나 칼슘 등 무기질, 일부 아미노산 등이 첨가대상이다. 아침식사시 어린이들이 많이 먹는 즉석 곡류식품에 가장 많은 영양소를 강화하고 있으며, 우유에 비타민 D는 오래 전부터 첨가되고 있다.

문제가 되고 있는 첨가물

❶ 아질산염(Nitrite : NaNO₂)

　아질산염은 육류를 염장할 때 사용하는 발색제이다. 소시지나 햄 제조시 아질산염은 육색소와 결합하여 가열에도 안정한 선홍색을 나타낸다. 또한 아질산염은 염장육의 바람직한 향미생성에도 도움을 준다. 그러나 이것 외에 더욱 중요한 작용은 식중독 중 가장 치명적인 것으로 알려진 Clostridium botulinum의 포자발아를 억제하는 것이다. 이 식중독의 포자는 100°C의 고온에서도 살아남아서 염장육을 통조림으로 가공하거나 진공포장 방법으로 포장하여 혐기적 상태로 만들면, 저장 중에 발아하여 성장 생육하면서 아주 강한 독성물질을 만들어낸다. 육가공의 특성상 120℃ 이상의 가압고온 가열은 품질에 영향을 주므로, 이 세균의 포자를 불활성화시키기는 매우 어려운데 소량의 아질산염을 사용하여 보튤리누스 식중독을 예방하고 있다. 아질산염의 첨가는 이러한 장점이 있는 반면, 단점도 있다. 아질산염은 조리 중에, 또는 섭취 후 식품 중의 아민과 결합하여 니트로소아민(nitrosoamine)을 형성할 가능성이 큰데, 이 니트로소아민은 현재 간암을 일으키는 발암성 물질로 알려져 있다.

　염장육에서의 아질산염의 사용여부, 또는 사용량은 소비자에게 주는 이익과 위험(benefit and risk)을 연구하여 결정되어야 한다. 아질산염은 첨가제로만 섭취되는 것은 아니다. 우리가 꼭 먹어야 하는 여러 녹황색 채소에는 아질산염의 전구체인 질산염이 상당히 많이 들어 있어 조리·가공 중, 또는 체내에서 일부분이 아질산염으로 환원되어 흡수된다. 이 양은 아질산염이 첨가제로 첨가되어 흡수되는 양보다 더 많기 때문에 염장육에 의해서 흡수되는 양은 무시해도 된다는 주장도 있다.

　현재까지는 보튤리누스 식중독 발생을 효과적으로 억제해 줄 수 있는 다른 대체물질이 없기 때문에 사용이 허락되고 있으나 식품가공업자들은 그 사용량을 철저히 지켜야 한다. 현재 우리나라 식품위생법에는 아질산염에 대하여 염장육에는 1kg당 0.07g 이하, 어육제품에는 1kg당 0.05g 이하의 잔유량이 허락되고 있으며, 다른 식품에의 사용은 일절 금지하고 있다.

❷ 사카린(saccharin)과 사이클라메이트(cyclamate)

　이 두 인공감미료는 1958년 이전에는 당뇨병 환자를 위하여 사용되었으며, 그후 저열량식품 제조에 사용되었다. 그러나 일부 독성실험에서 사이클라메이트가 쥐에서 방광암을 일으킨다고 연구되어 사이클라메이트 사용이 금지되었으며, 후에 이 독성실험이 잘못 설계되었음이 밝혀졌으나 아직 사용이 허락되지 않고 있다. 반면 사카린도 발암성이 있다고 발표되었으나 이와 반대되는 연구결과도 많다. 사카린은 후천성 발암물질로, 단독으로는 발암을 일으키지는 못하나 다른 발암물질을 도와 종양으로 진전시키는 발암촉진제로 알려져 있다. 사용식품 종류가 축소되어 현재는 절임식품류, 청량음료, 분말청량음료, 어육연제품, 특수영양식품에만 허용량 이하로 사용이 허락되어 있다.

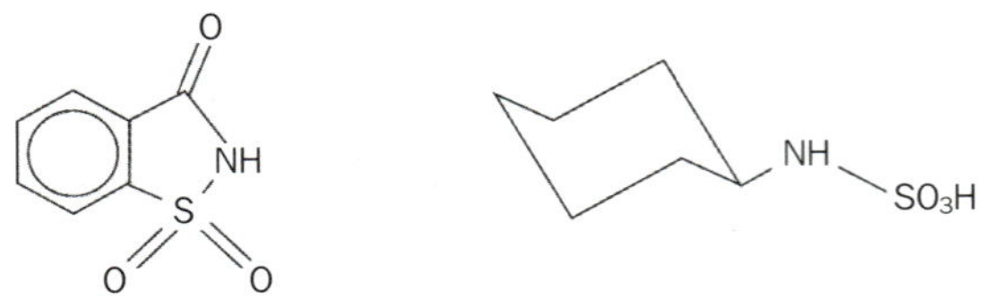

■ 그림 4-11　사카린과 사이클라메이트의 구조 ■

❸ 글루탐산 나트륨(MSG)

글루탐산은 아미노산 중의 하나로써 체내 단백질의 구성아미노산 중에서 그 양이 많은 편에 속한다. 물에 잘 녹게 하기 위해 나트륨을 결합시켜 염을 만든 것이 글루탐산(glutamic acid)의 나트륨염(mono sodium glutamate(MSG))이다.　MSG는 특히 동양권 음식의 향미증진을 위하여 많이 사용되고 있다. MSG에 예민한 사람은 일시적인 두통, 현기증, 무력감 등을 느끼는 중국음식 증후군(Chinese Restaurant Syndrome)을 경험한다고 하나 과학적인 실험결과로는 증명되고 있지 않다. 현재 MSG는 일상적인 음식에 첨가하여 섭취하는 경우 해가 없다고 인정되고 있다. 그러나 MSG는 고순도 물질이므로 소량 사용하여도 그 효과가 크기 때문에 적절하게 사용되어야 할 것이다.

기타 가공저장 방법

이외에 사용되는 가공저장법으로는 여과법이 있다. 여과법은 식초, 주스, 맥주, 포도주 등을 제조할 때 일부 사용하고 있으나 설비와 운전비용이 많이 든다. 특히 여과 거름망의 구멍크기를 미생물이 통과하지 못하도록 작게 하면, 열을 가하여 살균할 경우 품질이 저하되는 식품에 적용하는 미생물을 여과해 살균의 효과를 준다. 비가열 살균법의 한 방법으로 사용되고 있다.

적당한 포장은 식품저장시 필수적이다. 일부과일은 포장에 의해 과일의 숙성호르몬인 에틸렌(ethylene) 가스가 포장공간 내에 차게 되어 미숙성 과일이 빨리 숙성된다.

제5장 식중독

비위생적인 식품을 먹었을 때 일어나는 인체의 건강장해를 식중독이라 하지만 기생충, 경구전염병에 의한 질병은 제외되고 있다. 식중독은 일반적으로 급성 위장염, 또는 급성 신경마비 등 급성 질병을 유발시키지만 경우에 따라서는 위해물질의 축적에서 오는 만성적이고, 장기적인 질병을 일으키는 경우도 많다. 세균에 의한 식중독은 특히 단체급식의 경우 일시적으로 많은 사람에게 피해를 주게 되므로 식당 등 단체급식에 종사하는 사람들은 식품위생에 특히 유의하여야 한다.

식중독은 발병원인에 따라 다음과 같이 분류한다.

① 세균성 식중독

감염형, 독소형

② 자연독 식중독

식물성, 동물성, 곰팡이성

③ 화학적 식중독

의도적 사용, 비의도적 사용

1. 세균성 식중독

세균성 식중독에는 병원균이 오염·증식된 식품을 섭취한 후 증식된 병원균에 의해 일어나는 감염형 식중독과 병원균의 증식과정에서 생산된 독소를 섭취하여 일어나는 독소형 식중독이 있다.

 감염형 식중독

감염형 식중독은 비위생처리에 의해 식품 내에 다량 증식되어 존재하는 병원균을 섭취하면 이 병원균이 장내에 도달하여 장내에서 급속히 증식되면서 설사, 구토 등을 일으킨다. 증상은 일반적으로 섭취 후 24시간 이후에 나타난다.

1 Salmonella 식중독

가장 빈번히 발생되는 Salmonella 식중독은 주로 Salmonella typhimurium에 의하여 7~72시간의 잠복기를 가지고 메스꺼움, 구토, 설사, 복통, 발열의 증상을 1~3일 정도 보인 후 서서히 회복된다. 노약자나 어린이는 심한 탈수현상을 보이기도 하지만 치사율은 매우 낮아 1% 미만이다.

Salmonella균은 정상적인 사람과 동물의 대장에도 존재하므로 음식 조리시 비위생적인 환경이나 조리인의 비위생적 습관에 의해 오염된다. 육류, 달걀, 우유제품, 어육연제품 등 단백질 식품이 원인식품으로 알려져 있으며, 25~37°C의 온도에서 빠르게 증식된다. 예방으로 사람이나 동물의 분변이 식품에 오염되지 않도록 위생을 잘 지키고, 80°C 이상으로 식품을 가열하여 균을 불활성화 시킨 후 바로 섭취하도록 하며, 가열 후 재오염이 되지 않도록 가열하기 전에 사용하였던 도마나 칼은 꼭 씻어야 한다.

2 장염 Vibrio 식중독

장염 Vibrio 식중독은 심한 급성 위장염 증세를 보이는 식중독으로, 3~4% 소금물에서 증식이 빠른 통성혐기성 균인 Vibrio parahaemolyticus에 오염된 어패류에 의한 경우가 많다. 최적 발육온도가 30~37°C이며, 이 경우 적당한 염분을 갖는 음식에서는 3시간 정도 지나면 식중독을 일으킬 수 있는 균량이 되므로 한여름철 어패류의 회나 초밥을 먹고 발병하는 예가 많다.

예방책은 어패류를 깨끗한 담수로 잘 씻어 4°C 이하에서 냉장보관하거나

60℃ 이상에서 15분 이상 가열하고, 2차 오염 가능성을 차단해야 한다. 특히 여름철에는 해산어패류의 생식을 삼가해야 한다.

❸ 기타

우리나라에서 비브리오 패혈증으로 불리는 식중독은 Vibrio vulnificus에 의하며, 연근해에서 채취되는 굴, 조개, 낙지 등 수산물이 주 오염원이다.

그러나 피부상처에 의해 감염되기도 한다. 간경병, 당뇨환자는 패혈증에 감염되면 치사율이 50%이상 될 정도로 위험하므로 수산물을 날로 섭취하지 않도록 주의하여야 한다. 이외에도 E. coli O157 : H7 같은 특수 병원성 대장균에 의한 심한 설사 등 급성 위장염을 일으키는 식중독도 보고되고 있다.

독소형 식중독

독소형 식중독은 병원균이 식품에 오염되어 증식하면서 독소를 생성하고 이것을 섭취하여 나타나는 식중독으로, 잠복기는 일반적으로 짧아 대개 24시간 이내인 경우가 많다.

❶ 포도상구균 식중독

포도상구균 식중독은 가장 대표적인 독소형 식중독이다. 황색 포도상구균인 Staphylococcus aureus가 증식하면서 독소를 생성한다. 이 균은 pH4.5 ~ 7과 10~50℃ 온도에서 증식되며, 25~30℃에서는 5시간 이내에 중독을 일으킬 수 있는 양의 독소를 생성한다. 독소는 상당히 내열성이어서 100℃에서 1시간 가열에도 활성을 유지하므로, 일단 음식에 독소가 생성되면 보통의 가열조리 방법으로는 파괴할 수가 없다. 따라서 독소가 생성되지 않도록 주의하여야 한다. 잠복기는 1~6시간으로 상당히 짧다. 메스꺼움과 구토, 설사가 주증상이나 1~2일 이내에 쉽게 회복하고 후유증이 없다. 포도상구균은 화농 부위와 콧구멍, 목구멍 등에 존재하므로 조리시 기침, 재채기나 손에 의해 식품에 오염된다. 손을 베어 곪거나 여드름이 심한 사람은 조리인으로 부적당하다.

1975년 코펜하겐으로 가는 비행기 내에서 식사를 제공받은 150여명의 사람들이 이 식중독에 걸려 급격한 설사, 구토 등으로 기내가 아수라장이 된 적이 있다. 이 음식은 손에 화농이 있는 조리사가 만든 것으로 6시간 동안 냉장고에 보관하지 않은 것으로 밝혀졌다.

❷ 보툴리누스 식중독

보툴리누스 식중독은 Clostridium botulinum이 생성한 독소에 의하여 일어난다. 이 균은 혐기성균으로 pH 4.6 이상의 통조림, 진공포장 식품 등에서 잘 자란다. 균 자체는 가열에 약하여 사멸되나 포자는 수시간 동안 100℃의 가열에도 견딘다. 살아남은 포자는 혐기성인 상태 내에서 발아하여 급격히 증식하면서 단백질의 일종인 독소를 생산한다. 보툴리늄 독소는 독성을 나타내는 자연물질 중에서 가장 강력한 물질 중의 하나로 신경계통에 작용하여 자극이 전달되지 않게 하여 신경마비 증상을 일으키고 심하면 호흡마비를 일으켜 죽게 한다.

잠복기는 빠르면 수시간에서 2~3일까지이고, 발병 후 4~8일 내에 사망한다. 치사율은 50% 정도이며, 치사량은 $2\mu g$ 정도의 극소량이다. 그러나 치명적인 독소는 다행히도 가열에 의해 쉽게 파괴된다. 80℃에서 15분, 100℃에서 10분간 가열하면 분해되어 독성을 나타내지 않는다.

Botulinum균은 A~G의 7형이 있는데, 이중 A, B 및 E형이 식중독을 일으키는 주된 균이며, A, B형 균에 의한 식중독은 혐기적 상태이고 pH가 4.6 이상인 통조림과 소시지 등 육제품에 의해, E형균에 의한 식중독은 연안 어패류의 통조림과 어패류를 발효시킨 식품에 의해 주로 발생되고 있다. 상업적으로 제조된 통조림과 육제품은 이 균의 포자를 사멸시키기 위해 가열을 충분히 하거나, 포자가 발아되지 못하도록 아질산염, 또는 유기산을 첨가하므로 식중독 발생건은 거의 없으며, 발생의 거의 대부분은 가정에서 만든 제품에 의한 것이다.

이 식중독의 예방을 위하여 의심나는 통조림, 육제품 등은 먹기 전에 충분히 가열하며, 가열할 수 없는 식품은 만든 후 곧 냉동하며, 혐기적 상태로 오래 두지 않도록 하여야 한다.

❸ 기타 독소형 식중독

내열균인 Bacillus cereus가 생성된 독소는 심한 설사나 구토를 유발시키나 비교적 쉽게 회복되는 것으로 알려져 있다. 가열하면 독소는 파괴된다.

Clostridium perfringens균은 감염형과 독소형에 다 속하는 식중독을 유발시킨다. 4~22시간의 잠복기를 가지며, 증상은 약한 복통과 설사를 동반하지만 곧 회복된다. 이 균의 포자는 열에 매우 강하여 조리시 사멸되지 않으므로 가열된 음식을 서서히 식히거나 식당에서 따뜻하게 음식을 제공하기 위해 3~4시간 50~60°C로 유지시킬 때 포자가 발아하여 증식한다. 이 균은 음식 중에서 독소를 생성하거나, 섭취 후 장내에서 독소를 생성하는 것으로 알려져 있다. 그러나 증상이 아주 약하기 때문에 일반적으로 식중독으로 인식되지 못하고 있다.

최근 우리나라 일부 지하수에서 발견된 Yersinia enterocolitica는 냉장 온도에서도 서서히 증식하며, 냉장상태로 장기간 저장된 식품에 의한 식중독의 주원인 균으로 알려져 있다. 봄, 가을의 신선한 계절에 이 균에 의한 식중독 가능성이 크다. 설사, 복통 등의 증상을 보이나 소아는 증상이 심하고 염증을 동반하는 경우도 있다.

이밖에도 식중독을 일으키는 여러 종류의 균들에 대하여 보고되고 있다.

2. 자연독 식중독

동식물에는 독소를 가지고 있는 종류가 많이 있다. 또 계절이나 특정 환경 조건 하에서만 독소를 생성하는 것도 있다. 따라서 동식물을 식품으로 사용할 때 독소를 섭취하지 않도록 주의가 필요하다.

 식물성 식중독

❶ 독버섯

독버섯을 식용으로 잘못 알고 먹는 경우가 종종 있다. 독버섯은 종류에 따라 독소성분이 다르다. 대표적인 버섯독소에는 muscarine, amatoxin, phallotoxin 등이 있으며, 중독증상에 의하여 위장형, 콜레라형, 신경마비형으로 나눌 수 있다. 위장형인 경우는 치사율이 낮으나 독성이 강한 독소에 의하여 다른 증상을 보이는 경우 치사율이 상당히 높다.

■ 표 5-1 시안생성 배당체를 함유하는 식용식물 ■

식 품	부 위	HCN생성량(mg/100g)
고편도(bitter almond)	종자	290
	어린잎	20
살구(apricot)	종자	60
복숭아(peach)	종자	160
	잎	125
수수(sorghum)	종자	0
	백색화된 새싹	240
	어린잎	60
카사바(cassava)	잎	104
	뿌리껍질	84
	뿌리내부	33
리마콩(lima bean)	Puerto Rico산, 흑색	400
	Java산, 착색	312
	Burma산, 백색	210
	Jamaica산, 백색	17
	Arizona산	17

이서래, 식품의 안정성 연구, 이화여자대학교 출판부, 1993

2 시안 화합물

살구씨(행인), 복숭아씨, 은행, 익지 않은 매실 등에는 시안 배당체인 아미그달린(amygdalin)이 함유되어 있어 다량 섭취시 체내에서 시안화 수소(청산 : HCN)가 생성되어 중독을 일으킨다. 중독되면 두통, 설사 등의 증상을 보이고, 거의 발생한 예는 없으나 심한 경우는 호흡마비로 죽게 된다. HCN은 독성이 매우 강하며, 치사량은 50~60mg이다. 시안 화합물은 가열하면 시안기(-CN)가 분해, 휘발되어 제거되므로 가능한한 가열하여 먹거나, 많이 먹지 않도록 주의하여야 한다. 열대지방에서는 리마콩(lima bean)과 카사바 섭취시 시안 화합물을 제거하지 않을 경우 식중독이 일어나는 경우가 많다.

❸ 감 자

감자의 싹난 부분과 녹색으로 변한 껍질 부위에 다량 존재하는 solanine은 가열에 의해선 잘 파괴되지 않으나 조리수로는 상당량 용출된다. solanine을 제거하기 위해서는 싹난 부위와 녹색 껍질 부위를 크게 제거해야 한다. 중독 증상은 복통, 설사, 현기증 등이며, 과량섭취시 신경마비 증상도 보인다. 또한 solanine은 발암물질로도 알려져 있다.

이외에 독미나리, 미치광이풀, 가시독말풀 등에 독소가 있어 신경마비, 뇌흥분 등의 증상을 보이며, 사망하는 수도 있다.

동물성 식중독

동물성 식중독은 주로 어패류에 의하여 발생되며, 육지동물에 의한 식중독은 거의 찾아 볼 수 없다.

어패류에 의한 식중독은 그 독소생성 방법에 따라 3가지로 분류할 수 있다. 첫째는 독소를 생성하는 바다 플랑크톤이나 조류(algae)를 먹이사슬에 의해 섭취하여 독소를 갖게 되는 경우, 둘째는 어패류 자체가 독소를 생성하는 경우, 셋째는 오염된 세균에 의한 독소생성의 경우로 나누어 볼 수 있다.

❶ 먹이사슬에 의한 어패류 식중독

마비성 패류 식중독(paralytic shellfish poisoning)은 바닷말(dinoflagellate)에 속하는 독성이 있는 조류를 먹은 어패류를 섭취할 때 일어난다. 섭취한 후 수분 내에 입술, 손끝에 마비증상이 오기 시작하여 심하면 2~12시간 후 호흡마비로 죽기도 한다. 해수의 온도, 염도 등이 이들 조류증식에 영향을 주어 증식이 왕성하면 해수는 갈색, 또는 적색을 띠게 된다. 이때 잡은 어패류는 독성을 나타낸다. 그후 1~3주가 지나면 적조현상이 사라지고 어패류는 자체적으로 독소를 파괴하여 독성을 나타내지 않게 된다. 그러므로 홍합 등 조개를 채취할 때 시기를 잘 선택하여야 한다. 주요독소는 saxitoxin이다. 우리나라에서는 조개 100g당 80μg을 잔류허용기준으로 설정하고 있다.

Ciguatera 중독은 태평양지역 남북회귀선 내의 특정어류에 의해 계절적으로 가끔 발생된다. 먹이사슬에 의해 얻어진 독소는 주로 어류의 간과 내장에 축적되어 있다. 증상은 구토, 메스꺼움, 복통과 말단부위에 마비가 오나 치사율은 아주 낮은 편이다. 그러나 회복은 아주 느리다. 예방을 위해서는 독소생성 시기를 피하여 어획을 하여야 하며, 조리시 독소가 축적된 부위를 제거하여야 한다.

② 독소생성 생선에 의한 식중독

유독성분을 갖는 생선으로 복어가 대표적이다. 20여 종의 복어 중 무독한 것도 있으나 대부분이 tetrodotoxin이라는 독소를 가지고 있다. 이 독소는 복어 내의 세균에 의해 합성되어 주로 난소와 간장, 피부 등에 존재하며, 근육에는 독소가 거의 없다.

tetrodotoxin은 독성이 강하여 치사량은 약 2㎎으로 치사율이 60%에 달한다. 증상은 섭취 후 수분 내에 말단 부위가 가렵고, 마비가 오기 시작하여 마비가 심해지며 결국 호흡곤란으로 죽게 된다. 복어 조리시에는 독소가 열에 매우 강하여 파괴되지 않으므로 완전히 독소를 제거한 부위만을 조리하여야 한다. 독소 함유 부위를 버릴 때는 조심하여 다른 사람이 모르고 먹지 않도록 한다.

복어 외에는 낙지나 오징어, 상어 등에 속하는 어류 중 몇 가지 종류가 독소를 가지고 있는 것으로 알려져 있다.

③ 세균에 의한 어류 식중독

Botulinum E형은 호수나 해변가의 진흙에 존재하므로 어류에 오염되기 쉽다. 특히 E형은 3~5℃의 낮은 온도에서도 증식하면서 독소를 생성한다고 알려져 있다. 독소는 신경에 작용하며 맹독성으로 치사율이 높다(세균성 식중독 참조).

참치, 고등어 등 등푸른생선에 세균이 오염되면 세균에 의해 histamine 같은 아민류가 생성된다. 많이 섭취하면 메스꺼움, 구토, 가려움증 등의 allergy 증상이 나타나며, 항히스타민제를 복용하면 증상이 사라진다. Scombroid 식중독, Ptomaine 식중독, Allergy성 식중독이라고도 불리운다.

 곰팡이성 식중독 (Mycotoxicosis)

곰팡이는 세균보다 더 악조건 하에서도 성장 발육하므로, 식품의 장기간 저장, 수송시 사전처리를 하지 않으면 곰팡이 오염은 피할 수 없다. 따라서 농산물의 수입이 자유화되면서 더욱 곰팡이에 의한 식중독이 주목을 받게 될 것이다. 곰팡이는 번식하여 2차 대사물질을 생성하는데, 이들 물질 중에는 동물에 유독한 생리작용을 하는 독소물질이 많다. 이 곰팡이 독소 물질을 mycotoxin이라 한다. 곰팡이 독소에 의한 식중독의 대표적 사례를 표 5-2에 나타내었다.

■ 표 5-2　식중독 유래 mycotoxin의 특성 ■

장해부위	Mycotoxin	생 산 균	중 독 사 례	실험동물 장해
간	Aflatoxin B₁, B₂, G₁, G₂	Aspergillus flavus A. parasiticus	칠면조 X병 어린이 급성중독 급성중독성 간염	LD₅₀(오리새끼 : 경구 μg/kg) B1 240, B2 1,700 G1 784, G2 3,450 쥐-경구발암성
	Rubratoxin B	Penicillium rubrum P. purpurogenum	소, 돼지 간 장해 장기출혈	LD₅₀(쥐 ; 경구) 400μg/kg
신 장	Ochratoxin B	A. ochraoeus P. viridicatum	돼지, 말 신장장해 사람 腎炎	LD₅₀(오리새끼 ; 경구) 250μg/kg
신 경	Maltoryzine	A.oryzae var microsporum	젖소 마비, 식욕감퇴	LD₅₀(마우스 ; 복강) 3μg/kg
	Patulin	P. urticae P. expansum		LD₅₀(마우스 ; 피하) 10mg/kg
피 부	Sporidesmin Psoralen	Pithomyces chartarum Sclerotinia sclerotiorum	양, 소 광과민성, 안면피부염 사람, 가축 피부염	LD₅₀(양 ; 경구) 1mg/kg 광과민성 피부염
기 타	Zearalenone ATA원인물질	Gibberella zeae Fusarium poce F. sportrichioides	가축발정성 증후, 번식장해 사람-식중독성 무백혈구증	외음부 비대, 젖샘 비대 조혈조직 장해 괴사
	Trichothecin	Trichothecium roseum	가축-설사, 장기 출혈 사람-급성위장염, 피부자극	LD₅₀(마우스 ; 경구) 300mg/kg
	Diacetoxy	Fusarium scirpi	피부자극	

이서래, 식품의 안정성 연구, 이화여자대학교 출판부, 1993)

❶ 아플라톡신(Aflatoxin)

Aflatoxin은 가장 많이 연구된 곰팡이 독소이다. 1960년 영국에서 브라질로부터 수입한 땅콩사료를 먹은 칠면조 수만 마리가 간 장해로 폐사되어 칠면조-X 질병이라 불리었으나, 장기간 수송 도중 곰팡이의 일종인 Aspergillus flavus가 증식하며 생성한 대사물질이 원인임을 밝혀내고, 이 독소를 Aflatoxin이라 하였다.

Aflatoxin은 구조상 B_1, B_2, M_1, M_2, G_1, G_2 등이 있으며, 이 중 B_1 독성이 가장 강하다. Aspergillus flavus는 곡류, 땅콩, 콩류 등의 식품에서 잘 증식하며, 습도 70% 이상, 최소한 10°C 이상의 온도일 경우에만 독소물질인 Aflatoxin을 생성한다고 알려져 있다. 이 독소는 열에 매우 강하여 가열 조리 하여도 분해되지 않으므로 식품 저장시 생성되지 않도록 조심하여야 한다. Aflatoxin은 간암을 일으키는 맹독성 물질로 알려져 있으며, 우리나라에서는 식품의 오염허용량을 10ppb 이하로, 사료의 허용량을 사료원료 50ppb, 배합사료 20ppb로 설정하였다.

3. 화학적 식중독

식품의 품질을 개량하거나 저장성을 높이기 위해 의도적으로 화학물질을 첨가하거나 적절한 식품용기 및 포장재를 사용한다. 이때 너무 과량을 사용하거나 인체에 해로운 물질을 사용하여 질병을 일으키는 것을 의도적 화학적 식중독이라 한다. 화학적 식중독의 또다른 경우는 비의도적인 경우인데, 주로 잔류농약, 중금속, 합성세제, 가공시 설비시설의 운전을 위해 사용되는 특수물질들이 식품에 오염되어 일어난다.

🍄 의도적 사용

의도적 사용에 의해 화학적 식중독을 일으키는 물질 중 가장 중요한 것이 식품첨가물이다. 식품의 품질개선, 가공, 저장의 용이성 등을 위해 식품에 첨가하는 화학물질을 식품첨가물이라 한다. 식품첨가물에는 사용시 안전하다고 인정된 물질인 GRAS (Generally Recognized as Safe) 품목과 일정량 이하로만 사용하도록 규제하는 물질로 나눌 수 있다.

안전성이 문제되고 있는 것은 보존제, 산화억제제, 감미제, 착색제, 발색제 등이다. 보존제는 미생물의 생장을 억제하기 위해 사용되는 물질이다. 식품에 사용이 금지되어 있는 붕산, formaldehyde, 불소화합물 등의 불법사용이 문제가 되고 있다. 산화억제제는 지방의 산패 등 산화를 억제하기 위하여 사용되는데, 현재는 합성산화제인 BHA나 BHT보다 천연항산화제인 토코페롤, 비타민 C등의 사용이 확산되는 추세이다. 감미제 중 사카린, 사이클라메이트(cyclamate) 등은 사용여부가 계속 논란되고 있다. 착색제 중 tar색소는 그 허가종류가 계속 감소되고 있으므로, 천연착색제의 개발이 연구되고 있다. 발색제로는 아질산염의 발암성이, 표백제로는 아황산염의 과량사용이 문제가 되고 있다.

 비의도적 사용

오염에 의한 비의도적 화학적 식중독 중에서는 잔류농약과 중금속에 의한 중독이 제일 문제가 되고 있다.

살충제, 살균제, 제초제 등 이백여 종이 넘는 농약 중 독성이 강하다고 알려진 유기수은제와 많은 종류의 유기염소제가 사용이 금지되었다. 독성이 강한 농약대신 인체에 독성이 없는 새로운 개념의 농약으로 곤충 성호르몬의 일종인 pheromone 등을 이용하는 방법이 연구되고 있다.

중금속에 의한 식중독으로는 주로 수은(Hg), 카드뮴(Cd), 납(Pb), 비소(As)에 의한 식중독이 문제가 되고 있다. 일본에서 일어난 비소우유 사건, 광산폐수에 의해 오염된 카드뮴의 장기간 섭취에 의한 이타이이타이병, 공장폐수 중의 유기수은이 미나마타 지방 하천에 오염되어 유기수은이 축적된 어패류를 장기간 섭취하여 발생된 미나마타병 등은 유명한 중금속 식중독의 예이다. 아직까지 우리나라에서는 중금속에 의한 식품오염은 심각한 상태가 아니라고 보고되고 있다.

제6장 식량 문제와 식품수급

나라의 안정과 평화를 지키기 위해서는 국민이 필요로 하는 식량이 부족함 없이 공급되어야 한다. 예전에는 자국의 식량이 부족하면 생존의 위협을 받았지만 근래에 들어와서는 유통혁명이 일어나 잉여농산물 생산국들로부터 부족분을 공급받는 것도 가능하게 되었다. 앞으로는 UR이 타결됨에 따라 잉여농산물 생산국들이 값싼 자국산 농산물의 수입 개방을 강요하여 농산물 수입국들의 자급률은 더욱 떨어지게 될 것이다. 이런 일은 평화시에는 큰 문제가 되지 않으나 나라 사이의 우호적 관계가 깨어졌을 때에는 심각한 문제를 야기한다. 농산물 생산은 생산기간이 길고 종목의 변경도 용이하지 않으므로 수요에의 대응은 늦어질 수밖에 없다. 따라서 수입이 여의치 않을 때는 심각한 식량부족을 불러일으킬 수 있는 것이다. 식량문제는 국가안보의 차원에서도 자급자족이 될 수 있도록 힘써야 할 것이다.

1. 식량생산 확보와 자원개발

유엔의 '2001 세계 인구 보고서'에 의하면 세계인구는 현재 63억 명으로 2300년에 90억 명을 돌파할 것이라고 하고 있다. 세계의 식량생산도 매년 조금씩 증가하고 있다. 세계의 주요 식료품의 연간 생산량(1990)은 그림 6-1과 같다.

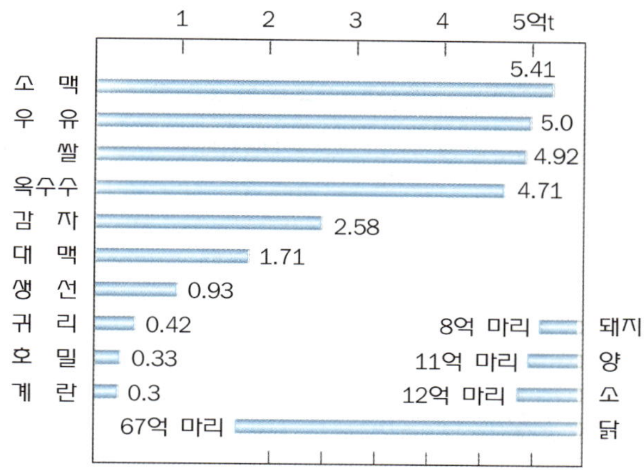

■ **그림 6-1** 세계의 농업생산(국제식량 농업협회) ■

이들 식량을 여분으로 생산하여 수출하고 있는 나라는 미국, 캐나다, 아르헨티나, 뉴질랜드, 오스트리아 등 수개 국으로 한정되고, 대부분은 식량의 수입국이다.

한편 세계의 경지 가능면적은 약 24억 ha로 현재 그 60%에 해당하는 약 14억 ha가 이용되고 있다. 경지면적은 최근 수년간 그다지 넓어지지 않았고, 앞으로도 급격한 확장은 없을 것으로 생각된다. 그런데도 식량 생산량이 매년 증가하고 있는 것은, 주로 단위 면적당의 수확량이 높은 농산물의 재배와 단위 사료량에 대한 성장률이 높은 가축의 사육이 이루어지고 있기 때문이다. 1960년대에는 녹색혁명(green revolution)이 시작되어 획기적인 품종개량과 농업기술의 개선이 행해졌다. 1970년대에 들어와서는 biotechnology라 불리는 유전자조작, 세포융합, 세포배양 등의 새로운 기술이 도입되어 식량의 증산에 공헌하고 있다. 품종개량은 농산물의 경우 다수확성, 내병성, 내냉성, 맛, 품질 등이고, 축산물의 경우는 내병성, 다산성, 환경적응성, 육질 등이다.

2. 주요 식료품의 동향

 우리나라 국민에게 공급되는 식품 및 영양 수급상황의 추이와 자급률 등의
동향에 대해서 한국 농촌경제 연구원에서 발행한 식품수급표(2001)를 살펴보
기로 한다.

 ## 식품별 공급상태

 한국인의 연간 1인당 식품공급량은 표 6-1과 같다.

■ **표 6-1** 연간 1인당 식품공급량 (단위 : ㎏) ■

연도 식품명	1985	1995	2000	2001	2003	2005
곡 류	185.4	173.1	166.8	158.1	150.3	153.8
쌀	128.0	110.6	97.9	92.8	87.8	84.7
밀가루	32.0	34.1	36.1	34.4	32.4	30.9
보 리	8.4	1.9	1.8	2.0	1.1	1.1
두 류	10.7	11.1	10.7	10.3	10.3	11.2
콩	9.2	9.0	8.5	8.2	8.0	9.0
팥	1.0	0.8	0.7	0.7	0.7	0.7
채소류	98.6	160.6	165.9	164.4	152.6	144.9
과일류	26.6	39.1	40.7	41.9	39.5	44.3
육 류	16.5	32.7	37.5	38.2	39.0	36.5
쇠고기	2.9	6.6	8.3	7.9	7.9	6.3
돼지고기	8.4	14.2	15.9	16.5	16.9	16.8
닭고기	3.1	4.2	4.9	5.8	6.1	5.8
어패류	30.7	33.4	30.7	35.6	38.5	38.5
어 류	22.6	21.7	20.2	25.7	25.8	25.5
패 류	8.1	11.7	10.5	9.9	12.7	13.0
계란류	6.2	8.6	8.6	8.7	8.9	9.1
우유류	23.1	38.5	49.3	51.4	50.8	53.8
유지류	9.2	14.2	15.9	17.0	16.8	18.5
식물성	7.5	12.7	15.4	16.5	16.4	18.3
동물성	1.8	1.5	0.5	0.5	0.4	0.2

1 곡 류

곡류의 총공급량은 해마다 줄어드는 경향을 보이고 있다. 이것을 종목별로 살펴보면 쌀공급량은 해마다 감소 추세를 보여 1995년도에 공급량이 110.6kg 였던 것이 2000년도에 97.9kg, 2005년도에는 84.7kg으로 감소했다. 쌀 공급량의 감소는 식생활의 서구화 경향으로 빵식이 늘고 있고, 소득증대에 따른 육류, 채소, 과일류 등의 섭취증가에서 그 원인을 찾을 수 있다. 보리의 공급량도 지속적으로 줄어서 2005년도에 공급량은 1.1kg에 불과했으며, 밀가루의 공급량은 1985년도 이후 큰 변동없이 연간 국민 1인당 30kg 정도가 공급되고 있다.

2 두 류

두류의 공급량은 1985년도 이후 거의 비슷하게 연간 국민 1인당 약 10kg 정도 공급되고, 항목별로 보면 콩이 차지하는 비율이 팥이 차지하는 비율보다 월등히 높다.

3 채소·과일류

채소류의 공급량은 1995년도까지 증가 후 2001년까지 일정한 수준을 유지하였으나 그 후 약간의 감소를 보여 2005년도의 연간 1인당 공급량은 144.9kg을 나타내었다. 과일류도 채소류와 마찬가지로 1995년도까지는 증가했으나 그 이후는 큰 폭의 증가는 없었으며, 2005년도의 연간 1인당 공급량은 44.3kg을 나타내었다.

4 육류·어패류

육류의 공급량은 2003년까지 매년 증가하였으나 2005년도에는 약간 감소하여 2005년도의 연간 1인당 공급량은 36.5kg이었는데, 이것은 1985년도 기준으로 121%나 증가한 값이다. 이것을 항목별로 보면 1985년도를 기준으로 할 때 쇠고기가 117%, 돼지고기가 100%, 닭고기가 87% 증가하였다.

어패류의 공급량은 육류 정도의 커다란 신장세는 보이지 않았으나 2005년도의 연간 1인당 공급량은 38.5kg으로, 이것은 1985년도 기준으로 25% 증가한 값이다. 항목별로 보면 어류에 비해서 패류의 신장세가 큰 것을 알 수 있다.

5 달걀류 · 우유류

공급량의 신장이 현저하였다. 특히 우유류의 경우 2005년도의 연간 1인당 공급량은 53.8kg으로 1985년도를 기준으로 하여 133%의 신장세를 나타내었다.

6 유지류

유지류는 2005년도까지 공급이 꾸준히 증가하였다. 내역을 살펴보면 식물성 유지는 꾸준한 신장세를 보였으나 동물성 유지는 계속 공급량이 감소하였다.

영양소별 공급상태

총열량 공급량은 그림 6-2에 나타낸 바와 같이 2000년까지는 꾸준한 증가 추세를 보였으나 그 후는 거의 일정한 값을 나타내었으며, 2005년도의 공급 열량은 3,014kcal를 나타내었다.

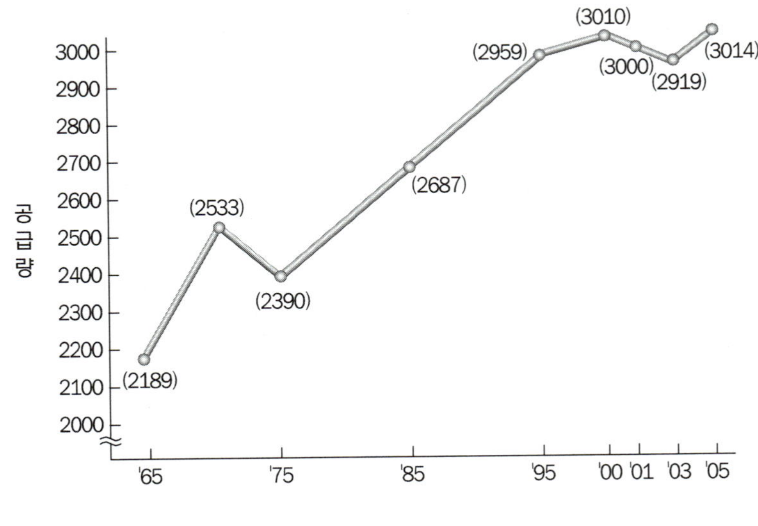

■그림 6-2 총열량 공급량의 추이 ■

　미국, 프랑스 등 구미제국의 국민 1일 1인당 공급열량은 3,500kcal 이상으로 우리나라보다 현저히 높은데, 이는 주로 육류와 우유류 등 축산물과 유지류의 소비량이 많은데 기인한다.

　표 6-2에 공급열량의 영양소별 구성비를 나타내었는데, 당질의 비율이 연차적으로 감소하고 단백질, 지질의 비율이 증가하는 것을 알 수 있다. 이는 소득수준의 향상에 따른 식생활의 개선을 나타내는 것이다.

■ **표 6-2**　연도별 공급열량의 영양소별 구성비(%) ■

영양소 \ 연도	1970	1980	1990	1995	2000	2005
당　질(%)	81.5	75.0	64.7	63.5	63.1	60.4
지방질(%)	7.5	13.2	22.8	23.4	24.0	26.5
단백질(%)	11.0	11.8	12.5	13.1	12.9	13.1

　그림 6-3에 단백질 공급량의 추이를 나타내었는데, 해마다 총단백질량이 증가하여 2005년도의 1일 1인당 총단백질 공급량은 98.8g이 되었다. 또한 동물성 단백질의 공급비율도 점차 커져서 2005년도의 식물성 단백질 대 동물성 단백질의 비율은 54 : 46으로 1970년도의 84 : 16에 비해서 크게 개선되었음을 나타내었다.

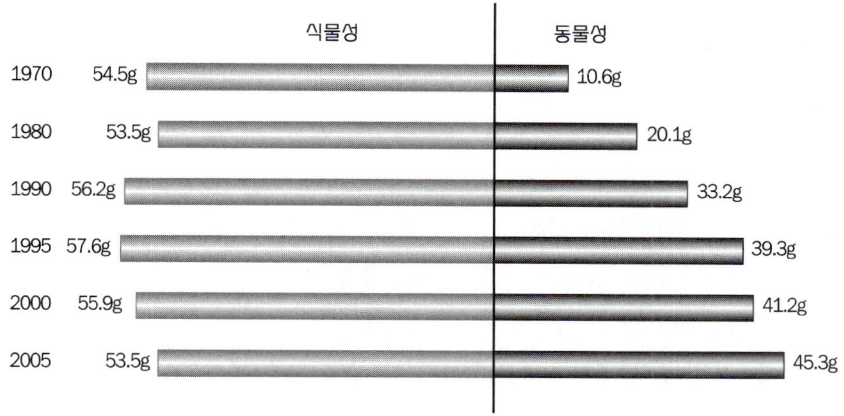

■ **그림 6-3**　1일1인당 식물성 단백질 및 동물성 단백질 공급량의 추이 ■

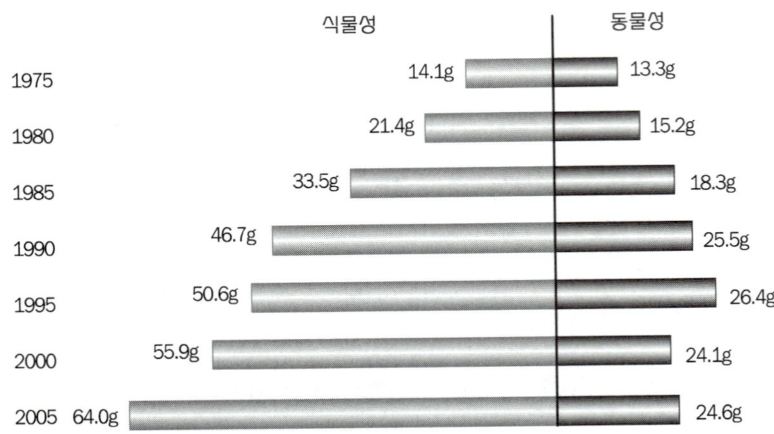

■ **그림 6-4** 1일 1인당 식물성 지방 및 동물성 지방 공급량의 추이 ■

그림 6-4에 지방질 공급량의 추이를 나타내었는데 2005년도의 1일 1인당 지방 공급량은 88.6g으로, 20년 전쯤인 1985년도의 51.8g에 비해 약 1.7배로 증가하였고, 내용적으로도 식물성 지방의 증가 비율이 커서, 상당히 개선되었음을 보여주고 있다. 그러나 2005년도의 지방공급 수준도 구미제국에 비하면 절반 정도의 수준인데, 이는 축산물의 공급부족과 더불어 유지류의 공급에 큰 차이가 있기 때문이다. 반면 식생활 패턴이 우리와 비슷한 일본(86.2g)과는 큰 차이가 없었다.

식품공급량의 국제비교

우리나라의 식품 공급량을 외국과 비교한 것이 표 6-3이다. 우리나라는 곡류, 두류, 채소류, 어패류 등은 구미 여러 나라들과 비교해도 풍부하게 공급되고 있으나, 그밖의 식품들은 많이 부족한 실정이다. 특히 육류, 달걀류, 우유류 등 양질의 동물성 식품 공급이 많이 부족하고, 그 중에서도 우유류는 식량 사정이 극히 열악한 인도보다도 공급이 부족한 형편이다. 향후 생활 수준의 향상과 더불어 우리나라의 식품 공급 상황도 점차 구미선진국 수준에 접근하게 될 것으로 예상된다.

■ 표 6-3　한국과 외국과의 연간 1인 1일당 식품공급량 비교 (단위 : g)　

국명 품목	한 국	북 한	중 국	일 본	미 국	프랑스	인 도
곡　류	398	409	433	316	304	321	435
서　류	37	199	204	89	181	178	67
설 탕 류	101	9	22	78	194	111	66
두　류	43	65	25	37	37	24	52
채 소 류	579	423	741	287	338	392	188
과 실 류	175	154	136	150	311	262	103
육　류	140	28	150	119	338	269	14
계 란 류	29	15	50	52	40	42	5
우 유 류	71	11	45	180	717	752	186
어 패 류	160	22	70	181	58	85	13
유 지 류	46	13	37	45	89	98	34

1) 조식품 공급량임. (2003년)
2) 두류에는 종실류 및 견과류가 포함되어 있다.
3) 어패류에는 해조류가 포함되어 있다.

자급률의 동향

　자급률은 국내 생산량을 국내 소비량으로 나눈 값이다. 표 6-4는 주요 식품의 자급률 추이를 나타낸 것이다. 2005년 기준으로 자급률이 100%에 가깝거나 넘는 것은 쌀, 서류, 채소류, 계란류, 해조류 등이다. 특히 자급률이 낮은 것으로는 쌀과 보리를 제외한 곡류, 두류, 유지류로 거의 대부분을 수입에 의존하고 있다. 연도에 따른 자급률의 추이를 보면 대부분의 식품에서 자급률이 저하하고 있는 것을 알 수 있다. 실제로 식품수입량의 추이를 보면 표 6-5에 나타낸 바와 같이 근래에 들어와서 수입량이 크게 증가하는 것을 알 수 있다. 우리의 주식인 쌀은 2001년 기준으로 자급률이 100%를 넘지만 쌀 시장이 완전개방되면 자급률이 떨어질 것으로 예상되며, 자급률이 높은 편에 속하는 채소, 과실류도 2002년도에 칠레와의 자유무역협정(FTA)이 타결됨에 따라 자급률이 지속적으로 떨어지고 있다. 표 6-6에 식품 자급률의 국제비교를 나타내었는데, 일본보다는 높지만 구미제국과 비교했을 때 우리나라의 자급률이 그다지 높지 않은 것을 알 수 있다. 일반 소비자 중에는 자국의 식료품보다는 값싼 수입 식료품을 이용하는 사람도 많아 자급률을 저하시키는 요인이 되고 있다.

■ **표 6-4** 주요식품 자급률 추이 (단위 : %) ■

식품명 \ 연도	1965	1975	1985	1995	2000	2005
곡 류	102.5	74.1	49.2	30.0	30.8	29.3
쌀	111.9	100.5	103.4	91.1	102.9	95.7
보 리	110.3	100.8	63.5	67.0	46.9	60
밀	43.4	5.5	0.3	0.3	0.1	0.2
옥수수	-	-	4.1	1.1	0.9	0.9
서 류	100.0	100.0	109.0	98.7	98.9	98.3
두 류	101.6	85.2	24.8	11.7	8.2	10.7
콩	99.4	83.3	22.5	9.9	6.8	9.8
종실류	100.0	101.0	105.5	44.7	34.2	29.5
채소류	100.0	100.6	98.0	99.2	97.7	94.5
과실류	100.6	101.4	93.6	93.2	88.7	85.6
육 류	100.0	100.6	99.6	89.2	83.9	81.6
쇠고기	100.0	100.0	97.5	50.8	53.2	48.1
돼지고기	100.0	108.0	100.0	96.6	91.6	83.7
닭고기	100.0	100.0	100.0	98.1	79.9	84.3
계란류	103.1	100.0	100.0	99.9	100.0	100.0
우유류	-	-	100.6	93.3	81.2	72.8
어패류	118.1	136.0	129.6	100.4	87.7	64.3
해조류	116.3	168.0	158.5	122.2	132.6	130.7
유지류	-	-	15.5	4.8	3.2	2.8

■ 표 6-5 식품 수입량의 추이 (단위 : M/T) ■

연도 식품명	1975	1980	1985	1990	1995	2000	2005
쌀	481,000	580,000	-	-	-	107,000	192,000
밀	1,703,000	1,810,000	2,996,000	2,239,000	2,777,000	3,266,000	3,406,000
보 리	354,000	-	-	64,000	172,000	146,000	158,000
옥 수 수	548,000	2,234,000	3,035,000	6,198,000	8,879,000	8,888,000	8,609,000
콩	6,100	417,000	885,000	1,092,000	1,435,000	1,586,000	1,236,000
참 깨	248	15,289	3,000	12,096	42,061	70,000	66,593
쇠 고 기	26	-	-	83,965	148,059	222,768	168,293
돼지고기	-	-	-	2,583	34,407	95.891	64,805
콩 기 름	1,110	-	133,850	148,311	254,540	339,897	430,900
팜 유	-	31,798	84,550	201,432	128,239	199,551	235,240
야 자 유	-	4,380	16,870	54,155	42,878	43,555	53,697

■ 표 6-6 국별 주요식품 자급률 (단위 : %) ■

국명 품목	한 국	일 본	미 국	독 일	프랑스	이탈리아
곡 류	29.3	21.4	131.8	101.6	173.7	72.3
서 류	98.3	76.9	91.7	118.8	104.0	55.5
두 류	10.7	4.2	137.6	41.6	112.9	64.6
채 소 류	94.5	80.6	95.6	44.0	87.1	122.3
과 일 류	85.6	46.0	75.7	37.7	71.8	107.1
육 류	81.6	53.3	106.7	94.0	106.7	77.3
달 걀 류	100.0	98.4	101.6	78.4	98.1	101.6
우 유 류	72.8	81.1	96.4	116.9	125.2	71.6
어 패 류	64.3	47.9	77.0	21.2	40.4	27.6
유 지 류	2.8	70.1	110.7	91.9	88.9	62.1

1) 한국은 2005년, 외국은 2003년의 수치이다.

앞으로의 식생활은 식품 재료를 직접 구입하는 형태에서 반가공 조리품이나 조리 완료품을 구입하여 식생활을 간편화·합리화하려는 형태로 변화할 것이라 예상되며, 외식률도 높아질 것이다. 산업계에서는 가격의 저하를 위해서 값싼 수입식품의 이용도를 높이게 되므로 더욱더 자급률을 저하시키는 요인이 된다.

　또한 농촌의 인구는 점점 고령화하여 노동부족 현상이 심화되고 있어서 앞으로 외국 농산물과의 경쟁력이 더욱 떨어질 우려가 있다. 따라서 식량 자급률의 저하에 대해서는 다각적으로 대처해야 할 것이다. 먼저 식량증산에 힘쓰는 한편 자급률이 점점 저하하고 있는 현실에 대해서 국민 각자가 인식하여 우리나라에서 생산되고 있는 식품자원을 충분히 활용할 수 있도록 식생활을 개선하여야 한다.

　식품산업계에서는 우리의 전통음식을 소비자들의 변화하는 기호에 맞출 수 있도록 개발하여 소비가 촉진되도록 한다. 그리고 농업정책면에서는 국민의 식품소비실태를 고려하여 식량생산을 하도록 하며, 영농의 과학화·기계화를 도모하여 농업의 경쟁력을 높이도록 한다. 또한 소비자들의 고급 지향, 다양화 요구에 부응할 수 있는 새로운 품종의 개발에도 힘써야 한다.

제7장 현대인의 생활과 식품

1. 식생활 현황 및 관리

우리나라는 일제통치시대 전후를 통해 식량사정이 좋지 않아 식품영양 섭취상태는 매우 열악했으나 1960년대 초부터 우리 경제가 점차로 좋아짐에 따라 우리의 식량사정과 영양섭취 상태도 좋아지기 시작했다. 오늘날 우리의 식생활은 식물성 식품의 섭취량은 줄어가고 동물성 식품의 섭취량은 증가하는, 질적인 면에서의 개선되고 있다. 그러나 한편으로는 식생활의 국제화, 레저화, 가공식품화의 경향이 나타나 이에 따른 문제점도 지적되고 있다. 또한 식생활 패턴의 변화로 질병도 순환기계 질환, 암과 같은 성인병이 크게 늘었고, 청소년 층에서는 패스트푸드, empty calorie 식품의 지나친 섭취가 문제되고 있다.

우리의 식품섭취 상황이 변하면서 새로운 문제가 대두된 지금 우리의 식생활 현황과 문제점을 살펴보고 바람직한 식생활 관리에 대하여 알아본다.

 식품섭취현황

표 7-1에 식물성 식품과 동물성 식품섭취량의 연차적 추이를 나타내었다. 총 식품섭취량은 2001년까지 매년 증가하였으나 2005년도에 약간 감소하여 1,012.8g을 나타내었으며, 내용면에서는 식물성 식품은 1981년대도의 90% 수준에서 80% 수준으로 감소했고, 동물성 식품은 10% 수준에서 20% 수준으로 증가했다. 이러한 변화와 함께 식품에 대한 기호도 빠른 속도로 변화하고 있다. 표 7-2의 연령별 각 식품의 섭취율을 보면 연령별로 식품섭취율에 뚜렷

■ **표 7-1** 1일 1인당 식물성 식품과 동물성 식품 섭취량의 연차적 추이 ■

연도 식품군	1981	1986	1988	1990	1993	1995	1998	2001	2005
식물성 식품 섭취량(g)	874	887	830	850	839	871	1,042.5	1,052.9	1,012.8
동물성 식품 섭취량(g)	98	181	207	198	215	230	247.5	261.8	278.6
총 계(g)	972	1,068	1,037	1,048	1,054	1,101	1,290.0	1,314.7	1,291.4
식물성 식품 섭취율(%)	90.0	83.0	80.0	81.1	79.6	79.1	80.8	80.1	78.4
동물성 식품 섭취율(%)	10.0	17.0	20.0	18.9	20.4	20.9	19.2	19.9	21.6

국민건강영양조사보고서, 보건복지부, 각 연도

■ **표 7-2** 연령별 각 식품의 섭취율 (단위 : %) ■

연령 식품	7~12세	13~19세	20~29세	30~49세	50~64세	65세 이상
곡류 및 그 제품	28.3	30.5	25.5	24.9	28.3	33.5
두류 및 그 제품	2.0	1.9	2.2	2.6	2.7	3.0
채소류	15.2	17.4	21.5	24.8	26.6	27.4
과실주	16.6	14.8	15.8	15.0	14.6	12.8
음료 및 주류	2.8	6.0	9.9	8.2	6.6	4.6
육류 및 그 제품	5.9	5.7	5.7	5.8	4.4	3.5
난류	2.5	2.6	2.1	1.5	0.9	0.8
어패류	3.9	4.6	5.0	5.9	5.7	4.5
우유류 및 낙농제품	15.7	9.4	4.9	3.6	2.7	2.9
총식품 1일 섭취량(g)	1,206.5	1,319.0	1,398.3	1,445.0	1,255.5	997.3

'98 국민 건강 영양조사 보고서, 보건복지부, 2001

한 차이가 있는 것을 알 수 있다. 특히 19세 이하의 어린이 청소년 계층과 50세 이상의 노장년 층의 식품 섭취 패턴을 비교해 보면 아주 대조적이다. 19세 이하의 어린이 청소년 계층은 육류, 난류, 우유류 등에 대한 선호도가 다른 계층보다 높으나 채소류, 어패류에 대한 선호도가 낮아 서구식 식품 소비 패턴을 나타내고 있는 것에 비해 50세 이상 계층에서는 두류, 채소류에 대한 선호도가 다른 계층보다 높은 반면 과실류, 육류, 난류, 우유류에 대한 선호도는 낮아 전통적 식품 소비 패턴이 유지되고 있는 것이다.

우리의 전통적 식사란 사계절의 변화가 뚜렷한 환경과 삼면이 바다로 둘러싸인 지리적 조건으로 인하여 쌀, 콩, 김치를 기본식품으로 하여 해조류, 생선, 육류, 채소류 등으로 구성된 다양성이 넘치는 식사이다. 우리의 전통적 식사패턴을 잃어가고 점차 서구화되어 가고 있는 오늘날의 식품기호는 식품 섭취의 외형적 개선에도 불구하고 상당한 문제라고 할 수 있다. 특히 쌀소비량은 1980년대 이후에는 매년 감소하고 있는데, 이것은 농촌 경제에 영향을 미칠 뿐 아니라 국민의 건강상, 우리 전통음식의 보존상 심각하게 대처해야 될 문제이다.

식생활 환경

1 사회적 환경

핵가족화 및 각종 가전제품의 보급에 의한 가사노동의 경감과 의식 변화로 여성의 사회참여의 기회가 늘고 있고, 고도 경제 성장의 결과, 생활 수준이 향상됨에 따라 식생활 면에서도 식품 재료의 고급화, 외식의 증가 등이 나타나게 되었다.

2 식생활의 사회화

조리 식품의 출현과 외식 기회의 증가 등 경제 성장에 따른 식생활의 사회화가 진행되고 있다. 가정 외의 식사, 즉 외식은 직업상의 이유, 사교상의 필요, 독신자의 조리 기피, 가족의 즐거움 등의 목적으로 행하여지지만, 가정 내의 식사에서 길러질 수 있는 바람직한 식습관의 형성이 불충분하게 되고, 식사구성 면에서도 주식에 속하는 것이 많고 채소류 등이 부족한 경우가 많다.

❸ 식생활의 지향목표

식생활에 대한 지향은 그 시대 특유의 것이다. 기아 상태의 시대에는 배를 채우는 것이 식생활의 지향이 될 것이다. 각종 식품이 범람하는 현대에서는 건강 지향, 간편식 지향, 미식 지향, 안전 지향 등 식생활 패턴이 다양화·개성화되고 있다. 건강 지향·안전 지향은 물자가 풍부한 시대에는 '물건은 돈으로 살 수 있으나 건강은 돈으로 살 수 없다'는 것을 깨달은 결과에서 생긴 것으로 생각된다. 또 간편식 지향은 현대의 복잡한 사회생활, 가정생활에서 비롯된 편리하고 간단한 것으로의 지향의 결과로 생각된다.

❹ 수입식품에 의한 식생활의 변화

현재 우리의 식탁은 전세계에서 수입된 식품들로 이루어져 있다. 수입 식품이 우리에게 미친 긍정적인 효과로는 우리나라에서는 나지 않는 식품들을 포함하여 다양한 식품들을 접할 수 있게 하고, 질적 향상을 가져오게 한 점을 들 수 있겠으나 안전성 문제 및 농촌 경제를 어렵게 한 점을 간과할 수는 없다.

🔔 식생활에 대한 요구

식생활의 기본은 건강을 유지하는 데 필요한 영양의 충족이다. 또한 식생활은 가정생활의 중심적 역할을 하여 미각의 만족과 더불어 가족간의 연대와 사랑을 키우는 기능을 한다. 또 식문화의 형성과 전승의 기능도 하게 된다. 현대에는 생활 환경과 의식의 변화에 따라서 식생활에 대한 요구도 다양한 측면을 가지게 되었다.

❶ 생리적 요구

'식(食)'은 인간의 생명현상 영위를 위해서 불가결한 기본조건이다. 식생활에서는 인간의 성장발육, 건강 등과 밀접하게 관계하는 각 영양소의 기능을 배워서 각 개인이 필요한 영양량을 정하고 식품을 택하도록 해야한다.

❷ 심리적 요구

'식(食)'이라는 행위는 생리적 요구 뿐 아니라 미각에의 요구, 보다 좋은 환경에서의 식요구 등 심리적 요구도 포함된다. 심리적 요구는 각 개인의 생활 조건과 신체적 상황, 이전의 식경험 등에 의해서 달라진다. 가족 전원이 즐겁게 식사할 수 있는 생활환경을 만들어 식사하는 것도 식생활의 중요한 조건이다.

❸ 사회적 요구

오늘날 가정 이외의 장소에서 식사를 하는 일이 많아지고, 그 목적도 식사만을 할 뿐 아니라 친교, 회의, 간담 등으로 다양해졌다.

앞으로의 전망과 문제점

앞으로는 간편식품에 대한 선호, 조리 완료식품의 이용, 외식의 기회 등이 더욱 더 많아질 것이고, 일상의 식생활은 간소화 경향으로 나아갈 것이다. 이러한 경향은 구미선진국에서는 이미 상당히 심화되어 있다. 그러나 이러한 간편 식품, 조리 식품의 선호와 외식 증가 경향은 많은 문제점을 가지고 있다. 첫째, 가정 내에서의 조리가 간소화됨으로써 식문화의 쇠퇴를 가져오는 것이다. 지방마다 또는 각 가정마다 가지고 있었던 독특한 맛이 외식과 조리 식품의 범람으로 사라지거나 획일적인 맛으로 변해 버리고, 몇 종류의 제한된 음식만 남게 될 우려가 있다. 둘째, 영양면과 안전성에 관한 것으로 조리 식품에 포함되는 각종 첨가물의 안전성과 염분의 지나친 섭취, 지방과 단백질에 편중된 식사 내용 등 많은 점이 지적될 수 있다. 이런 것들이 최근 늘고 있는 비만 및 대장암, 심장병 등의 대사질환과 관계가 깊다고 생각된다.

식생활의 관리

오늘날 우리들은 풍부한 식환경 속에 있으면서도 한편으로는 식생활상 많은 문제점을 가진 시대에 살고 있다. 따라서 보다 건강하게 생활하기 위한 식생활 문화를 보존하기 위해서는 합리적인 식생활을 할 수 있는 식생활의 관리가 더욱 필요하다고 하겠다.

식사 계획은 연령, 성별, 활동 정도, 신체 상황을 고려해야 한다. 영양 상태의 양호와 불량은 어릴수록 영향이 크므로 영유아기에 있어서는 신체 발육에 맞는 적절한 영양을 섭취할 필요가 있다. 또 이때는 정신 기능과 운동기능의 발달이 왕성하고 기본 생활습관이 형성되는 시기이다. 따라서 순조로운 발육을 위해서는 영양량의 확보뿐만 아니라 다양한 종류의 식품 섭취, 연령에 적합한 조리방법, 즐겁게 식사할 수 있는 경험 등에 유의해야 한다. 그밖에 식품 기호, 식습관, 식사예절 등을 기르는 것도 중요하다.

사춘기, 청년기는 신체발육이 최대에 달하고 심신이 모두 자립하는 시기로 성인기를 맞이하는 준비기라고 할 수 있다. 이 시기에는 스트레스와 심리적 불안도 더해져서 일상생활에 문제가 많아진다. 식생활상에도 불규칙한 생활에 따른 결식, 비만을 의식한 무리한 감식, 빈약한 식사를 보충하기 위한 간식, 빈번한 외식 등 많은 문제가 일어난다. 따라서 이 시기에는 식생활의 의의를 알게 하고, 균형잡힌 영양섭취, 규칙바른 식습관 등을 고려한 식사계획을 세우고 실천할 수 있도록 지도할 필요가 있다.

성인기는 가정적으로도, 사회적으로도 중추가 되는 중요한 역할을 하는 시기인 동시에 바쁘기 때문에 식사·운동 등에 무관심해지기 쉽다. 이 시기에 발생하는 성인병은 생활환경과 식습관에 기인하는 일이 많다. 자신의 건강관리와 식생활 목표를 세우고 현재의 생활습관을 다시 한번 되돌아 볼 필요가 있는 시기이다.

노인기에는 각종 노화 현상에 따른 신체적, 기능적, 심리적 변화로 음식물의 섭취, 소화·흡수가 저하된다. 또 기호의 변화, 미각의 감퇴, 저작 곤란 등에 의해 자칫 편중된 식사내용이 되기 쉽다. 따라서 노인의 식사는 양보다 질로 하고 식품수를 많게 하여 먹기 쉬운 내용으로 하는 것이 중요하다.

이상의 조건을 고려하여 각 개인에 필요한 영양량이 확보되고 먹는 사람의 기호와 식습관이 만족되도록 일상의 식사가 실시되어야 한다. 바람직한 식생활을 위한 식단 작성시의 유의사항은 다음과 같다.

1 영양량

각 개인의 영양 소요량을 충족시키는 영양의 균형이 잡힌 식단을 작성해야 한다. 매일 영양적 측면에서 완벽을 기하기는 어려우므로 1주간의 평균이 거의 적정하다면 좋은 것으로 한다. 최근에는 영양보다 기호나 간편성 등이 우선 되어 편중된 영양섭취에서 비롯되 여러 가지 질병이 초래되고 있다. 조리 완료식품의 이용이나 외식시에는 무엇인가 하나 더 보태서 부족한 영양소를 보충하는 것도 중요하다.

2 기호와 식습관

각 개인의 식습관과 기호를 알아두어서 가족의 기호를 만족시키도록 배려한다. 또한 조리방법에 변화를 주어 편식을 해소하도록 한다. 음식이 가장 맛있게 느껴지도록 음식의 제공방법과 안락한 환경 조성을 고려한다.

3 안전성

위생상 안전한 식품을 공급하기 위하여 식품취급에 주의한다. 청결에 유의하여 안심하고 식사할 수 있도록 준비한다.

4 식 비

식비는 식단에 직접적인 영향을 미친다. 제한된 예산으로 영양, 기호, 식욕을 만족시키는 식단을 작성한다. 식품의 가격은 식품의 종류와 계절에 따라 크게 달라지므로 여러 요인들을 고려할 필요가 있다.

5 식품의 선도, 구입방법, 보존법

식품 공업의 발달에 의해 식품은 다양화되고 있으므로 식품의 특성을 이해하고, 조리에 적합한 품질의 것을 택하도록 한다. 한꺼번에 구입하면 식비를 절약할 수는 있으나 보존 중 식품의 질과 맛의 변화에 신경을 써야 한다. 식품의 판별법, 폐기율, 조리 전후의 중량 변화 등에 대해서도 지식을 가지고 있는 것이 바람직하다. 식품의 종류를 되도록 많이 하고, 계절 식품을 써서 식단에 계절감을 살리도록 한다.

❻ 조리기술

생활이 윤택해지고, 식량사정이 좋아지면 맛을 추구하게 된다. 조리의 기술은 맛을 결정하는 최대의 인자이다. 아무리 좋은 재료라도 이것을 살려주는 조리의 기술이 없으면 맛이 없으므로 조리기술을 익히도록 노력한다.

2. 건강식품

어느 시대에나 건강에 특별한 관심을 가지는 사람은 있기 마련이며, 고대 로마시대에도 오늘날과 같이 특별히 건강에 좋다는 식품에 대한 유행이 있었다고 전해진다. 현대에는 살충제 등으로 식품이 오염된다든지, 식품을 가공할 때 많은 화학물질이 첨가된다든지 하는 사례가 많으므로 그것을 걱정하는 사람들이 건강에 큰 관심을 가지게 되었고, 경제적으로 여유를 갖게 된 사회의 풍조는 보편적인 식품보다는 건강에 좋다고 하는 식품을 찾게 만들었다. 그 결과 뚜렷한 과학적 근거 없는 많은 건강 식품류들이 유통되게 되었다. 건강 식품류의 현황 및 문제점에 대하여 살펴보기로 한다.

건강식품이란?

건강식품(health foods)은 일반적으로 비타민, 미네랄 등의 영양분을 다량 포함하고 있는 영양보조식품을 뜻하며, 광의의 건강식품은 최소한의 가공만으로 만들어지거나 농약이나 살충제의 오염이 없는 자연식품(natural foods)이나 유기식품(organic foods)까지도 포함한다.

표 7-3에 건강식품의 분류 예를 나타내었다.

그런데 건강식품이라는 용어 자체가 식품점에서 구입한 일반 식품보다 영양적으로 우수하다는 것을 내포하고 있어서 일반인들을 오도하기 쉬운 점이 있다. 우리나라에서 건강식품의 부류에 들어가는 것이 건강보조식품(supplementary foods)이라 할 수 있는데, 이를 제조하는 영업이 건강보조식품 제조업이다. 식품위생법상 건강보조식품 제조업의 정의는 '건강 보조의 목적으로 특정 성분을 원료로 하거나 식품 원료에 들어 있는 특정 성분을 추출, 농축, 정제, 혼합 등의 방법으로 식품을 제조하는 영업'으로 되어 있다.

■ 표 7-3　건강식품의 분류예 ■

건강식품〈광의〉	건강식품 (자연적)	건강식품(Health foods) (협의)	영양보조품(비타민, 미네랄, 단백질 등) 엑기스 식품(로얄제리, EPA 등) 엽록소 식품(클로렐라) 효소 식품
		자연식품(Natural foods)	무첨가 식품 저정제, 저가공도 식품 천연양조 식품
		유기식품(Organic foods)	유기재배 식품 무농약 식품(과일, 근채류, 곡류) 저농약 식품
	다이어트식품 (Diet foods, 영양조정식품) (인공적)		저 칼로리 식품 고 칼로리 식품 저지방, 저콜레스테롤 식품 저·고단백 식품 스포츠 음료 저염식품

유통 현황

국내 건강식품 시장은 해마다 30~50% 정도의 높은 신장률을 보여 현재 참여 업체도 150여 개에 이르며 건강보조식품으로 품목허가 된 수만도 720여 건에 달하여 전체 22개 종목으로 나누어지고 있다. 표 7-4는 현재 우리나라에서 건강보조식품으로 유통되고 있는 22개 종목을 나타낸 것이고, 표 7-5는 현재 일본에서 건강식품으로 유통되고 있는 종목들을 나타낸 것인데 우리나라와 공통되는 것도 상당수 있다.

■ 표 7-4 우리나라에서 유통되고 있는 건강보조식품들 ■

정제어유 가공식품	조류 가공식품	식물 엑기스 발효식품
(뱀장어유, EPA 및 DHA 함유식품)	소맥 배아유	단백질 가공식품
로얄제리 가공식품	달맞이꽃 종자유	엽록소 함유식품
효모식품	대두레시틴 함유식품	버섯 가공식품
화분 가공식품	옥타코사놀	자라 가공식품
스쿠알렌 가공식품	알콕시 글리세롤	알로에 가공식품
효소 가공식품	포도씨유	매실 가공식품
유산균 이용식품	칼슘 함유식품	

■ 표 7-5 일본에서 유통되고 있는 건강보조식품들 ■

꿀	인삼엑기스	저염식품
로얄제리	마늘엑기스	버섯식품
화분식품	알로에	무농약 채소
영지	심해상어 엑기스	유산균 음료
클로렐라	어유의 EPA	비피더스균
스피루리나	효모	요구르트
현미배아	현미배아유	자연염
소맥배아	소맥배아유	해초 엑기스
깨	레시틴	루틴
대두	현미효소	게르마니움
매실 엑기스	비타민A, C, E	철
서양자두	칼슘	감잎
두유	단백질	글루코 만난

    우리나라에서 유통되고 있는 22개 종목 중 가장 많은 것은 효소 식품이고, 다음이 알로에 제품으로, 이것들이 건강식품의 주종을 이루고 있다. 그밖의 품목으로는 불포화 지방산을 많이 함유하는 기름이나 고단백식품, 또는 몇몇 희귀재료들을 가공한 것들로서 여기에는 DHA, EPA를 함유한 정제어유, 리놀레산(linoleic acid)을 많이 함유한 소맥 배아유, 리놀레산과 γ-리놀렌산(γ-linolenic acid)을 다량으로 포함하는 달맞이꽃 종자유, 상어간유에서 얻은 스쿠알렌, 화분가공식품, 로얄제리 가공식품 등이 있다.

 문제점과 발전방향

　건강식품의 범람은 건강에 대한 관심의 증대 외에도 자신의 근본적인 식생활상의 오류를 고치겠다는 반성없이 안이하게 건강식품에 의존하여 건강을 지키려는 사람들이 고가의 건강식품류를 찾게 되면서 일어난다. 그러나 건강식품류에는 영양성분이나 생리활성물질 등이 농축된 형태로 포함되어 있는 경우가 많으므로 이것을 장기간에 걸쳐 과잉섭취한 경우 몸의 생태계를 파괴하여 오히려 건강을 해치게 된다. 따라서 건강식품류의 이용은 '건강보조식품'이라는 용어 그대로 어디까지나 일상 식생활시의 부족분을 보충해 주는 영양보조적인 식품이라는 것을 염두해 두고 이용해야 한다. 건강식품의 효용에 대해서도 과잉 홍보로 그 효용이 과장되게 알려진 경우와 잘못 알려진 경우도 상당히 있어서 이에 대한 올바른 정보가 요구된다. 또한 '건강'이라는 이름이 붙은 식품이나 식사법을 과신하여 정말 중요한 균형잡힌 식생활을 소홀히 하거나, 질병시 적절한 의료기회를 놓치는 등의 일이 있다면 건강식품에 의한 큰 폐해라 하겠다.

　앞으로 건강식품을 건전하게 발전시키려면 과학적 근거에 입각한 지식과 바른 정보를 소비자에게 제공해야 한다. 그리하여 건강식품은 현대의 식생활에서 부족되기 쉬운 미량영양소를 보충해 주고 영양의 균형을 유지하도록 도와주는 영양보조식품으로 발전시켜 나가야 할 것이다.

3. 식품과 알레르기

　문명병이라 불리는 알레르기(allergy)가 해마다 증가하고 있는데, 그것은 현대 과학문명의 발달과 더불어 우리의 생활환경 변화와 관계가 깊다고 할 수 있다. 즉 대기오염, 수질오염 등 주변환경의 변화, 정신적 면에 있어서 가정, 학교, 사회에서의 스트레스 기회 증가, 식생활 면에서 동물성 단백질식품의 섭취량 증가, 수입식품섭취, 식품첨가물 사용량 증가, 외식 기회의 증가 등 알레르기 유발과 관계될 만한 인자들이 증가 일로에 있다. 다음에 특히 식품과 관련된 알레르기 발현에 대하여 살펴보기로 한다.

알레르기의 본질

　　먼저 알레르기란 무엇인지에 대해 알아본다. 몸 속에 병원성 미생물 등의 이물질(항원)이 침입하면, 체내에는 그 이물질에 대항하는 항체가 생긴다. 그 항체는 이물질이 다시 몸 속에 들어 왔을 때 이물질에 대하여 저항력을 가지도록 작용하게 되며 이것이 면역기구, 즉 생체방어기구이다. 알레르기도 일종의 면역반응인데 생체에 유익하지 않은 면역기구라 할 수 있다.

　　식품 알레르기는 몸 속에 생긴 항체가 식품을 항원으로 감지하여 이상 반응을 하고 그 결과 두드러기 등의 증상을 나타내는 것이다. 사람에 따라서 만들어지는 항체량과 그 작용에는 차이가 있고 많은 항체가 생긴 경우나 항체의 작용이 활발할 경우 알레르기 증상이 나오기 쉽다.

알레르기의 발현기전

　　알레르기가 일어나는 경로에는 여러 가지가 있는데 그 중에서 혈액검사로 원인을 알 수 있는 유일한 경로인 I형의 알레르기에 대해서 살펴보면 그림 7-1과 같다.

　　항원이 비만세포(mast cell)에 부착되어 있는 항체와 결합하여 항원항체 반응을 일으키고, 그 결과 비만세포가 파괴되어 세포 내에 포함되어 있던 히스타민, SRS(slow reacting substance), 세로토닌 등의 알레르기 유인물질이 유리되어 알레르기 증상이 나타나게 된다.

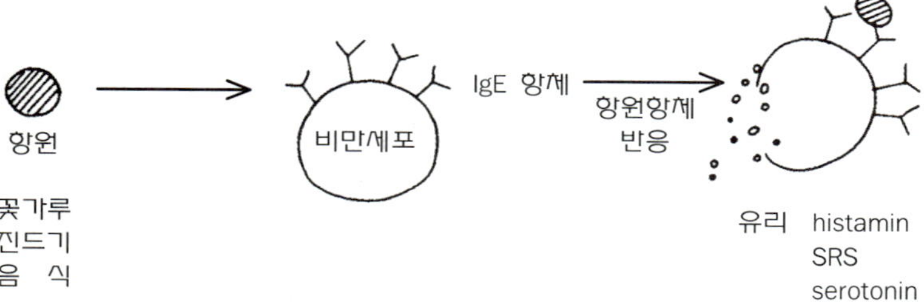

■　그림 7-1　알레르기의 발현기전　■

 식품 알레르기의 원인과 발생

　식품 알레르기는 어떤 특정 음식물을 먹었을 때 이상 과잉반응이 생겨서, 그 결과 병적인 상태가 되는 것으로 알려져 있다. 최근에는 식품 알레르기의 범위를 식품 중의 단백질이 항원으로 되어 항원항체 반응을 일으키는 순수한 알레르기 반응 외에 넓은 의미로 표 7-6과 같은 여러 가지 경우의 Food Adverse Reaction(음식물에서 기인하는 유익하지 못한 반응)을 가리키기도 한다.

■ **표 7-6**　Food Adverse Reaction ■

① 식품자체(단백질)의 알레르기 반응
② 식품 불내증
　• 소화효소의 결핍·결손
③ 식품에 포함되는 물질에 의한 반응
　• 가성알레르겐 (histamin, acetyl choline 등)
　• 농약, 훈증제, 항생물질, 홀몬제, 식품첨가물(인공 및 천연)
④ 식품과 미생물의 독소에 의한 반응

　이 반응들을 살펴보면 잘 알려져 있는 것으로 식품 불내증인 유당불내증이 있다. 가성알레르겐(pseudoallergen)이란 식품 중에 자연적으로 포함되어 있는 성분으로 알레르기 증상을 나타내는 물질이다. 여기에는 histamin, acetyl choline, serotonin, trimethyl amine oxide 등이 있는데, 이것은 몸의 컨디션이 좋을 때는 많이 섭취해도 증상이 나타나지 않다가, 알레르기 증상이 있을 때는 강한 반응을 일으킬 수가 있으므로 지나친 섭취는 피하는 것이 좋다. 표 7-7에 가성 알레르겐을 포함하는 식품을 나타내었다. 또 농약, 훈증제, 항생물질 등에 의한 알레르기 증상은 앞으로의 과제로서 주목할 필요가 있다고 생각된다.

■ **표 7-7**　가성 알레르겐을 포함하는 식품 ■

① histamin ⋯ 시금치, 가지, 토마토, 쇠고기, 닭고기 등
② acetyl choline ⋯ 토마토, 가지, 죽순, 땅콩, 토란, 송이버섯, 메밀 등
③ serotonin ⋯ 토마토, 바나나, 키위, 파인애플 등
④ trimethyl amine oxide ⋯ 오징어, 조개, 게, 새우, 가자미, 대구 등

다음 항원항체 반응에 의한 식품 알레르기의 발생을 살펴보기로 한다. 고분자의 단백질은 소화관 내에서 여러 소화효소의 작용을 받아서 저분자의 펩타이드, 또는 아미노산까지 분해된 후 흡수된다. 그런데 장관 기능의 발달이 충분하지 못한 어린이나, 어른의 경우라도 소화능력 이상의 단백질을 한꺼번에 대량으로 섭취했을 때 충분히 소화 분해되지 못하고 단백질 그대로 흡수되는데, 이때 생체는 이것을 이물질로 인식하게 되어 알레르기 증상을 나타낼 수 있는 것이다.

최근의 연구에 의하면 건강한 사람이 섭취한 단백질도 모두 저분자의 펩타이드로 분해되지는 않으며 일부는 고분자 상태로 남아있다고 한다. 체내에서는 이 미분해 단백질(항원)이 항체와 작용하지 않도록 하는 기전이 작용하고 있는데, 어떠한 요인에 의해 이러한 억제작용이 불충분해 질 경우 누구에게나 알레르기가 일어날 가능성은 있는 것이다.

알레르기 특유의 증상은 일반적으로 위와 장에 제일 빨리 나타나며 구토, 설사를 하게 된다. 그 다음 입주위, 얼굴, 머리, 몸 등의 피부가 빨갛게 되거나 두드러기가 나기도 한다. 성장함에 따라 기침, 기관지 천식 등 호흡기의 병에 걸리기 쉬워지고, 비염으로 재채기와 콧물이 나오는 일이 많아진다.

음식물 알레르기를 일으키기 쉬운 식생활 태도는 동일한 식품을 연속적으로 섭취하는 경우이다. 그러면 그 식품이 알레르겐으로 되고 알레르기를 일으키기 쉬워진다. 그러므로 건강한 사람도 매일 같은 식품, 특히 단백질 식품을 대량으로 섭취하지 않는 것이 알레르기 체질이 되지 않기 위한 바람직한 길이다.

최근 소아 알레르기가 많아지고 있는데, 그 이유로는 영아기에 모유 영양보다 인공 영양이 많아지고, 소화기관이 미발달된 상태에서 지나치게 빠른 이유식의 개시, 임신시 모체의 지나친 단백질 식품 섭취 등을 들 수 있다. 따라서 임신 중에도 편중된 단백질 식품의 연속 섭취는 바람직하지 않다.

식품 알레르기의 치료

알레르기 질환의 치료는 원인 물질을 제거하는 데서 시작한다. 식품 알레르기를 치료하는 데는 식품제거법(Food elimination threapy)에 의하여 알레르겐으로 되는 식품을 제거하는 것이 원칙이다. 알레르겐으로 되기 쉬운 식품의 상태는 다음과 같다.

① 조리·가공·가열이 잘 되어 있지 않은 것

　(일반적으로 생것일 때는 강한 항원성을 보이기 쉽다)

② 단백질 함량이 높은 것

③ 지방 함량이 높은 것

④ 선도가 떨어진 것

식품 알레르기의 치료를 위해서 제거법을 실시할 때는 여러 가지 주의가 필요하다. 왜냐하면 알레르기를 일으키기 쉬운 우유, 달걀, 생선, 콩 등을 제거하게 되면 알레르기 증상은 치료가 되더라도 영양 불량에 빠질 수가 있기 때문이다.

특히 성장과정에 있는 어린이들에게 있어서 중요한 영양원은 단백질이므로, 이것을 제외시킨 경우의 대체는 심각한 문제가 된다. 따라서 식품제거법의 실시는 항원성이 낮은 식품군을 대체식품으로 하여 동일 식품의 연속 섭취를 피하면서 영양의 균형을 유지하도록 한다. 또한 제거법을 일정기간 실시한 후 그 식품을 다시 한번 섭취해 보고 증상이 나타나지 않으면 제거법을 중지하여 음식물의 제한을 최소한으로 하도록 한다. 참고로 항원성에 따른 식품의 분류를 표 7-8에 나타내었다.

■ **표 7-8** 항원성에 따른 식품의 분류 ■

항원성이 강한 식품	우유, 날달걀, 고등어, 연어, 꽁치, 전갱이, 새우, 삼치, 게, 오징어, 조개, 돼지고기, 가다랭이, 바다가재, 메밀, 옥수수, 땅콩, 완두콩, 대두, 강낭콩, 겨자, 피망, 카레, 귤, 복숭아, 호도, 밤, 초콜릿, 인공색소 등
항원성이 있는 식품	청어, 삼치, 문어, 대두, 쇠고기, 고래고기, 소세지, 말고기, 낙지, 다랑어, 송어, 토란, 은행, 근대, 두릅, 가지, 버섯, 우엉, 생강, 쑥갓, 시금치, 딸기, 감, 바나나, 죽순, 인공과즙 등
항원성이 약한 식품	닭고기, 잉어, 붕어, 도미, 뱀장어, 옥돔, 은어, 꿩고기, 쌀, 보리, 국수, 빵, 고구마, 감자, 식물성 기름, 마가린, 호박, 당근, 호배추, 무, 양파, 파, 배추, 연뿌리 등

4. 새로운 식품

식품 산업의 발달에 따라 최근에는 여러 가지 형태의 식품들이 나와서 식생활을 풍요롭게 하고 있다. 한편 세계의 식량부족 현상은 심각하며, 특히 개발도상국에서는 인구 증가율에 비해 식량의 증산이 이에 미치지 못해 심각함을 더해 가고 있다. 식품 산업계에서는 세계의 식량 문제를 해결하기 위해서 새로운 식량자원의 개발, 새로운 품종 개발에 힘쓰고 있어 앞으로 새로운 형태의 식품들이 등장할 예정이다.

이 장에서는 변모하는 현대의 식생활에 대응하여 출현한 식품들과 앞으로의 식량문제에 대처할 수 있는 식품들에 대하여 살펴본다.

 냉동식품

냉동식품이란 제조 또는 조리, 가공한 식품을 장기 보존할 목적으로 동결처리 후 용기포장하여 냉동보관(−18°C 이하) 한 식품이다. 냉동식품은 콜드 체인(cold chain)이 완비돼야 유통이 가능하기 때문에 구미선진국에서 그 성장이 빨랐다.

냉동식품은 다른 가공식품에 비해 맛과 조직 및 영양적인 측면에서 우수할 뿐 아니라 저장성이 높고 사용하기 간편한 식품이므로 우리나라의 냉동식품은 콜드 체인(cold chain) 시스템의 발전과 주방기구(특히 전자레인지 등)의 보급과 더불어 향후 더욱 급격한 신장을 보일 것으로 생각된다.

냉동식품이 갖추어야 할 조건을 정리하면 다음과 같다.

① 전처리가 되어 있다.

생선의 경우는 내장, 뼈 등, 채소의 경우 뿌리와 잎 등의 불가식 부분이 제거되어 있다. 이렇게 하면 냉동하기 위한 전기요금, 운송비, 소비자의 쓰레기 문제에도 도움이 된다.

② 급속 동결되어 있다.

일반적으로 식품을 냉동할 때 중심까지 조금이라도 빨리 얼도록 급속동결하는 것이 식품의 품질을 좋은 상태로 유지하는 비결이다.

③ 사용하기 전까지 포장되어 있다.

소비자가 개봉할 때까지 포장함으로써 건조와 산화를 방지할 수 있다.

④ 식품의 온도가 사용 전까지 −18℃ 이하로 보관되어 있다.

냉동식품의 온도를 -18℃ 이하로 함으로써 1년간은 품질이 유지되는 것이 세계적으로 입증되어 있다.

■1 냉동식품의 신장배경

오늘날은 사회적, 경제적 이유로 각 가정 및 외식 산업체에서 냉동식품을 이용하는 기회가 많아졌다. 그 이유는 다음과 같은 것으로 생각된다.

가. 저장성과 편리성

현대의 바쁜 생활 속에서 2~3일 분의 식품을 한꺼번에 구입하는 일이 많아졌다. 또 가정용 대형 냉동·냉장고의 보급증가, 냉동 면적의 대형화 추세에 의해서 냉동식품을 대량 저장할 수 있게 된 것도 하나의 원인이다.

나. 안전성과 안정성

식품을 냉동할 때는 대부분 식품첨가물 등을 사용하지 않으며, 또 채소류는 데치기(blanching)을 하면 원래에 가까운 상태로 저장할 수 있다. 또 저장온도가 −18℃ 이하이면 품질의 변화없이 상당기간 보존할 수 있다.

다. 합리성

냉동식품에는 원료식품의 생산단계에 있어서 가격변동의 조정기능이 있다. 또 원료식품을 생산지역 외의 지역에 공급할 수 있으며 제철이 아닌 계절에도 먹을 수 있게 한다.

■2 냉동식품의 종류와 성분규격

냉동식품은 그 제조법의 차이에 의해 간단한 전처리만으로 냉동한 냉동품과 보다 많은 가공단계를 거쳐 소비자들이 사용하기에 편리한 형태인 냉동식품과 다른 원료와 함께 가열처리, 혼합, 정형 등의 처리를 한 조리냉동식품 등으로 나누어진다. 표 7-9에는 냉동식품의 종류를, 표 7-10에는 식품위생법에 의한 성분규격을 나타내었다.

■ **표 7-9** 냉동식품의 종류 ■

냉 동 품	재료를 그대로 냉동한 원양어업의 냉동생선, 냉동수조육류
냉 동 식 품	수산냉동식품 : 대구, 민어, 동태, 깐새우, 굴 농산냉동식품 : 완두콩, 옥수수, 딸기 축산냉동식품 : 갈비, 쇠고기, 돼지고기, 닭고기
조리냉동식품	후라이류 : 새우, 생선, 오징어, 고로케, 돈까스 그밖의 것 : 햄버거, 냉동만두, 냉동면, 피자, 과자류

■ **표 7-10** 냉동식품의 성분규격 ■

유 형 항 목	비가열 섭취 냉동식품	가열후 섭취 냉동식품	
		동결전 가열제품	동결전 비가열제품
성상	고유의 색택과 향미를 가지고 이미·이취가 없어야 한다.	〃	〃
세균수(g당)	100,000 이하	100,000 이하	3,000,000 이하
대장균군(g당)	10 이하	10 이하	—
대장균	—	—	음성이어야 한다.

❸ 식품의 냉동

식품을 냉동할 때는 식품 중의 수분이 거의 어는 온도대인 최대 얼음결정 생성대를 단시간에 통과하는 급속동결법과 장시간을 소요하는 완만동결법이 있다. 급속동결법으로 냉동할 때는 세포 중의 얼음 결정이 작아져서 세포막 등의 파괴를 방지할 수 있으므로 식품의 품질을 최대한 유지할 수 있다. 따라서 냉동식품에서는 급속동결처리가 원칙이다.

4 냉동식품의 해동

냉동식품 해동시에는 냉동 전의 신선한 상태에 가깝게 환원되는 것이 이상적이다. 식품의 품질은 냉동식품을 어떻게 해동하느냐에 따라 다르므로 동결방법보다 해동방법이 더 중요하다. 해동에 의해서 일어나는 변화로는 즙액의 유출(drip), 조직(texture)의 변화, 단백질의 변성, 세균의 번식 등이 있다. 이러한 변화를 최소화할 때 냉동 전의 신선한 상태에 가까워진다. 해동에는 급속해동과 완만해동이 있다. 이론적으로는 급속해동이 좋으나, 급속해동은 전체적으로 균일하게 해동하기가 어렵다. 냉장고 등에서 천천히 해동하는 것이 완만해동이다. 조리식품이나 가열해서 먹는 채소, 반조리의 튀김 등은 가열조리를 겸해서 급속해동을 하는 것이 좋다. 전자레인지에 의한 해동은 조건만 잘 맞으면 굉장히 효과적인 급속해동이 되지만 부위에 따라서 온도 차이가 나기 쉽고 적당한 시점에서 해동을 멈추는 것이 어렵다. 생으로 먹는 회종류나, 해동 후 손질하여 가열하는 어패류의 냉동품은 냉장고에서 천천히 해동하는 완만해동이 적당하며, 동결 저장된 케익류도 완만해동이 좋다.

5 냉동식품의 앞으로의 과제

냉동식품은 현대사회의 요구에 부응하는 경제성, 안전성, 간편성 등을 가지고 있는 식품이지만 앞으로의 제품개발에는 소비자 선택의 기준이 되는 가치관 변화에 부응하기 위하여 다음과 같은 것을 고려해야 할 것이다.

① 현대인의 영양, 건강지향적 요구의 만족
② 미각과 고품질화 추구의 만족
③ 가격에 상응하는 가치부여
④ 제품의 다양화

6 냉동식품의 문제점

냉동식품의 가장 큰 특징은 편리성과 능률성이라 할 수 있다. 그러나 냉동식품의 편리성의 이면에는 가정에서 조리의 지나친 간편화로 인한 음식의 획일화로 인해 전통적인 식문화가 사라지게 되는 점을 간과해서는 안될 것이다.

또한 냉동산업에서는 그 생산성을 높이기 위해 보다 대량의 냉동식품 재료를 구입하려고 하기 때문에 필요 이상의 농축산물 생산 및 어패류의 남획을 야기하게 된다. 이것은 어패류의 소멸을 불러일으킬 수 있고, 축산물의 생산 증가 때문에 사료용 농작물의 다량 생산을 위해 농지의 전환 등을 하게 된다. 이런 일이 장기간에 걸쳐 행해지면 지구상의 생태계에 결코 좋은 영향을 줄 수 없을 것이다.

 완전조리식품

현대생활에서는 생활양식의 변화와 함께 식생활도 변화하여 가정에서 하는 조리조작이 점점 줄어들고 있다. 조리조작이 완료되어 가공도가 높은 식품을 완전조리식품이라 하는데, 여기에는 조리냉동식품, 레토르트식품, 반찬류, 도시락 등이 있다. 완전조리식품의 장점은 간편성에 의한 조리시간의 단축, 가사노동으로부터의 해방이다. 그러나 간편성이 커지는 것과 비례하여 가공도가 높아지기 때문에 식품첨가물 등의 사용이 많아지고 안전성의 문제가 생긴다. 또 많은 사람들의 기호에 맞추다 보니 맛의 획일화 문제도 일어난다. 완전조리식품의 지나친 사용은 조리기능의 퇴보와 함께 식생활의 경시에 따른 여러 문제점을 야기한다. 완전조리식품을 많이 이용하는 사람일수록 영양소 섭취가 불량했다는 보고나 식염의 과잉섭취와 칼슘, 철분 등 미량영양소의 섭취부족 등은 특히 우려되는 점이다. 현대생활은 취업주부 수의 증가, 남편들의 바쁜 사회생활, 아이들의 수험공부 등으로 식생활을 생활의 중심에 둘 여유가 없다. 밥만 집에서 짓고 완전조리식품의 반찬을 구입하여 한끼의 식사를 해결하기도 한다. 외국의 경우 아예 부엌이 없는 가정도 있다고 한다. 완전조리식품의 범람은 바람직한 현상이 아님에도 불구하고 앞으로 더욱 심화될 전망이다.

 건조식품

　식품 속의 수분을 제거함으로써 저장성을 부여하는 건조는 옛날부터 실시해 왔던 가공법으로 이것을 이용한 식품에는 건조채소, 건조과일, 건조육제품, 건조어패류 등이 있다. 그러나 최근에는 기호변화 등으로 전통적인 건조식품의 섭취는 점점 감소하는 추세에 있고, 동결건조식품을 중심으로 하여 즉석식품으로 편리하게 사용할 수 있는 식품의 섭취가 늘어나고 있다.

1 동결건조식품

　동결건조식품이란 식품을 −30∼−40℃에서 급속동결한 것을 진공도 1∼0.01mmHg의 감압 하에서 얼음을 승화시켜 건조한 식품이다. 동결상태에서 건조시키므로 향미, 영양가의 보존이 우수하고 복원성이 좋으나, 조직변화가 일어나기 때문에 고형식품에서는 복원했을 때 텍스쳐가 다소 변화한다. 처음에는 커피와 같은 향미를 중요시하는 식품에 주로 적용되었으나 요즘은 각종 수프, 과즙, 채소, 육류 등 즉석식품용의 건조에 광범위하게 이용되고 있다. 특히 커피는 세계에서 가장 많이 생산되고 있는 동결건조제품이다. 커피의 경우 예전에는 분무건조가 많았으나 소비자의 고급품 지향의 추세에 따라 거의 동결건조가 행해지게 되었다. 그밖에 동결건조식품은 보존성이 좋은 점을 이용하여 비축용, 혹은 비상용의 식량(survival foods)으로도 사용된다. 진공포장 등으로 밀봉보관 후 비상시에는 그대로, 혹은 물만 부어서 먹을 수 있다.

2 그밖의 건조식품

가. Instant mashed potato(즉석으깬감자)

　뜨거운 물만 부으면 바로 으깬감자(mashed potato)가 되는 건조제품이다. 감자를 삶은 후 즉시 으깨어 체에 내린 후 드럼 건조기(drum dryer)에 건조시킨다. 제조시 주의점은 세포의 파괴가 없도록 하여 전분입자가 세포 밖으로 빠져 나오지 않도록 하는 것이다. 품질이 좋은 것은, 복원했을 때 신선한 감자로 만든 것과 같은 향과 텍스쳐를 갖는다.

나. 즉석건조 쌀밥

충분한 흡수와 가열에 의해 밥의 전분을 호화(α 화)하고 밥알이 서로 붙는 것을 막기 위해 순간적으로 방냉을 한 후 열풍으로 건조하면 호화된 상태로 밥이 건조된다. 수분 8% 정도로 약 3년간 보존되며 물을 가하여 10분 정도 가열하면 밥이 된다.

레토르트 파우치(Retort pouch) 식품

플라스틱 주머니(pouch)에 밀봉한 식품을 고압솥(retort)에 넣어서 100℃ 이상의 습열로 멸균하여 통조림·병조림과 같이 저장성을 가지게 한 식품이다. 주머니의 재질은 성질이 다른 플라스틱에 알루미늄막 등을 겹쳐줌으로써(laminate), 고압에 견디고 습기나 산소 등의 투과억제력을 가지도록 한 것이다. 상온에서 장기간 보존이 가능하고 사용시에는 용기채로 데울 수 있다. 문제점은 통조림이나 병조림보다는 포장강도가 약하므로 유통과정 중 충격에 의해 파괴되기 쉬우며 보존시 온도와 습도에 의해 품질이 저하된다는 점이다.

새로운 형태의 가공식품

전통적인 가공법인 건조, 염장, 훈제 등은 시간이 많이 걸리고 식품 중의 성분변화가 커서 품질유지가 어려운 점 등으로 현대 식생활에서 멀어져 가고 있다. 또한 생활양식 및 식성의 변화, 폭발적 인구증가에 따른 식량자원의 부족도 새로운 형태의 가공식품의 등장을 촉구하는 요인이 되고 있다.

■ 식생활의 다양화에서 나온 가공식품

새로운 형태의 가공식품에는 지금까지의 식품과는 무엇인가 색다른 것을 원하는 소비자의 요구에 부응하기 위한 것과 값이 비싸고 귀한 것을 싼 값으로 많은 사람에게 제공하려는 것이 있다. 이러한 형태에 속하는 것으로 압출가공식품(extrusion processed food), 가압식품(pressure processed food), 모방식품

(imitation food) 등이 있다.

가. 압출가공식품

이것은 압출성형공법(extrusion cooking)에 의한 것인데, 미래의 공업적 식량 생산의 중심역할을 담당할 것으로 기대되는 가공기술이다. 압출성형공법은 압출성형장치라고 하는 스크류 내장의 가열압축기에 의한 식품가공기술인데, 압출성형장치는 가열, 혼합, 조분쇄, 열교환, 성형, 팽화, 건조 등의 많은 조작을 한 대의 기계로 할 수 있는 다목적 제조기계이다. 이것을 이용한 가공식품에는 전분을 주체로 하는 팽화식품인 스낵과자, 비스켓 등과 콩에서 분리한 식물성 단백질로부터 제조한 조직화 식물단백(Textured Vegetable Protein) 등이 있다. 조직화 식물단백은 쇠고기 등의 조직감과 모양을 갖는 것으로 육류 대용품으로 여러 가지 식품에 첨가하여 이용되고 있다.

나. 가압식품

식품의 조리와 보존을 위해서 식품을 가열처리하면 향미가 다소 떨어지는 것은 피할 수 없다. 현대의 소비자나 식품산업계에서는 향미를 손상시키지 않는 식품의 새로운 가공·살균기술을 추구하고 있고 여기에 부응할 수 있는 새로운 가공방법으로 초고압 기술이 개발되었다. 가압식품은 식품에 열 대신 압력을 가함으로써 단백질의 변성이나 전분의 호화를 유도하여 조리를 하는 것이다. 가압조리는 상온에서 5,000~6,000 기압의 높은 압력을 가해서 조리하게 된다. 따라서 가압조리는 차가운 상태에서 조리가 되므로 향미의 변화, 영양소의 파괴 등이 없다. 이것은 장점인 동시에 단점으로도 작용한다. 즉 가열에 의한 독특한 향미생성이 없으므로 적용할 수 있는 식품에 한계가 있다. 표 7-11에 식품에서의 가열과 가압의 이용가능 분야를 나타내었다. 현재는 잼류 정도가 가압식품으로 시도되고 있으나 앞으로 가열과 조합시킨다든지, 조미기술 등의 개발에 의해 새로운 향미와 텍스쳐를 가진 식품을 창출해 낼 수 있을 것이다.

■ 표 7-11 식품분야에서의 가열과 가압의 이용가능 분야 **■**

조 작	가 열	가 압
조리가공		
소화성의 향상	○	○
응고 · gel화	○	○
색, 맛, 냄새의 변화	○	×
영양소의 변화	○	×
보 존		
살 균	○	○
살 충	○	○
효소의 불활성화	○	○

다. 모방식품

모방식품은 copy식품이라고도 하여 귀하고 값이 비싼 식품의 대용품으로 주로 이용되어 왔으며, 다음과 같은 것들이 있다.

① **게맛살** : 냉동 대구살에 아미노산류, 게맛 향미, 게맛 엑기스, 난백 등을 첨가하여 만든 것이다.

② **캐비아** : 원래는 철갑상어의 염장품인데, 모조품은 램프 생선의 알을 흑갈색의 색소로 염색한 염장품을 통조림으로 만든 것이다. 색깔이 묻어나므로 진짜와 구별된다.

③ analog cheese : 우유카제인에 식물성유와 유화제를 섞고 물을 가하여 혼합·유화시킨 후 가열하여 포장, 냉각한 것이다. 미국에서는 치즈의 약 10%를 차지하며 콜레스테롤을 포함하지 않고 값이 싼 것이 장점이다.

④ imitation milk : 식물성 지방과 유고형분을 혼합해 놓은 것으로 유지방분이 적으므로 콜레스테롤을 거의 포함하지 않는다.

⑤ filled milk : 유지방 이외의 지방을 유고형분과 혼합하여 만든 크림상으로 주로 커피에 사용한다.

그밖에 조직화 식물단백 같은 인조육, 초콜릿의 원료인 천연 코코아 버터와 성상이 비슷한 대용 코코아 버터 등도 모방식품에 속한다.

모방식품은 원래 귀한 제품을 모방하여 만든 것이지만, 시간의 경과에 따라 독자적인 식품으로 확립된 것도 있다. 대표적인 것이 마가린이다. 마가린은 버터의 대용품으로 개발된 것이지만, 현대에 와서는 버터보다 영양적으로 더 우수한 점도 있어서 마가린으로서의 지위가 확립되어 모방식품이라고 하기는 어렵다. 모방식품은 제조기술의 진보에 따라 다양한 제품이 나오게 되어 있고, 그 중에는 모방식품이라기 보다는 하나의 새로운 식품으로 볼 수 있는 것도 있다. 앞으로 이런 제품이 더욱 많이 나올 것으로 생각된다.

❷ 새로운 단백질 소재

인구증가에 따른 식량자원의 부족과 세계 각지에 오늘날까지도 존재하고 있는 기아문제의 해결을 위해서 자원의 유용한 이용은 대단히 중요하다. 그 중에서도 단백질 소재의 개발은 부족한 단백질 자원의 문제를 해결하기 위해서 특히 중요하다.

지금까지 새로운 단백질 소재의 동물성, 식물성, 미생물의 단백질이 개발되어 일부 실용화되고 있다.

가. 동물성 단백질 소재

어육농축단백질(FPC, fish protein concentrate)이 대표적이다. 생선의 경우 식용으로 되지 않고, 사료 등으로 사용되는 양이 상당량 있는데 이것은 단백질의 유효 이용률 면에서 바람직하지 못하다. 생선에서 단백질을 추출하여 농축건조 분말로 하면 식품 소재로 이용하기 쉽다. 그러나 FPC는 맛, 색깔, 그리고 냄새도 없는 분말로 기호적인 가치가 없어서 현재까지는 그다지 이용되고 있지 않다. 최근에는 FPC의 기호성을 개량하는 것에 대한 연구가 많이 진행되고 있다.

나. 식물성 단백질 소재

대두단백질, 밀단백질 등이 있다. 대두단백질이 나온 배경은 대두가 '밭에서 나는 고기'라고 불릴만큼 단백질 함량이 높기 때문이다. 대두는 유지함량도 높아 대두유를 얻으며 남은 탈지대두는 사료로 이용되었는데, 단백질을 추출하여 식품재료의 소재로 이용한 것이다. 대두단백질의 종류로는 분말상

대두단백질, 입자상 대두단백질, 섬유상 대두단백질, 효소변형 대두단백질이
있다. 대두단백질은 많은 기능성(유화성, 기포성, gel 형성 등)을 가지므로 여
러 가지 가공식품의 물리적 성상 개량제로도 이용되고 축육 제품(햄, 소세지,
햄버거 등), 어육 제품(어묵류) 등에 대용품으로서도 이용되고 있다.

밀 단백질은 밀가루에 물을 넣어 반죽한 밀가루 반죽(dough)으로부터 글루
텐(gluten)을 분리하여 얻는다. 이용식품은 국수, 빵, 햄버거, 어육제품 등이다.

다. 미생물 단백질 소재

석유 중의 n-파라핀을 이용하여 증식하는 효모와 세균의 균체 단백질을 말
한다. 석유이용 효모와 세균은 탄소·수소원으로 n-파라핀을, 질소원으로 값싼
암모니아를, 산소원으로 공기를 써서 탱크 배양되므로 계절에 관계없다. 또
넓은 토지도 필요없이 공장생산 될 수 있다. 이것은 필수아미노산이 풍부한
새로운 단백질원으로 기대를 모으고 있으나, 석유 중에는 미량의 발암물질이
포함되어 있어서 안전성에 대한 위험 등으로 아직까지 실용되고 있지는 않다.

기능성 식품

어떤 특정의 생체조절기능을 가지는 식품, 즉 표 7-12의 3차 기능을 생체에
대해서 작용할 수 있도록 가공한 식품을 기능성 식품이라 한다. 여기에는 특정
의 기능성 성분을 농축하여 함유한 것과 특정성분을 제거한 것, 두 가지 유형
이 있다. 전자는 올리고당, 식이섬유 등을 첨가한 것이고, 후자는 페닐케톤뇨증
환자용의 페닐알라닌(phenylalanine) 제거식품, 알레르기 환자용의 알레르겐
(allergen) 제거식품 등이다.

■ **표 7-12 식품의 기능** ■

식품의 기능	┌ 1차 기능 : 영양소가 생체에 미치는 기능
	├ 2차 기능 : 식품조직, 성분이 감각에 미치는 기능
	└ 3차 기능 : 생체리듬의 조절, 생체방어, 노화억제, 질환의 방지,
	질병의 회복 등의 기능

　기능성 성분과 영양소와의 차이는, 영양소는 부족되면 결핍증을 일으키는 성분인데 비해 기능성 성분은 섭취하지 않아도 결핍증상은 나타나지 않지만 섭취함으로써 생체기능을 높여줄 수 있는 것이다.

■ 식이섬유(Dietary fiber)

　식이섬유는 1장에서 언급된 것 같이 동·식물을 불문하고 사람의 소화효소로 분해되지 않는 '음식물 중의 난소화성 성분'을 말한다. 식이섬유는 표 7-13과 같이 성인병의 예방과 건강의 증진에 큰 영향이 있다. 그러나 과잉 섭취는 무기질 등의 미량영양소의 흡수저해를 일으키므로 가공식품에의 이용에는 충분한 배려가 필요하다. 현재 많은 식이섬유 제품이 시판되고 있으며 음료, 과자류, 빵 등에 첨가되어 있다. 식이섬유의 분류는 표 7-14와 같다.

■ **표 7-13**　식이섬유의 기능 ■

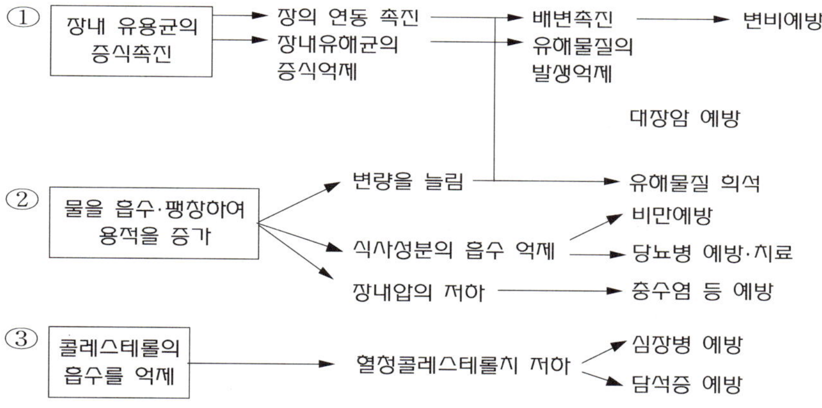

a. 셀룰로오즈(cellulose)

　자연계에 가장 많이 존재하는 다당류로 섬유소라고 한다. 어린잎에는 약 10%, 목재에는 약 50%, 솜에는 90% 이상이 들어 있다. 식물의 세포벽을 구성하는 주된 물질로서 포도당이 β-1,4 결합으로 연결된, 분자량이 매우 큰 물질이다. 사람은 β-1,4 결합을 분해할 효소가 없으므로 소화시킬 수 없다.

■ **표 7-14** 식이섬유의 분류 ■

분 류		함 유 식 품
세포벽을 구성 하고 있는 물질 (물에 녹지 않음)	cellulose hemicellulose lignin chitin	곡류의 현미, 통밀을 제분한 밀가루에 특히 많음 그밖에 두류, 야채류 등에도 포함 새우, 게 등의 갑각류
세포 중의 저장물질 (물에 녹음)	식물성 gum 해조 다당류 pectin	아이스크림, 과자류에 들어있는 구아검, 아라비아 검, 미역, 다시마, 한천 등 감귤류, 사과, 근채류등
화학적으로 만든 다당류(물에 녹음)	CMC polydextrose	아이스크림 식이음료, 캔디, 아이스크림

b. 헤미셀룰로오즈(hemicellulose)

식물 세포벽에 들어있는 cellulose 이외의 다당류의 혼합물로서 알칼리에 녹는 성분을 말한다.

c. 목질소(lignin)

목재, 대나무, 짚 등 목질화한 식물체 주성분의 하나이다. 구조는 명확하게 밝혀져 있지 않으나 propyl phenol이 기본 구성 물질이다. 따라서 lignin은 cellulose나 hemicellulose 등 다른 세포벽 성분과 달리 탄수화물, 또는 그 유도체는 아니다.

d. 키틴질(chitin)

새우, 게, 곤충 등의 껍질 성분으로 동물성 식이섬유이다. amino sugar가 아세틸(acetyl)화한 N-acetyl-D-glucosamine이 β-1,4 결합으로 연결되어 있다.

e. 식물성 검(vegetable gum)

물에 녹아서 점성을 나타내는 고분자 화합물을 통틀어 검질(gums)이라 하고, 식물에서 얻어지는 점질물을 특히 식물성 검이라 한다. 여기에는 아라비아 검, 구아 검 등이 있다. 아라비아 검은 아카시아과의 수액에 들어 있는 다당류인데, galactose를 모체로 하여 arabinose, rhamnose, glucuronic acid 등으로 이루어지는 비교적 짧은 측쇄가 다수 붙어 있는 분자구조를 하고 있다. 맥주의 거품안정제, 과자류의 겔화 등에 쓰인다. 구아 검은 콩과식물에 포함되어 있고 mannose의 α-1,4 결합으로 이루어지는 모체에 galactose가 1개씩 β-1,6 결합으로 붙어서 짧은 측쇄를 다수 가지게 된 구조를 하고 있다. 냉수 속에서도 잘 팽윤하고 친수성이 강하기 때문에 증점제, 안정제로서 아이스크림, 과자, 빵 등에 쓰인다.

f. 해조 다당류

한천, 알긴산(alginic acid), 카라기난 등이 있다. 시판 한천은 우뭇가사리와 같은 홍조류를 열수로 끓여서 추출한 후 동결, 융해를 되풀이하여 건조한 것이다. 강한 gel화력을 이용하여 과자류, 세균의 배지 등으로 쓰인다. 알긴산은 미역, 다시마 등과 같은 갈조류의 세포벽에 존재하는 다당류로서 식품의 증점제, 안정제로 널리 쓰이고 있다. 알긴산의 propylene glycol 유도체(PGA)는 산성 하에서도 가용성이고, 아이스크림의 안정제 등으로 뛰어난 성질을 나타낸다. 카라기난은 한천과 마찬가지로 홍조류의 세포벽에 있는 다당류로서 식품 중의 단백질, 특히 카제인과 반응하여 복합체를 만들어 용액을 안정화시킨다. 이 성질을 이용하여 우유음료의 안정화제로도 사용된다.

g. 펙틴(pectin)

식물의 과일, 줄기에 널리 분포되어 있고, 특히 과실이나 채소의 어린 조직에 많다. 산(pH 3~3.5) 및 당(50% 이상)과 함께 가열하면 겔화하는 성질이 있어 과일잼을 만드는데 이용된다.

h. CMC

셀룰로오즈의 유도체(carboxy methyl cellulose)로서 그 특유의 물성을 이용하여 식품에 이용된다. 수용액은 고점성을 나타낸다.

i. 폴리 덱스트로오즈(polydextrose)

1981년에 Pfizer에서 개발된, 새롭게 주목받고 있는 합성고분자의 식이섬유이다. 제조법은 주원료로 포도당, 부원료로 sorbitol, 구연산을 써서 고온 진공 하 에서 반응 시키면 포도당이 주축이 된 난소화성 다당류인 polydextrose가

된다. 현재 가장 널리 사용되고 있는 수용성 식이섬유 중의 하나로서 냉수에도 잘 녹는 특성이 있다.

❷ 올리고당

올리고당은 원래 소당류(oligo saccharides)의 의미로 단당이 2~10개 정도 글리코사이드(glycoside) 결합한 당류를 가리킨다. 단당의 수로부터 이당류, 삼당류 등이 있고, 자당, 유당, 맥아당 등은 잘 알려진 이당류이다. 일반적으로 알려진 생리적, 혹은 영양적 기능을 가진 소당류란 의미의 올리고당의 용어는 틀린 것으로, 소당류의 일부에 그러한 기능을 가진 것이 있다는 것이다. 올리고당이 가지고 있는 기능성에는 식품의 물성 개선, 비피더스(Bifidus)균 증식인자, 저칼로리, 충치예방 등이 있다. 올리고당이 건강지향적 식품소재로 각광을 받고 있는 것은 비피더스균 증식효과에 의한 정장 효과가 크기 때문이다.

올리고당이 비피더스균 증식인자로 밝혀진 것은 모유 중의 올리고당을 통해서이다. 인간의 장내에는 100종류 이상의 세균이 존재하며 그 수는 약 100조가 넘는다. 장내 세균 총에 비피더스균이 많으면 그것이 생산하는 유산과 고, 장의 연동운동을 활발하게 하여 변비를 억제한다. 유해균은 아민(amine)과 같은 설사 원인물질을 생산하기도 하고, 장의 연동운동에 혼란을 일으켜서

■ **표 7-15** Oligo당의 종류와 특성 ■

종 류	원 료	특 성
isomalto oligo당	전 분	저감미, 보습성, 전분식품의 노화방지, 충치방지, Bifidus 증식인자
galacto oligo당	유 당	난소화성, Bifidus 증식인자로써 Bifidus drink, 요구르트 등에 첨가하여 사용
palatinose	설 탕	충치예방 효과, 소장에서 서서히 분해
fructo oligo당	설 탕	난소화성, Bifidus 증식인자, 충치방지, 지질대 사 개선
lactosucrose	설탕·유당	난소화성, Bifidus 증식인자, 설탕과 유사한 물성 가짐
대두 oligo당	대 두	stachyose, raffinose, sucrose 등의 소당류가 주성분, 난소화성, Bifidus 증식인자

초산에 의해 변의 pH가 저하하여 대장균과 같은 유해균의 증식을 억제해 변비를 일으키기도 한다.

현재 우리나라에는 여러 종류의 올리고당들이 생산되어 각종 식품에 첨가되고 있으며 앞으로 올리고당의 생산은 더욱 신장될 전망이다. 주요 올리고당의 종류와 특성은 표 7-15와 같다.

❸ 고도불포화지방산

고등동식물의 생명 기본단위는 세포이고 모든 세포는 세포막에 의하여 구분되어 있다. 또 세포 속에는 각각 막으로 둘러 싸여진 핵, 미토콘드리아, 소포체, 리보솜 등의 소기관이 존재하고 있고, 각각 기능을 함으로써 생명활동을 영위하고 있다. 이들 막을 생체막이라 하는데, 주로 인지질과 단백질로 구성되어 있다. 이 인지질은 분자내에 2개의 지방산을 가지는데, 그중 하나가 불포화지방산이다. 간장, 근육, 신장 등의 막에는 ω_6 계열의 불포화지방산(지방산의 methyl 말단으로부터 6번째의 탄소에 최초의 이중결합이 있음), 특히 아라키돈산(arachidonic acid)이 많이 포함되어 있다. 반면 신경조직, 망막 등에는 ω_3 계열(지방산의 methyl 말단으로부터 3번째의 탄소에 최초의 이중결합이 있음)의 DHA가 많이 포함되어 있다.

포유동물은 이들 고도불포화지방산을 식품에서 섭취한 리놀레산과 α-리놀렌산으로부터 합성할 수 있다. 또한 이들 필수지방산으로부터 프로스타글랜딘(PG : prostaglandins) 등의 호르몬을 생합성하여 생체기능의 조절을 하게 된다. 이처럼 식품에서 섭취한 필수지방산은 생체막의 구성과 PG의 전구체로써 중요한 역할을 하고 있으며, 포유동물 체내의 대사에서는 ω_6계의 지방산은 리놀레산으로부터, ω_3계의 지방산은 α-리놀렌산으로부터 생합성되고 이들 두 계열간의 상호전환은 보이지 않는다. ω_3과 ω_6계열의 고도불포화지방산의 생합성 경로를 그림 7-2에 나타내었다.

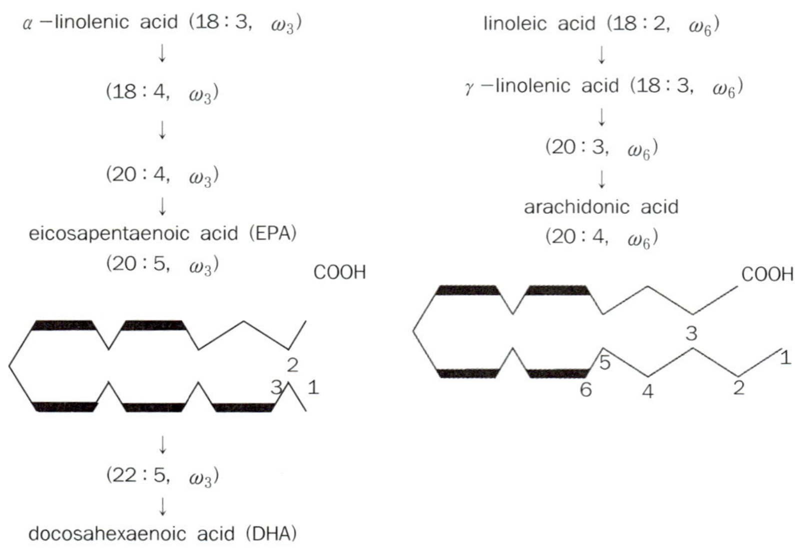

■ **그림 7-2** ω_3, ω_6 계열 고도불포화지방산의 생합성 경로 ■

그러나 인체 내에서는 α-리놀렌산으로부터 EPA에로의 전환은 거의 없다고 하므로 인체 내에서 검출되는 EPA는 거의 식품에서 섭취된 것이라고 생각된다.

현재의 EPA연구의 발단이 된 것은 그린랜드에 사는 에스키모인에 대한 역학적 조사 결과였다. 에스키모인들은 백인에 비해서 심근경색과 뇌경색 등 순환기계 질환이 매우 드문데, 그것은 유전 등에 의한 것이 아니고 에스키모인들이 주식으로 하는 생선, 해수류의 지질 중 EPA의 효과에 의한 것으로 밝혀졌다. EPA의 생리작용은 다음과 같다.

① 혈중 중성 지질의 감소

② 혈중 총 콜레스테롤의 감소

③ HDL-콜레스테롤의 증가

④ 혈소판 응집기능의 저하

⑤ 혈액점도의 저하

⑥ 적혈구 변형기능의 증가

EPA와 같은 작용을 가지는 DHA와 같은 고도불포화지방산의 기능적 특성이 밝혀짐에 따라 이를 함유한 다양한 가공품이 생산되고 있지만, 그 이용에는 산화안정성의 문제가 있다. 산화안정화를 위해서 cyclodextrin 등의 포집화합물에 포집하는 방법과 microcapsule화 등의 방법이 있고 냄새에 대해서는 완전 탈취화, masking제의 사용, 냄새가 있어도 문제가 없는 식품에의 사용 등의 방법이 있다.

❹ 펩타이드류 및 단백질

펩타이드류 및 단백질 중에서 여러 가지 기능을 가지고 있는 것이 새롭게 밝혀지면서 연구와 관심의 대상으로 되고 있다. 이러한 예로서 우유카제인의 효소분해 펩타이드류 중에 여러 가지 기능을 가진 것이 있으며, 대두 단백질 가수분해물 중에는 혈청콜레스테롤 저하기능을 가진 펩타이드가 있는 것 등이 알려져 있다. 또 유단백질, 어육단백질 등의 식품 단백질 가수분해물 중에는 혈압 저하기능을 가지는 펩타이드도 발견되고 있어서 유망한 기능성 소재로서 주목받고 있다.

이중에서 이미 상품화되어 있는 것이 우유카제인의 효소분해 펩타이드인 카제인포스포펩타이드(CPP : casein phosphopeptide)이다. CPP는 우유카제인이 트립신에 의해 가수분해되어 생성되는 것으로 분자 내에 phosphoserine을 다수 가지는 펩타이드이다. 유제품 중의 칼슘의 흡수가 다른 것에 비해서 굉장히 좋은 것은 옛날부터 알려져 왔다. CPP의 기능은 중성~약알칼리성의 pH에서 칼슘을 침전시키지 않고 가용화하는 일이다. 칼슘은 pH가 낮은 소장의 상부에서는 용해되어 있지만, 소장의 하부로 내려오면 pH가 6.8 부근으로 높아짐에 따라 공존하는 인산과 함께 불용성의 염을 만들어서 침전해 버린다. 이때 CPP가 존재하면 칼슘과 결합하여 침전을 막아 가용상태를 유지시켜 준다. 현재 CPP는 이유식 등에 배합되어 판매되고 있다.

특수식품

현대인의 식생활 현황에 대한 불안 심리와 건강지향적 성향으로 식품 중의 일부성분을 조정한 식품을 다수가 찾게 되었고, 이러한 식품의 주체를 이루는 것이 저염식품과 저열량 식품이다. 그러나 진정한 영양개선은 일상의 식생활 전반에서 이루어진다는 것을 잊어서는 안되겠다.

1 저염식품

과잉의 식염섭취가 고혈압, 뇌혈관 장해, 심장병, 신장병 등 순환기계 질환에 대한 중대한 위험인자인 것은 잘 알려진 사실이다. 그 때문에 세계 각국은 자국 국민에 대해 식염의 섭취제한을 권하고 있다. 서독은 성인(임신, 수유기의 부인 포함)의 적정 식염 섭취량으로 1일 5~8g, 미국은 나트륨 섭취를 식염으로 1일 5g 이하로 하도록 국민에게 권하고 있다. 우리나라는 1일 10g 이하의 식염을 섭취하도록 권하고 있다. 우리의 식생활은 식염의 과잉섭취가 되기 쉬운 형태이다. 따라서 우리의 경우 저염식사에 대한 관심은 특별히 나트륨 섭취 제한을 필요로 하는 환자가 아닌 일반인도 매우 높다. 저염식품에는 간장, 된장 등의 조미료와 그밖의 일반식품 등이 있는데 여기에는 단순히 식염함량을 줄여준 경우와 식염대용 물질을 넣어준 것이 있다. 식염 대신의 조미료로는 식염과 맛이 비슷한 KCl이 쓰이고 있다. KCl이 바탕이 된 조미료(무염간장 등)는 처음에는 의료용의 저나트륨 식품으로 사용되었는데, 최근에는 일반식품에도 KCl을 식염 대용으로 사용한 것이 많이 나오게 되었다. 저염식품을 사용하더라도 양적으로 많이 사용하면 무의미한 일이며, 칼륨(K) 등 식염 대용품으로 목적을 달성하려고 하는 것보다 기본적인 식생활방식을 검토하여 개선하는 것이 필요하다. 또 신기능 저하나 부신피질기능 부전이 있는 환자는 고칼륨함량의 식품류와 조미료를 사용해서는 안되므로 주의해야 한다.

2 저열량 식품

저열량 식품은 우리나라에서는 아직 보편화된 단계는 아니지만 구미 여러 나라에서는 중요한 일상식품으로 인식되고 있으며 저열량 식품의 섭취 목적도 체중을 조절하기 위한 것보다는 건강한 생활을 유지하기 위해 애용하는 경향이다. 우리나라도 식생활의 변화와 의식변화로 가까운 장래에 이런 종류의 식품이 대중화될 것으로 생각된다.

가. 무설탕식품, 저지방식품

식품의 열량을 줄이기 위하여 당함량을 줄이는 경우와 지방함량을 줄이는 경우, 또는 양쪽을 다 줄이는 경우가 있다. 무설탕식품은 열량이 없는 대체감미료를 사용하게 되는데, 현재 많이 사용되는 대체감미료는 올리고당류, coupling sugar, xylose, aspartame 등이다. 탄산음료를 중심으로 각종 과자류, 일반식품류에 이들 대체감미료가 설탕 대신 사용되고 있다. 저지방식품으로는 지방함량을 감소시킨 각종 유제품, 음료, 아이스크림, 스낵식품 등이 있는데 그 표기는 non-fat, low-fat, reduced-fat 등으로 되어 있다. 그중 소비자들이 가장 선호하는 표기는 non-fat이며, 이는 지방에 대한 경계심을 보여주는 것이다.

나. 지방대체물질(Fat replacers)

미국 성인 중 ⅔의 인구가 저지방식품을 애용하고 있으나 대부분이 건강을 위해서 먹고 있다고 하고 맛이 좋아서 먹는다는 사람은 많지 않다. 대다수의 소비자가 열량은 낮으면서 유지의 기능을 가진 유지대용품의 필요성을 느끼고 있다. 소비자들은 저나트륨, 고섬유, 저지방의 건강한 식품을 원하면서 한편으로는 풍부한 향미와 부드러운 조직에 포만감을 갖춘 식품을 원한다. 식품산업계에서는 이러한 요구를 만족시킬 수 있는 다양한 지방대체물질의 개발에 힘쓰고 있으며, 일부 식품에 사용되고 있다. 지방대체물질의 사용이 가장 활발하게 연구되고 있는 것은 육제품으로 다음과 같은 것이 있다.

① carrageenan : 고분자 다당류의 식이섬유로 수분보유력과 찬물에서의 용해력이 크다. 저지방 육제품에서 가장 널리 사용되는 지방대체물질이다.

② 대두단백질 : 대두분, 농축 대두단백질, 분리 대두단백질의 세종류가 있으며, 육제품에 오래 전부터 첨가해 왔다.

③ 변형 전분 : 저지방 육제품의 부드러운 질감부여를 위해서 사용된다. 전분 사용의 장점은 값이 싸고 친숙한 재료이며 좋은 수응도를 가지고 있다는 점이다.

④ maltodextrin : 전분을 가수분해해서 얻은 저분자의 maltodextrin이 육제품에 사용되는데 장점은 값이 싸고 사용하기 쉽다는 점이다. 특히 귀리 전분

을 효소(α-amylase)로 분해한 maltodextrin을 oatrim이라고 하는데, 이것은 g당 1kcal 이하의 열량을 내며 지방과 같은 물성을 나타낸다.

　⑤ 귀리겨(oat bran) : 귀리의 겨는 수분보유력이 우수하고 곡류냄새가 적으며 입에서의 촉감이 지방과 비슷하여 저지방 육제품에 사용되고 있다. 약간의 식이섬유가 보충되는 것도 장점이다.

　⑥ 식물유 : 식물유는 콜레스테롤이 없고 불포화지방산이 많은 점 등, 영양적으로 동물성 지방보다 우수하므로 동물성 지방 대체를 위하여 부분적으로 수소부가한 식물성 기름을 사용한다.

이상은 주로 육제품에 치환되는 지방대체 물질로 그밖에 난백이나 우유 단백질에서 얻은 미세한 분말상의 단백질이 주성분인 simplesse와 같은 제품도 있는데 이것은 아이스크림, 치즈 스프레드, 마요네즈 등에 사용하나 열에 불안정하므로 가열식품에는 사용하지 못한다. 또 식물성 유지 중의 고급 지방산과 설탕의 에스테르 화합물인 olestra가 있는데 이것은 장에서 흡수되지 않으면서 물리적 성질이 천연유지와 비슷하고 열안정성이 높아서 조리용으로 쓸 수 있다.

Biotechnology 이용식품

현재의 농업기술에서는 다량의 농약이 사용되어 식량의 증산에 기여하고 있지만 자연의 생태계가 파괴되어 그 후유증은 심각하다. 또한 지구상의 인구에 비해 경지 면적의 부족은 날로 더해가고 있고, 식량부족에 대한 위기감도 커지고 있다. 따라서 병충해, 악천후에도 저항성을 가지는 품종, 다수확 품종의 등장이 강하게 기대되며, 이러한 기대에 부응할 수 있는 기술의 하나가 biotechnology(생물이용기술, 생물공학)이다. 그러나 한편으로는 biotechnology가 가지는 위험성, 특히 biotechnology 이용식품의 품질확보에 충분한 주의를 기울여야 한다.

■ Biotechnology란?

Biotechnology는 생체와 그 기능을 직접 또는 모방하여 이용하는 물질생산 기술을 뜻한다. 즉 생체이용기술과 생체모방기술이 있다. 최근 biotechnology

는 차세대 기술로서 주목을 받고 있지만, 갑자기 출현한 기술은 아니다. 효모의 작용으로 술을 발효시키는 것, 치즈와 버터 등의 유제품, 간장, 된장 등의 대두식품의 제조는 모두 미생물의 작용을 이용한 것으로 biotechnology 이용식품이라 할 수 있는 것들이다.

❷ Biotechnology의 종류

Biotechnology에 사용되는 방법을 표 7-16에 나타내었다.

유전자 재조합기술에서는 동물이나 식물의 유전자의 일부(내병성, 내냉해성, 유용물질의 생산 등의 정보를 발현하는 유전자 부위)를 적출하여 대장균이나 고초균 등의 미생물, 또는 동식물의 유전자 중에 삽입함으로써 내병성과 내냉해성 등을 가진 새로운 품종을 만들어 낼 수 있다. 이 기술로 내병성, 내냉해성의 쌀, 토마토 등을 만들 수 있다. 세포융합기술은 서로 다른 2종류의 생물 세포를 특수한 처리에 의해 융합시켜 양쪽의 유전형질을 갖춘, 전혀 새로운 생물을 만들어 내는 기술이다. 유전자 재조합이나 세포융합기술 등은 소위 유전공학이라고 불리는 기술로서, 요즈음 논란이 되고 있는 유전자 조작식품(GMO : Genetically Modified Organisms)은 이 기술을 응용한 식품이다. GMO는 질병에 강하고 수확량이 많아 식량난의 해소에 도움을 주고 상품성이 향상되나, 장기간 섭취한 경우에 인간에 무해하다는 것이 증명되지 않았고, 생물체의 인위적 조작에 의한 생태계의 교란 우려 등으로 안전성에 관하여 현재 논란이 진행 중이다. 그림 7-3에 감자와 토마토의 세포융합에 의한 pomato의 생산 과정을 나타내었다. 감자와 토마토 각각의 protoplast를 만들어 세포를 융합하면 지상부에는 tomato를, 지하부에는 감자를 만들 수 있어서 pomato가 생산된다. 그러나 pomato는 감자나 토마토의 원래 품종보다 빈약하므로 토마토의 내서성을 도입하여 여름철에도 재배할 수 있는 내서성의 감자와 감자의 내한성을 도입한 내한성의 토마토 등으로의 응용이 검토되고 있다. 세포배양 기술은 세포, 조직, 배아 등을 배양함으로써 신품종의 생산, 재배연수의 단축, 유용물질의 생산을 도모하는 기술이다.

■ 표 7-16 Biotechnology에 사용되는 방법 ■

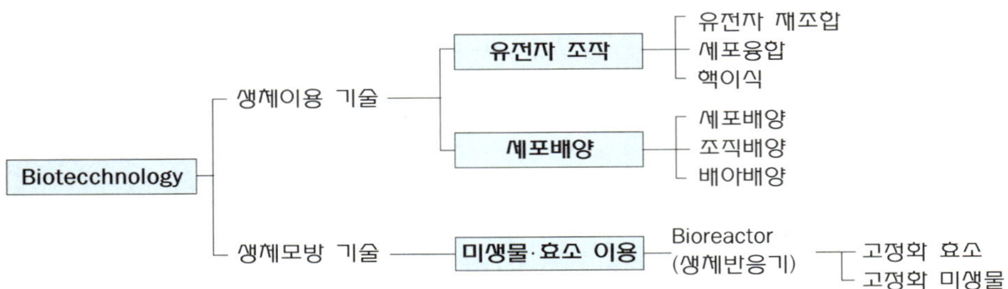

    생물은 원래 교묘한 기전에 의해서 굉장히 효율적으로 생명의 유지나 증식을 하고 있다. Bioreactor와 같은 생체모방 기술은 그 기전의 일부를 인공적으로 모방하여 생체가 행하고 있는 것에 가까운 효율로 물질을 생산하려고 하는 것이다. 예를 들어 생체로부터 효소를 추출하여 그것을 일정한 공간에 고정시킨 고정화 효소를 만들어 그것을 용기에 충전하여 원료 용액을 통과시켜서 효소반응을 하게 하는 것이다. 이 Bioreactor 기술은 올리고당 제조방법의 하나로 사용되고 있다.

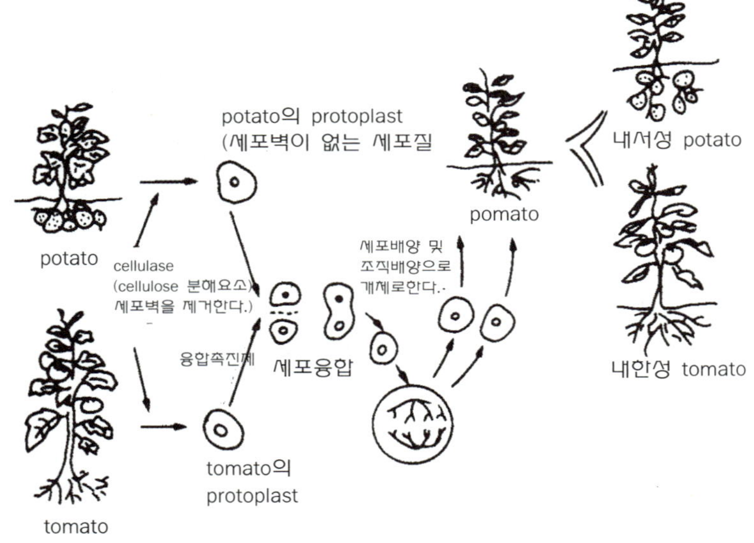

■ 그림 7-3 감자와 토마토의 세포융합에 의한 pomato의 생산 ■
(日, 산업기술회의, 1986)

   Biotechnology를 이용하는 것은 많은 이점이 있으나 특히 다음의 두 가지 점에서 유익하다고 생각된다. 먼저 생체의 반응은 특이성이 굉장히 높다는 점이다. 이것은 생체반응이 모두 효소에 의해서 행해지고 있고 효소는 기질 특이성이 높기 때문이다. 따라서 일반적으로 복잡한 조성으로 되어 있는 식품 소재 중에서 특정의 성분만을 변화시키려고 할 때 효소를 이용하는 것은 대단히 적당한 수단이라고 할 수 있다. 두번째로 생체반응은 온화한 조건하에서 가장 효율적으로 진행된다. 즉 생물이 생존할 수 있을 정도의 온도와 pH가 생체반응의 가장 좋은 조건이 된다. 이것도 식품소재가 가지는 귀중한 향미를 손상시키지 않고 가공할 수 있는 이점으로 될 것이다.

❸ Biotechnology의 유용성 및 위험성

   Biotechnology가 우리들에게 가져오는 유용한 점은 내한성, 내서성, 내병충 해성등 저항성이 있는 농작물의 육성이 가능하고, 품종개량에 의한 농작물의 증산, 새로운 식품의 창출 및 농작물의 생산조정이 용이하게 된다는 점 등이다.

   반면 가능한 위험성으로는 기존 유독성분의 증가, 새로운 유독성분의 생성, 미생물에 의한 식품 및 환경의 오염, Bioreactor의 효소 혹은 세포의 분리에 의한 식품오염, 영양성분의 변화, 새로운 품종의 유전적 안정성의 문제 등이 있다. Biotechnology의 연구 시설에는 엄격한 규제에 의해 위험성에 대한 안전 성이 확보되어 있지만 일단 대량 생산단계에 들어가면 예상치 못한 위험성이 출현할 수 있다. 따라서 제품 및 제조과정에 있어서의 안전성 확보에는 철저 한 관리가 필요하다.

참고문헌

· 김천호, 식이요법, 문운당, 1993.

· 모수미, 식사요법, 교문사, 1986.

· 문범수, 최신 식품위생학, 수학사, 1992.

· 문수재, 영양과 건강, 신광출판사, 1991.

· 박관화, 식품과학과 산업, 25(2), 73, 1992.

· 보건복지부, 국민건강영양조사보고서, 2001.

· 식품위생관계법규, 수학사, 1994.

· 송병춘·맹원재, 현대인의 식생활과 건강, 건국대학교 출판부, 1992.

· 안장수, 식품과학과 산업, 22(2), 58, 1989.

· 윤서석, 한국음식-역사와 조리법-, 수학사, 1988.

· 이규태, 재미있는 우리의 음식이야기, 기린원, 1991.

· 이기열, 식이요법, 수학사, 1991.

· 이기열, 영양·식이요법, 수학사, 1990

· 이서래, 식품의 안전성 연구, 이화여자대학교 출판부, 1993.

· 이성우, 한국식품사회사, 교문사, 1984.

· 이영춘, 식품과학과 산업, 24(3), 27, 1991.

· 이준식, 식품과학과 산업, 25(2), 101, 1992.

· 이태호, 식품과학과 산업, 24(3), 3, 1991

· 이혜수, 조리과학, 교문사, 1986.

· 이혜수·천종희, 고급영양학, 교문사, 1990

· 한국 농촌경제연구원, 2005식품수급표, 2006

· 한국 영양학회, 한국인의 영양권장량 제 6차 개정, 1989.

· 홍순명, 건강과 영양, 울산대 출판부, 1993.

· Alfin-Slater, R. B. and Kritchevsky, D., Human Nutrition vol. 7, Cancer and Nutrition, Plenum press, 1991.

· Bennion, M., Clinical Nutrition, Harper & Row, 1979.

· Bennion, M., Introductory Foods, 9th ed., Macmillan publishing Company, 1990

· Burtis, G., Davis, J. and Martin, S., Applied Nutrition and Diet Therapy, W. B.

Saunders, 1988.

· Bowers, J., Food Theory and Applications, 2nd ed., Macmillan publishing Company, 1992

· Charley, H., Food Science, 2nd ed., John Willey and Sons, 1982.

· Freeland-Graves, J. H. and Peckham, G. C., Foumdations of Food Preparation. 5th ed., Macmillan publishing Company, 1987.

· Ghazi, H. T., Food Technology, 11, 70, 1991.

· Giese, J., Food Technology, 6, 146, 1992.

· Hathcook, J. N., Nutrition Toxicology, Academic Press, 1987.

· Jackson, H. and wolf, F. H., Food in Perspective, University of Alberta, 1987.

· Kreutler, D. M. and Czajka-Narins, D. M., Nutrition in Perspective, 2nd ed., Prentice-Hall, 1987.

· Labuza, T. P., Food and Your Well-being, West publishing Company, 1977.

· Labuza, T. P., Food for Thought, 2nd ed., AVI publishing Company, 1977.

· Lowenberg, M. E., Todhunter, E. N., Savage, J. R., Lubawski, J. L. and Wilson, E. D., Food and People, 3th ed., John Wiley and Sons, 1979.

· Mahan, L. K. and Arlin, M., Krause's Food, Nutrition & Diet Therapy, 8th ed., W. B. Sanders, 1992.

· Niemanm D. C., Buttrtworth, D. E. and Nieman, C. N., Nutrition WCB, 1992.

· NRC, Diet, Nutrition and Cancer, National academy pressm 1982.

· Poleman, C. M. and Peckenpaugh, N. J., Nutrition-essentials and Diet Therapy-; 6th ed., W. B. Saunders, 1991.

· Present Knowledge in Nutrition, 7th ed., Nutrition Founddation, 1990.

· Rhoades, R. and Pflanzer, R., Human Physiology, W. B. Saunders, 1989.

· Senauer, B., Asp. E., Kinsey, J., Food Trends and the Changing Consumer, Eagan Press, 1991

· Shilas, M. E., Olson, J. A. and Shike, M., Modern Nutrition in Health and Disease, 8th ed., Lea & Febiger, 1994.

· Staff Report, Food Technology, 11, 60, 1991.

· Stare. F. J. and Mcwilliams, M., Living Nutrition, John wiley and Sons., 1977.

· Walter, C. Y. and Cox, C., Food Technology, 6, 146, 1992.

· Williams, E. R., and Caliendo, M. A., Nutrition, McGrow Hill, 1984.

· Wilson, E. D., Fisher, K. H. and Garcia, P. A., Principles of Nutrition, 4th ed., John Wiley & Sons, 1979.

· Zeman, F. J. and Ney, D. M., Applications of Clinical Nutrition, Prentice-Hall, 1988.

· Zeman, F. J., Clinical Nutrition and Dietetics. 2nd ed., Machillan, 1991.

· 杉田浩一, 調理のコツの科學, 講談社, 1989.

· 越智猛夫·長谷川忠男編, 食の變革, 第一出版, 1992.

· 吉田靜代·水谷令子, 食生活を科學する, 弘學出版, 1992.

· 奧村ミサヲ·高橋久子, 生活の營養學, 弘學出版, 1992.

· 松延正之, 食物アレルギ-最新情報, 芽ばえ社, 1992.

· 日本 家庭學會編, 食生活と食品素材, 朝倉書店, 1992.

· 日本 家庭學會編, 食生活と加工食品, 朝倉書店, 1992.

· 日本 家庭學會編, 食生活の 設計と文化, 朝倉書店, 1992.

· 松延正之, 日本 家庭學會誌, 43(8), 837, 1992.

· 平田淸文, 調理科學, 16(3), 14, 1983.

· 野口明德, 調理科學, 21(4), 21, 1988.

· 川瑞晶子, 調理科學, 15(2), 11, 1982.

· 林力丸, 조리과學, 24(3), 78, 1991.

· 金田尙志, 調理科學, 15(4), 2, 1982.

· 佐久間利男, 調理科學, 17(1), 11, 1984.

· 述阪好夫, 調理科學, 17(4), 2, 1984.

찾 아 보 기

■ 저자약력

■ 오 명 숙
서울대학교 가정대학 식품영양학과 졸업
일본 茶の水女子大學 가정학 석사
일본 東京大學 농학박사
<현재> 가톨릭대학교 식품영양학과 교수

■ 이 미 숙
서울대학교 가정대학 식품영양학과 졸업
서울대학교 대학원 식품영양학과 가정학 석사
서울대학교 대학원 식품영양학과 이학박사
<현재> 한남대학교 식품영양학과 교수

■ 천 종 희
서울대학교 가정대학 식품영양학과 졸업
서울대학교 대학원 식품영양학과 가정학 석사
미국 Rutgers 대학교 영양학과 영양학 박사
<현재> 인하대학교 식품영양학과 교수

■ 황 인 경
서울대학교 가정대학 식품영양학과 졸업
서울대학교 대학원 식품영양학과 가정학 석사
미국 Georgia 대학교 식품과학과 식품학 석사
미국 Georgia 대학교 식품과학과 식품학 박사
<현재> 서울대학교 식품영양학과 교수

바른 식생활을 위한

영양과 식품

1994년 8월 13일 초 판 발행
1999년 2월 22일 개 정 판 발행
2004년 3월 5일 개정2판 발행
2007년 2월 28일 개정3판 발행

저 자	오 명 숙 · 이 미 숙 천 종 희 · 황 인 경
발행인	김 홍 용
펴낸곳	**도서출판 효 일**
주 소	서울 동대문구 용두2동 102-201
T E L	(02) 928-6644, 928-6645
F A X	(02) 927-7703
홈페이지	hyoilbooks.com
e-mail	hyoilbooks@hyoilbooks.com
등 록	1987년 11월 18일 제 5-90 호

값 12,000원

* 파본은 교환해 드립니다.
* 무단 복사 및 전제를 금지합니다.

ISBN 89-85768-13-1